KB187899

자기 연구의 원리를 반성해보지 못한 과학자는 그 학문에 대해 성숙한 태도를 가질 수 없다. 다시 말해서, 자신의 과학을 철학적으로 반성해보지 못한 과학자는 결코 조수나 모방자를 벗어날 수 없다. 반면에 특정 경험을 해보지 못한 철학자가 그것에 대해 올바로 반성할 수는 없다. 즉, 특정 분야의 자연과학에 종사해보지 못한 철학자는 결코 어리석은 철학에서 벗어날 수 없다.

_ 콜링우드

A man who has never reflected on the principles of his work has not achieved a grown-up man's attitude towards it; a scientist who has never philosophized about his science can never be more than a second-hand, imitative, journeyman scientist. A man who has never enjoyed a certain type of experience cannot reflect upon it; a philosopher who has never studied and worked at natural science cannot philosophize about it without making a fool of himself.

_ R. G. Collingwood(*The Idea of Nature*, 1945, pp.2-3)

철학하는 과학
과학하는 철학

3권 현대 과학과 철학

철학하는 과학
과학하는 철학

현대 과학과 철학

박제윤 지음

철학과현실사

차 례

6부 현대 과학이 철학을 어떻게 변화시켰는가?

서 문

이 책의 제목, 『철학하는 과학, 과학하는 철학』이 아마도 대부분 한국의 독자들에게 어색해 보일 수 있을 것이다. 그것은 서로 어울리지 않아 보이는 '과학'과 '철학'을 억지로 관련시킨다고 보이기 때문일 것이다. 몇 해 전 어느 지역 문화원에서 강연 부탁을 받았다. 그날 강연 제목은 '과학과 철학 사이에'였다. 강의 장소는 주민센터로 결정되었다. 조금 일찍 도착하니, 그곳에서 일을 보시던 분이 무슨 일로 왔냐고 물었다. 강의하러 온 사람이라고 인사하자, 친절히 자리를 안내하며 믹스커피 한 잔을 대접해주었다. 그러고는 강연 제목에 관해 말을 걸어왔다. "좀 전에 우리끼리 이야기했었는데요, 과학과 철학 사이에 무엇이 있을지 생각해보았어요. 그리고 결론을 내렸지요. 글자, '과'가 있다고요."

과학과 철학의 연관성을 이해하지 못하는 대부분 독자는 아마도 이렇게 질문할 것 같다. 과학자가 철학을 공부해야 할 이유가 있을까? 도대체 과학에 철학이 쓸모 있을까? 반대로, 철학자가 과학을 공부해야 할 이유가 있을까? 대표적 인문학인 철학 공부에 자연과학 공부가 무슨 도움이 될까? 이 책은 그러한 질문에 대답과 이해를 주려는 동기에서 쓰였으며, 나아가서 이 책의 진짜 목적은 한국의 과학 또는 학문의 발전을 위해 철학이 꼭 필요하다는 인식을 널리 확산시키려는 데에 있다. 그런 인식의 부족으로 최근 한국의 여러 대학에서 철학 학과가 폐지되는 중이다.

'과학자가 철학한다'는 것은 자신의 과학에 대해 철학적으로 반성할 줄 안다는 의미이다. 그런 과학자는 언제나 자기 연구의 문제가 무엇인지 비판적으로 의식하려 노력한다. 그런 비판적 의식은 자신의 연구를 창의적으로 탐색할 원동력이다. 반면, '철학자가 과학한다'는 것은 자기 탐구의 과학적 근거를 고려할 줄 안다는 의미이다. 그런 철학자는 언제나 자기 철학 연구가 새롭게 발전하는 과학과 일관성이 있을지를 고려한다. 그러한 고려는 자신의 탐구를 현실적으로 탐색할 자원이다. 철학은 과학을 반성하는 학문이기에, 철학자는 늘 최신 과학적 성과를 살펴보아야 한다.

그런 인식 전환을 위해 이 책 4권 전체는, 목차에서 알아볼 수 있듯이, 역사적으로 과학과 철학의 관계를 이야기한다. 과학을 공부하는 사람이 왜 그리고 어떻게 철학 연구자가 되었으며, 과학의 발전이 철학에 어떤 영향을 미쳤는지를 보여주려 하였다. 특히 철학을 공부하는 과학자가 과학의 발전에 어떻게 기여하였는지를 살펴보려 하였다. 그리고 마지막 책에서 뇌과학 및 인공신경망 인공지능의 연구에 근거해서, 철학적 사고를 하는 과학자의 뇌에 어떤 변화가 일어나는지를 주장하는 가설을 제안한다.

어느 분야의 학문을 연구하는 학자라도 철학을 공부할 필요가 있으며, 여기 이야기를 듣고 많은 한국 학자와 학생이 자신의 전문분야 연구 중에 철학도 함께 공부하는 계기가 되기를 바란다. 그런 계기로 그들이 앞으로 성숙한 학자로 성장하기를 기대한다. 특히 미래 이 사회의 주역이 될 학생이 이 책을 읽고 자신의 전공과목 외에 철학도 공부함으로써, 자신의 전문분야에 대해 비판적이고 합리적이며 창의적으로 사고할 수 있기를 기대한다.

따라서 이 책은 이과 학생 또는 과학기술에 종사하는 분들에게 철학을 이해시키려는 의도에서 나왔다. 그러므로 그런 분들이 이 책을 가장 먼저 읽었으면 좋겠다. 특히 여러 수준의 학교에서 과학을 가르치는 교사에게도 도움이 되기를 바란다. 이러한 분야에서 내가 만나본 분들은 철학에 관심이 적지 않았다. 그렇지만 그분들로부터 철학 공부는 너무 어렵다는 이야기를 듣는다.

* * *

나 역시 공대를 다니던 시절, 처음 서양 철학책을 펼쳐 보기 시작했을 때 경험했던 어려움을 지금도 기억한다. 철학과 대학원에 입학하여 본격적으로 철학 공부를 시작했을 때도 같은 곤란을 겪었다. 비교적 쉽게 이해할 수 있다고 기대했던 철학책을 찾아 펼쳐 보았지만, 그런 책에서 언제나 좌절감을 느꼈다. 책의 내용은 철학자들의 시대적 배경이나 그들의 저서로 무엇이 있는지 등에 대해서 성가실 정도로 자세하였지만, 정작 알고 싶었던 그들의 철학에 대해서는 빈약했다. 서양 철학자들이 구체적으로 어떤 생각을 했으며, 왜 하게 되었는지 알고 싶었지만, 그 점에 대해서는 너무 추상적인 요약으로 일관되어 있었다. 더구나 대부분 문장이 너무 압축적이어서 글을 이해하려면 한두 문장을 읽고 생각하느라 천장을 올려보곤 했다. 그런 곤혹스러움은 거의 모든 페이지를 넘길 때마다 겪어야 했으며, 책장 한 장을 넘기는 일이 여간 어려운 일이 아니었다. 그러니 마침내 끝까지 읽지 못하고 중도하차하기도 다반사였다. 그때마다 느꼈던 답답함이 아직도 느껴질 정도이다.

반면에 처음부터 대중적으로 철학을 소개할 의도에서 쓰인 책들은 거의 예외 없이 철학자들이 고심했던 생각과는 거리가 먼 내용을 다루었다. 그런 책을 읽고 나면 어김없이 시간만 낭비했다는 허무함이 남았다. 특히 철학을 공부하는 의미가 개인의 행복한 삶이라고 이야기하는 책들이 그러했다. 그런 책들은 소크라테스가 국가의 장래를 걱정하여 옳은 말을 하다가 사형 판결을 받았다는 사건을 외면한다. 이제 철학자가 되어 요즘 나오는 그런 책들을 다시보면, 상당히 철학을 오해 및 왜곡시킨다는 생각에 책을 내려놓게 된다.

현재에도 여전히 철학을 소개받고 싶어 하는 많은 독자가 있으며, 그들도 대체로 비슷한 경험을 할 것이라 예상해본다. 그래서 스스로 많이 부족하다는 것을 잘 알면서도 이 책을 써야겠다고 마음먹었다. 위에서 말한 것처럼, 독자들이 답답해하거나 허무함을 느끼지 않도록 하겠다는 취지를 가장 우선으로 두었다. 그저 이 책의이야기를 부담 없이 읽으면서도 쉽게 이해되어야 하며, 소설책을읽는 속도는 아니더라도 거의 그 정도로 쉽게 읽으며, 어려운 대목에서 책장을 넘기지 못하여 천장을 쳐다보는 일이 없도록 해야 한다고 생각했다. 그러면서도 서양 철학자들이 구체적으로 어떤 생각을 했는지를 비교적 소상히 이해할 수 있도록 해야 한다. 그 목적이 잘 달성되지 않았다면, 이 책의 철학 이야기는 실패이다.

독자의 쉬운 이해가 우선인지라, 철학 원전의 내용을 거리낌 없이 수정하거나 보완하였다. 심지어 인용된 글조차 엄밀히 옮기지않았으며, 또한 여러 인용에 대해 정확한 출처를 밝히지 않은 부분도 있다. 한마디로 이 책은 학술적으로 엄밀성을 갖는 책은 아니다.

차라리 글쓴이의 이해 수준에서 꾸며내고 지어냈다고 하는 편이 나을 것이다. 그렇지만 그 대가로 철학의 초보자도 난해해 보였던 내용에 쉽게 다가설 수 있을 것이다.

인간의 사고란 어느 정도 한계가 있다고 말할 수 있다. 그리고 인간의 사고 한계를 철학자들이 거의 보여주었다고 볼 수 있다. 또한 비판적 사고를 가장 잘 보여주는 사례가 바로 철학적 사고이며, 따라서 비판적 사고를 공부하려면 철학을 공부하는 것보다 더 좋은 방법은 없을 것이다. 다만 그것을 쉽게 공부할 수 있으면 좋을 것 같다.

* * *

이 책의 내용은 글쓴이가 1990년부터 약 10년간 인하대학에서 강의한 '과학철학의 이해'라는 과목의 강의 노트에서 출발한다. 강의실에서 학생들이 쉽고 재미있게 공부하는 것을 보면서, 그 강의 내용을 언젠가는 책으로 엮어볼 생각을 가졌다. 이후 같은 내용을 단국대 과학교육과에서 2년 반 동안 강의하였고, 지금은 인천대에서 8년 동안 강의하고 있다. 이 책의 내용은 앞서 『철학의 나무』1권(2006), 2권(2007)으로 출판된 적이 있다. 이내 그 책의 미흡함을 알게 되었고, 더 공부가 필요하다는 인식에서 3권을 미루었다가, 이제 4권으로 확대하여 내놓는다.

이 책 내용을 읽고 조언해주신 많은 분이 있었다. 세월이 너무 지나서 그분들 이름을 모두 여기에서 다시 밝히지는 않겠다. 그렇지만 그분들 모두에게 깊이 감사드린다. 지금까지 강의를 열심히 들었던 학생들에게도 감사드린다. 그 누구보다도 오늘 이 책이 탄생하도록 가르쳐주신 모든 철학 교수님들, 그리고 그 외의 모든 선생님께도 깊이 감사드린다. 그리고 감사하게도 이 책에 사용된 많은 그림을 처칠랜드 부부가 쾌히 허락해주었으며, 일부 그림을 일찍이 연세대 이원택 교수님께서, 그리고 가천대 뇌센터 김영보 교수님께서도 허락해주셨다. 일부 그림을 둘째 아들 부부(조양, 현정)가 도와준 것에도 고마움을 표한다.

인천 송도에서, 박제윤

5부

관찰에서 이론이 어떻게 나오는가?

서양의 19-20세기 경험과학은 사회적으로나 학문적으로나 대단한 업적을 이루었다. 이 시기에 여러 분야의 학문에 발전이 있었지만, 그중에서도 물리학 분야에서의 혁명적 발전은 특별하였다. 그것은 오랫동안 확고한 지위를 누렸던 뉴턴 이론이 부족한 이론이며 실제와 일치하지 않는 부분도 있다는 것이 밝혀졌기 때문이다. 그러한 혁명의 기초를 놓은 선구자들이 있었다. 영국의 물리학자이며 화학자인 패러데이(Michael Faraday, 1791-1867), 독일의 물리학자 옴(Georg Simon Ohm, 1789-1854) 등은 전기와 자기력이 동일 현상임을 이해하도록 만들어주었고, 이어서 영국의 이론물리학자이며 수학자인 맥스웰(James Clerk Maxwell, 1831-1879)은 전자기 방정식을 내놓았으며, 그러한 연구들은 마침내 독일 출신 물리학자 아인슈타인(Albert Einstein, 1879-1955)이 특수상대성이론을 제안할 수 있도록 도움을 주었다. 그리고 독일의 막스 플랑크(Max Karl Ernst Ludwig Planck, 1858-1947), 아인슈타인, 덴마크의 물리학자 닐스 보어(Niels Henrik David Bohr, 1885-1962) 등은 양자역학이라는 미시 물리학의 탐구 영역을 열었다. 독일의 하이젠베르크

(Werner Karl Heisenberg, 1901-1976), 오스트리아의 물리학자 슈뢰딩거(Erwin Rudolf Josef Alexander Schrödinger, 1887-1961)는 1925년 양자역학을 수식화하였다.

특히 아인슈타인은 1905년 특수상대성이론과 1915년 일반상대성이론을 통해서 뉴턴 역학이 전제하고 있었던 시간과 공간에 대해 그 절대적 기준이 존재하지 않는다고 주장하였다. 그 이전까지 기하학자들은 공간을 현실과 동떨어진 추상적 탐구의 영역으로 여겨왔다. 그러나 아인슈타인은 그러한 추상적 시간과 공간의 탐구를 실제 세계에 존재하는 것으로 끌어내렸다. 1929년 미국의 천문학자 에드윈 허블(Edwin Powell Hubble, 1889-1953)은 관측을 통해서 우주가 점점 간격을 벌리고 있다고 주장하였다. 이를 계기로 우주가 현재에도 팽창 중이라는 빅뱅 이론이 나오게 되었다.

이러한 과학의 혁명적 시대에 철학자들 또한 과학에 대해 다음과 같이 주목하게 되었다. 과학적 지식이 우리에게 신뢰를 주는 이유가 무엇이며, 과학은 어떻게 우리에게 (예측을 가능하게 하는) 강력한 지식을 제공할 수 있는가? 과학(또는 과학이론)의 본성은 무엇이며, 그것은 어떤 방법(또는 과정)으로 탐구되는가, 또는 탐구되어야 하는가? 앞서 알아보았듯이, 칸트는 뉴턴 역학을 경험과학의 영역으로 바라보지 않았다. 따라서 그는 인간의 어떠한 순수이성의 능력이 있어서 그러한 학문의 탐구가 가능할 수 있는지를 밝히려 했다. 그러나 다른 철학자들은 실험과학의 약진을 보고서 경험과학이 어떻게 가능한지, 그리고 과학자들이 어떻게 과학을 탐구하는지에 대해서 특별히 관심을 가졌다.

그런 시대적 배경에서 당연히 과학에 관심을 집중시켰던 철학 연구 모임도 생겨났다. 그 모임은 1908년 오스트리아 빈(Wien) 대학에서 처음으로 형성되었다. 그 모임의 주창자는 모리츠 슐리크였으며, 철학자와 여러 분야의 과학자들로 구성되었다. 그 모임의 구성원들은 과학철학과 인식론을 연구하기 위해 '빈학단(비엔나 학파, Vienna Circle)'을 만들었다. 그 모임은 철학사적으로 중요한 의미가 있다. 그 학파 구성원의 기본적 관점은 이랬다. "과학이란 근본적으로 경험에 대한 기술(description)이다." 그러한 관점에 불을 지펴준 철학자는 (전기) 비트겐슈타인이었다. 빈학단의 관점에 따르면, 우리 인간은 세계의 실제를 그대로 파악할 수 있다. 그리고 그러한 일을 수행하는 사람들이 바로 과학자들이다. 누구보다도 빈학단의 구성원들은 그러한 신념에서 전통 철학의 형이상학적 또는 선험적 연구 태도에 강력히 반대했다. 그리고 그러한 그들의 기본적 태도는 과학의 실증적 경향을 확산시키는 데에 큰 영향을 미쳤다.

빈학단의 모임에 특별히 주목할 이유가 있다. 그 모임의 구성원들은 과학과 철학을 소통하는 통섭 연구를 진행했기 때문이다. 그들 중 일부는 철학자로서 과학을 공부했고, 다른 일부는 과학자로서 철학을 연구했다. 다시 말해서, 그들은 '과학하는 철학자'이거나 '철학하는 과학자'였다. 그들은 각자의 전문 영역을 넘어 서로 소통하였고, 그 결과 대단한 학문적 업적을 이루었다.

모임의 지도자 교수인 모리츠 슐리크(Moritz Schlick, 1882-1936, 독일 출생-빈 사망)는 빈 대학 철학 교수였다. 그와 함께 빈학단에 처음 참여한 다양한 전공의 구성원들은 다음과 같다. 한스 한(Hans Hahn, 1879-1934, 빈 출생-빈 사망)은 수학자, 필립 프랑크(Philipp Frank, 1884-1966, 빈 출생-미국 사망)는 물리학자이며 수학자, 오토 노이라트(Otto Neurath, 1882-1945, 빈 출생-영국 사망)는 과학철학자이며 사회학자, 루돌프 카르납(Rudolf Carnap, 1891-1940, 독일 출생-미국 사망)은 물리학자이며 철학자, 허버트 파이글(Herbert Feigl, 1902-1988, 체코 출생-미국 사망)은 철학자, 리처드 본 미세스(Richard von Mises, 1883-1953, 우크라이나 출생-미국 사망)는 과학자이며 수학자, 카를 멩거(Karl Menger, 1902-1985, 빈 출생-미국 사망)는 수학자였다. 아인슈타인과 함께 프린스턴 연구소 연구원이었던 쿠르트 괴델(Kurt Gödel, 1906-1978, 오스트리아 출생-미국 사망)은 수학자로서 '수학의 불완전성 정리'를 주장했다. 그리고 프리드리히 와이즈만(Friedrich Waismann, 1896-1959, 빈 출생-영국 사망)은 수학자이자 물리학자이며 철학자, 펠릭스 카우프만(Felix Kaufmann, 1895-1949, 빈 출생-미국 사망)은 수학자, 빅토르 크라프트(Viktor Kraft, 1880-1975, 빈 출생-빈 사망)는 철학자, 에드가 질셀(Edgar Zilsel, 1891-1944, 빈 출생-미국 사망)은 역사학자이며 과학철학자였다.

나중에 빈학단에 참여하였던 학자들은 다음과 같다. 알프레드 타르스키(Alfred Tarski, 1901-1983, 폴란드 출생-미국 사망)는 논리학자이자 수학자이며 철학자, 한스 라이헨바흐(Hans Reichenbach, 1891-1953, 독일 출생-미국 사망)는 과학철학자, 칼 구스타브 헴펠(Carl Gustav Hempel, 1905-1997, 독일 출생-미국 사망)은 과학철학자, 그리고 윌라드 본 오르만 콰인(Willard Van Orman Quine, 1908-2000, 미국 출생)은 실용주의 배경을 가진 분석철학자였다. 어니스트 네이글(Ernest Nagel, 1901-1985, 슬로바키아 출생-미국 사망)은 과학철학자, 알프레드 줄스 에이어(Alfred Jules Ayer, 영국 출생)는 철학자, 오스카 모르겐스턴(Oskar Morgenstern, 독일 출생-미국 사망)은 수학자, 프랭크 램지(Frank P. Ramsey, 영국 출생)는 경제학자이자 철학자이며 수학자였다. 이들 중 오스트리아 혹은 독일 등에서 태어나 빈학단에 참여하였던 학자들 대부분은 나치스를 피해서 미국 또는 영국으로 이주하여, 그곳의 학문 발전에 크게 기여하고, 그곳에서 생을 마쳤다.

그 모임의 학자들은 새롭게 발달하는 과학에서 새롭게 제기되는 철학적 문제들에 관심을 가졌다. 그 학파의 모임은 과학자가 자신의 과학에 대한 철학함을 실천적으로 연구하는 '철학하는 과학자' 무리의 성격을 가졌다. 심지어 그들 중 카르납은 과학자에서 철학자로 아예 전업하기도 하였다. 그리고 철학을 공부하면서도 과학자로 남았던 인물들은 그 모임이 해체되고 난 훗날 자신의 분야에서 커다란 역량을 발휘하였다. 특히 (뒤에서 언급할) 수학자 쿠르트 괴델은 수학의 공리적 체계와 관련한 연구에 있어서 수학은 물론 언어학과 철학의 영역에서도 주목받는 인물이 되었다. 그 모임의 학자들은 공동의 주제에 대해 다양한 전문가의 시각으로 대화하면서, 자신들의 시각을 넓히고 정교화할 수 있었다. 그러한 연구를 요즘 한국에서 '통섭 연구'라고 한다. 그러한 연구가 이루어지려면, 서로 다른 전공자들이 짧지 않은 기간 서로 자주 만나고 대화할 수 있어야 한다. 그러한 통섭 연구가 어떻게 대단한 성과를 낼 수 있었으며, 창의성을 발휘하도록 했는지는 이 책 4권 23장에서 다뤄진다.

비트겐슈타인은 그 모임의 정식 회원이 아니었지만, 이따금 그 모임에 영향을 미쳤으며, 특히 그의 저서 『논리철학 논고(*Tractatus Logico-Philosophicus*)』(1921)는 그 연구 모임의 성격을 결정해주었다. 앞서 언급했듯이, 그 책에서 비트겐슈타인은 "언어는 세계의 사실적 기술(묘사)"이라고 주장하였으며, 그러한 기술의 내용을 기호로 표시하고 논리적으로 계산할 도구를 보여주었다. 간단히 말해서 "언어는 세계에 대한 그림"이다. 그 모임의 구성원들은 비트겐슈타인의 '그림 의미 이론(picture theory of meaning)'에서 '검증 가능성 원리(verifiability principle)'를 보았다. 그러므로 그 모임은 영국 경험주의 철학적 전통으로부터 영향 받았지만, 훗날 그들의 철학적 관점이 거꾸로 영국과 미국에 영향을 주었다.

빈학단의 구성원 대부분은 제2차 세계대전과 나치스를 피해 타국으로 피신했다. 그중 대표적으로 노이라트, 카르납 등이 미국으로 이주했으며, 그로 인하여 미국은 갑자기 과학철학의 중심 국가로 발전하였다. 물론 영국에도 작지 않은 영향을 주었는데, 비트겐슈타인은 케임브리지 대학에서 연구한 『논리철학 논고』를 통해 직접 영향을 주었다. 그 저술 이후 그는 오스트리아로 돌아갔다가 1947년 다시 영국으로 돌아와 옥스퍼드 대학으로 갔다. 그곳에서 연구한 그의 후기 철학 저서 『철학 탐구(*Philosophical Investigations*)』(1953)는 자신의 전기 철학을 근본적으로 비판하는 관점을 보여주었다. 그것은 다시 여러 철학자들에게 영향을 주었으며, 그 영향을 받은 학자들은 '일상 언어 학파(ordinary language school)'로 불렸다.

* * *

빈학단의 초기 관점에 따르면, 이 세계에 유일하게 인정되는 사실적 지식이란 과학 지식뿐이다. 그러므로 그들로서는 모든 전통의 형이상학적 학설은 무시되어야 했다. 이러한 기본적 관점에 힘을 실어준 것은 앞서 이야기했던 비트겐슈타인의 철학이었다. 한스 한이 빈 대학에서 학생들에게 비트겐슈타인의 『논리철학 논고』를 소개했으며, 이것이 빈학단의 논리학적 기초가 되었다. 앞서 살펴보았듯이, 비트겐슈타인의 명제논리(propositional logic)는 사실적 지식을 명확히 표현할 논리적 기반을 제공했다. 그 새로운 기호논리학은 우리가 표현해야 하는 모든 과학 지식의 '경험적' 내용을 기호로 표현하는 방법을 안내했으며, 엄밀히 '논리적'으로 추론하는 계산적 방법도 제공했다. 따라서 빈학단은 다른 명칭으로 '논리실증주의(logical positivism)'라 불리기도 한다. 빈학단의 다른 명칭인 '논리실증주의'란 그 구성원들의 탐구 방법이 경험주의와 논리학에 근거하여 탐구하는 경향에서 붙여진 이름이다.

빈학단의 리더였던 모리츠 슐리크는 『시간과 공간의 철학(*Raum und Zeit in die gegenwärtigen Physik*)』(1917)과 《지식 일반이론(*Allgemeine Erkenntnislehre*)》(1918)을 출판하였으며, 특별히 귀납적 방법에 관해 관심을 가졌다. 귀납적 방법은, 앞서 이야기했듯이, '이론적 과학 또는 이론물리학이 경험적 사실들로부터 어떻게 추론될 수 있는지'의 문제와 연관된다. 그 문제 해결을 위해 논리실증주의자들은 우선 자신들의 학문이 어떻게 가능할 수 있는지도 설명할 수 있어야 했다. 슐리크는 그러한 학문적 목표를 위해 해결해야 할 것이 바로 '귀납의 문제'라고 보았다. 따라서 흄이 의심했던 '귀납의 정당성' 문제는 논리실증주의의 중요한 주제로 다시 등장했다. 경험으로부터 이론이 어떻게 추론될 수 있을지를 해명하려면, 경험 또는 관찰 자체가 무엇인지부터 명확히 규명해야 했으며, 따라서 '관찰의 본성'에 대한 문제도 논리실증주의 연구에서 중요한 주제였다. 따라서 논리실증주의를 이해하려면, 그리고 그 이해로부터 오늘날 철학을 이해하려면, 이제부터 상당한 지면을 할애하여 그 두 주제를 알아보아야 한다. 한마디로 말해서, 앞으로 이 책 3권 5부의 상당한 페이지는 '귀납추론의 정당성'과 '관찰의 객관성'에 관한 이야기이다.

이러한 주제는 '과학 연구 방법론'과 관련되면서, 과학의 언어적 문제와도 연관된다. 과학철학자는 '과학자가 관찰 또는 경험으로부터 과학이론 또는 가설을 실제로 어떻게 세울 수 있을지'의 의문에 대답하고 싶어 한다. 그리고 과학철학자는 그 대답으로부터 '과학자들이 과학을 어떻게 연구해야 할지'의 의문에도 대답하고 싶어 한다. 그러한 의문에 대한 대답은 결국 과학의 연구 방법(method of science) 또는 접근법(approach)을 밝히는 일이다. 그러므로 과학 연구 방법론의 주제는 논리실증주의 이후로 과학철학의 중요한 주제가 되었다. 그리고 과학의 연구 방법을 명시적으로 그리고 논증적으로 보여주려면, 과학이론을 경험적 '언어로 번역하는' 방법을 보여줄 수 있어야 한다고 논리실증주의자들은 가정했다. 따라서 과학 연구 방법에 대한 주제는 '과학의 언어 구조'에 관한 논의가 되었다. 당시 논리실증주의자들은 그런 언어 구조에 관한 연구가 '기호논리학'으로 진행될 수 있다고 보았다.

그들은 모든 과학 지식이 기호논리학에 의해 체계적이며 논리적으로 명확히 표현될 수 있다고 기대하였다. 또한 그들은 이론들 사이의 관계를 계산적으로 엄밀히 추론해볼 수 있다고 기대하기도 하였다. 나아가서 모든 분야의 과학 지식의 전체 통일된 체계를 만들어낼 수 있을 것으로 기대하기도 하였다. 이것이 바로 그들의 '통합과학(unified science)'에 대한 꿈이었다. 그러한 그들의 꿈을 이루게 해줄 방안은, 거시적 또는 포괄적 과학 지식을 미시적 또는 개별적 과학 지식에 의해 표현하는 '환원주의 방법'이다. 환원주의 방법이란 어떤 과학 지식을 표현하는 언어를 그보다 더 기초 지식 혹은 기초 관찰, 심지어 단순한 감각 내용을 기술하는 언어 표현으로 바꿔 표현하는 수단이었다. 만약 그렇게 단순하고 직접적인 경험 내용으로 과학 지식을 표현할 수 있다면, 우리의 모든 과학 지식을 경험에 근거하여, 즉 실증적 사실 세계를 드러내는 표현으로 바꿀 수 있다. 만약 그렇게만 된다면, 그들은 세계를 설명하기 위해 어떤 형이상학적 가정도 끌어들일 필요가 없다고 기대하였다. 그러면서도 그들은 과학적 방법 자체를 과학적 언어, 즉 경험을 표현하는 언어만으로 충분히 설명할 수 있다고 기대하였다.

논리실증주의자들의 그 연구가 어떻게 결론 났는지를 아는 것은 과학을 연구하는 여러 현대 학자들에게도 작지 않은 교훈이 될 수 있다. 만약 과거의 사상가들이 가졌던, 그것도 과학을 공부했던 철학자들이 가졌던 그 시행착오를 알지 못한다면, 누구라도 유사한 기대와 가정에서 오류를 범할 가능성이 크기 때문이다. 일반적으로 실험실에서 실험에 집중하는 과학자들은 오로지 증거를 찾는 일에 몰두하고, 그러한 증거로부터 자신의 가설이 옳다고 쉽게 단정하는 경향이 있다. 또한 그러한 과학자들은 자신이 실험한 자료가 온전하게 세계에 대한 객관적 증거라고 기대하는 경향도 있다. 그러한 단정 혹은 경향이 왜 그릇된 기대이며, (물론 전혀 반대로 기대하는 경향은 더욱 위험하겠지만) 또한 어느 정도로 그릇된 기대인지를 구체적으로 이해할 필요가 있다. 그런 이해는 분명 과학자들이 어떤 과제를 수행하기 위한 소양이기도 하다. 그러한 소양을 위해 이제부터 논리실증주의 쟁점에 관한 논의가 어떻게 전개되었는지를 이해할 필요가 있다. 이제 그런 이해를 위한 이야기에 집중해보자. 첫째로 물리학을 공부하고 철학을 연구한 과학자, 즉 '철학하는 과학자이며 과학하는 철학자'였던 카르납부터 살펴보자. 그의 과학철학이 위에서 이야기한 논리실증주의의 기대를 가장 잘 보여주기 때문이다.

12 장

관찰과 이론(논리실증주의)

철학은 과학의 논리학(the logic of science)으로, 다시 말해서
과학의 개념들(concepts)과 문장들(sentences)의 논리적 분석으
로 대체될 것이다. 왜냐하면 과학의 논리학이란 다름 아닌 과학
언어의 논리적 구문론(logical syntax)이기 때문이다.

_ 카르납

■ 검증주의(카르납)

루돌프 카르납(Rudolf Carnap, 1891-1970)은 물리학자로 출발하
여 철학자가 되었고, 논리학, 언어분석 또는 언어철학, 수학의 확률
론 등을 발전시켰으며, 현대 과학철학의 쟁점을 촉발한 선구자이다.
특히 그의 저서에서 알 수 있듯이, 그는 언어학의 구문론(syntax)과
의미론(semantics) 연구의 선구자이다. 현대 언어학을 발전시킨 선
구자가 언어학자가 아니라 물리학을 공부한 철학자라는 것은 그 내
막을 모르는 사람이 보기에 이해하기 어려울 수 있다. 카르납은 오
스트리아의 빈 대학에서 수학, 물리학, 철학 등을 공부했다. 특히
당시의 최고 논리학자였던 프레게(Gottlob Frege)의 강의를 들었던
일은 그의 인생에서 중요한 전환점이었다. 앞서 살펴보았듯이, 프레

게는 우리의 생각을 기술한 언어를 수학처럼 엄밀히 계산적으로 살펴볼 수 있다는 생각을 보여주었다. 그러한 생각은 카르납에게 언어를 엄밀히 계산하기 위한 논리적 분석을 연구할 의욕을 갖게 했다. 그렇게 해서 그는 《세계의 논리적 구조(*The Logical Structure of the World*)》(1928), 《언어의 논리적 구문론(*The Logical Syntax of Language*)》(1934) 등을 저술했다. 또한 그는 의미론에 관한 책으로 《의미론 입문(*Introduction to Semantics*)》(1942), 《의미와 필연성(*Meaning and Necessity*)》(1947) 등도 저술했다. 수학에 기여한 확률론에 대한 그의 저서로는 《개연성의 논리적 기초(*Logical Foundations of Probability*)》(1950)가 있다. 그리고 물리학을 공부한 철학자였던 만큼, 그의 강의록에 기초한 저술로 『과학철학 입문(*Philosophical Foundation of Physics: An Introduction to Philosophy of Science*)』(1966)도 있다. 이 책은 '공간'에 대한 문제와 '인과성(causality)'에 대한 문제를 흥미롭게 이야기한다.

카르납은 빈학단의 정기 모임에 참여하였다. 앞에서 살펴보았듯이, 빈학단의 구성원들은 경험주의 입장을 지지하면서도 논리학의 엄밀한 계산적 도구, 즉 기호논리학을 활용하려 하였다. 그 역시도 엄밀한 실험에 근거하면서도 엄밀한 논리로 과학 체계를 세우려 하였다. 그가 그러한 기획을 가졌던 것은, 인간의 모든 개념과 믿음은 근본적으로 직접 경험한 내용에서 나온다는 믿음 때문이다. 다르게 말해서, 모든 과학적 개념과 믿음들은 직접 경험한 내용으로 정당화시킬 수 있다는 믿음을 가졌기 때문이다. 그러한 믿음을 확고히 보여주기 위해, 그는 실제로 모든 지식, 특히 과학 지식(개념 및 이론)이 어떻게 경험으로부터 얻어지며 구성되는지를 보여주려 하였다. 따라서 그에게 과학의 철학적 문제 해결을 위해 언어학 연구와 논리학 연구는 필수적이었다.

물론 지식처럼 보이는 허위 믿음의 개념 및 이론은 경험 내용으로 구성되고 표현될 수 없다. 그 이유는 그런 것들이 실험적으로 확인될 수 없기 때문이다. 그렇게 경험 내용으로 표현될 수 없는, 즉 실증적으로 확인될 수 없는 관념들은 세계의 사실과 무관한 것들이다. 경험 내용으로 표현될 수 있을지 없을지는 진짜 과학과 가짜 과학을 구분할 방법이며 기준이기도 하다. 그러므로 그러한 기준에 따라서 빈학단 구성원들은 허위 관념들을 학문에서 분별하고, 제거하고 싶어 했다. 오늘날에도 세계적인 과학 학술지에 논문을 실으려면 엄밀한 실험 데이터를 함께 제시하고 검증받아야 한다. 만약 그 실험 데이터가 조작되거나 불충분하다면 학술지에 투고된 논문은 거절된다. 이렇게 요즘에도 과학 연구에서 경험적 검증은 대단히 중요하다.

그렇지만 어떤 관념을 경험으로부터 어떻게 구성할 수 있을지의 의문은 다분히 철학적이며 심리학적이다. 따라서 그러한 의문에 대답하려면 철학의 인식론과 심리학의 실험적 연구가 함께 요구된다. 그리고 비트겐슈타인이 말했듯이, "말할 수 없는 것에 침묵해야 한다." 그런데 그들이 보기에 당시 인식론의 문제는 말할 수 있는 한계 너머에 있었다. 따라서 그들은 오로지 과학의 개념 혹은 관념을 경험적 증거의 표현만으로 어떻게 체계적이며 논리적으로 말할 수 있을지의 문제에 매달렸다. 다시 말해서, 그들은 과학을 표현하는 모든 문장을 경험적 용어와 문장들로 어떻게 체계화시킬 수 있을지에 초점을 맞췄다. 그들의 관점에 따르면, 과학철학의 쟁점은 언어학적이며 논리학적인 문제 해결에 달려 있다. 과학철학의 문제는 언어적 문제였으며, 과학 지식의 체계화란 경험적 용어로 전환하는 문제였다. 다르게 말해서, 과학 지식을 감각 용어들로 어떻게 환원할 수 있을지가 그들 철학의 중심 주제였다.

카르납의 논문 「검사 가능성과 의미(Testability and Meaning)」 (1936)에 따르면, 과학의 용어는 순수한 경험적 용어로 환원될 수 있거나, 또는 관찰문장(observation sentences)에 의해 정의될 수 있다. 그가 말하는 관찰문장이란 '직접 관찰을 통해 참/거짓을 검사할 수 있는 문장'을 말한다. 그는 과학 내용을 담은 문장들을 관찰문장에 의해 어느 정도 강하게 확증할(verify) 수 있다고 믿었다. 나아가서 만약 어떤 과학적 문장 혹은 명제라도 관찰 내용 또는 관찰문장을 담지 않는다면, 그래서 실험적으로 확인될 수 없다면, 그것들은 경험적으로 무의미하다고 그는 생각했다. 이러한 그의 관점은 '검증주의(verificationalism)'로 불린다. 그리고 그러한 판정 기준이 '검증 가능성 원리(verifiability principle)'이다. 그 원리에 따라서, 만약 어떤 형이상학적 이론이 그 기준을 통과하지 못한다면 그 이론은 무의미하다. 그리고 어떤 제안된 가설 혹은 이론이 원리적으로 검증될 수 없다면 그것들은 무의미한데, 구체적으로 아래의 전통 철학적 질문들과 주장들이 그러한 것들이다.

첫째, 우리의 경험을 넘어서는 존재를 가정하도록 만드는 초월적 질문(transcendental questions)과 대답이다. 예를 들어, 플라톤의 이데아(Ideas), 스피노자의 실체, 라이프니츠의 단자(monads), 칸트의 존재 자체(thing-in-itself), 헤겔의 절대(Absolute) 등과 같은 존재에 대한 가정이다.

둘째, 존재에 대한 질문(questions of existence)과 대답이다. 예를 들어, '영원의 세계'가 있는가? '시간'과 '공간'이 어떻게 존재하는가? '수' 또는 '집합'이 존재하는가? 논리실증주의자는 이러한 질문이 모두 가짜 문제(pseudo-questions)라고 여겼다.

셋째, 본질에 관한 질문(question about essence)이다. 예를 들어, 본성이 무엇인가? 그리고 그것은 감각자료(sense-data)를 논리적으로 구성한 것인가, 아니면 감각자료와 무관한 독립적인 무엇인가? 그리고 본성은 정신적인가, 아니면 비정신적인가? 시간과 공간의 본성은 무엇인가? 그것이 절대적인가 아니면 상대적인가? 본성은 우주의 실재인가, 아니면 그저 이름뿐인가? 그리고 그것이 마음속의 관념(ideas)인가, 아니면 우리 마음과 독립적 실체인가?

넷째, 의미론에 대한 질문(semantical questions)이다. 구체적으로, 우리가 사용하는 언어 표현의 의미는 무엇인가? (나중에 카르납은 이것에 대한 견해를 포기하였다.)

다섯째, 가치에 대한 질문(questions of value)이다. 전통적으로 철학자들은 (그리고 지금까지도 어느 정도) 인식론이 우리 지식의 정당성을 탐구하는 분야이며, 또한 윤리학은 우리 행위 규범의 정당성을 탐구하는 영역이라고 여겨왔다. 그런데 이 기준에 따라서 그러한 모든 철학적 탐구 자체가 사실상 무가치한 것으로 가정되었다. (그러나 앞으로 살펴보겠지만, 논리실증주의를 포함한 이후의 철학자들이 실제로 이 질문을 버린 적은 없었다. 왜냐하면 논리실증주의자도 기술적 논의를 통해 정당성 즉 귀납적 정당화를 논의하고 싶어 했기 때문이다.)

이렇게 카르납은 우리의 모든 지식을 직접 경험으로부터 구성적으로 설명할 수 있다고 '지나치게' 확신한 나머지, 전통 철학의 여러 문제를 거의 전면적으로 포기하겠다고 결심하였다. 대신에 그는 검증 가능성 원리를 하나의 철학 탐구의 방법적 원리로 내세웠다. 이러한 원리는 근본적으로 경험주의 입장의 연장선에 있다. 2권에서 알아보았듯이, 경험주의자 로크에 따르면, "우리의 '관찰'은 ⋯ 사고의 모든 내용에 대해 우리의 이해를 제공하는 원천이다. 그 지식의 원천으로부터 우리가 가지고 있는, 또는 자연히 가질 수 있는 모든 관념이 흘러나온다." 그리고 흄에 따르면, "우리가 과학 자체에 대해 부여할 수 있는 유일하고 가장 확고한 기초는 경험과 관찰이다." 이렇듯 로크와 흄 등의 고전 경험주의자들의 생각은 논리실증주의의 기본 입장과 맥을 같이한다.

그러므로 고전 경험주의와 마찬가지로 논리실증주의에도 다음과 같은 회의적 반론이 가능하다. 과연 그들의 입장대로 우리가 직접 관찰할 수 없는 모든 명제가 무의미할까? 우리는 직접 관찰할 수 없는 많은 과학 지식을 가진다. 우리는 그런 모든 지식을 버릴 수는 없다. 그래서 카르납은 우리가 눈으로 명확히 볼 수 없는 경우일지라도 과학의 도구를 통해서 관찰 가능할 수 있다는 점에 주목한다. 예를 들어, 우리는 '심리 상태'를 (맥박수를 표시하는) 실험 장치의 '눈금'과 같은 것으로 알아볼 수 있다. 우리는 물리적 장치를 이용하면, 객관적으로, 즉 '직접 경험'으로 그리고 '공개적'으로 검증할 방법을 찾아낼 수 있다. 그와 같이 경험적으로 즉 실험적으로 지식을 설명할 수 있다는 기대는 요즘에도 여전히 있다.

우리는 모든 과학적 내용을 실험 장치의 눈금이나 계기판의 숫자로 표현할 수 있다. 어느 강 혹은 개천의 물이 얼마나 오염되었는지, 우리가 사는 도시의 공기오염이 어느 정도인지, 일본의 원자력 발전소에서 누출된 방사능의 오염이 어느 정도인지 등등을 모두 물리적 장치의 계기판으로 보여줄 수 있다. 나아가서 그러한 장치에 대한 설명조차 물리학 법칙으로 설명할 수 있다. 오염도나 땀샘의 분비 정도를 나타내는 장치들이 전기적 저항의 정도를 표현하거나 전압의 변화 정도를 표현하는 것으로 구현되기 때문이다. 따라서 다음과 같은 과감한 그리고 극단적인 생각을 할 수도 있다. 세계에 대한 어떠한 지식도 결국은 물리학의 어휘로 표현하는 것이 가능하다. 이러한 입장을 철학자들은 '물리주의(physicalism)'라고 말한다. 이러한 입장에 따르면, 경험과학을 표현하는 모든 문장은 물리학 용어로 환원될 수 있다. 다른 말로 표현하여, 모든 과학이론은 경험적 관찰 증거로 설명된다. 즉, 모든 과학이론은 관찰 증거로 환원된다. 이것이 카르납이 가졌던 기대였다.

카르납은 유럽의 전쟁을 피해 미국으로 이주했으며, 미국의 시카고 대학과 하버드 대학에서 교수로 재직하였다. 교수로 재직 중이던 그는 버트런드 러셀과 알프레드 타르스키, 하버드의 철학자 콰인 등이 함께하는 토론에 참여하였다. 그는 지속해서 언어철학과 논리학에 관심을 가졌는데, 그것은 다음과 같은 기대에서였다. 많은 철학적 의문들이 대답할 수 없거나 대답할 필요조차 없는 무의미한 것들이며, 그것은 철학자들이 흔히 언어를 잘못 사용하기 때문이다. 그러므로 철학자들은 앞으로 자신들이 사용하는 언어를 논리적으로 분석함으로써, 잘못된 언어 사용을 깨닫고 그 잘못을 바로잡도록 노력해야 한다. 우리가 사용하는 일상 언어는 우리 자신을 혼란스럽게 만들 수 있다. 과거 베이컨이 지적했듯이, 우리는 언어 표현이 있기만 하면 그것에 대응하는 실재가 있다고 착각하기 쉽다. 이것을 베이컨은 '시장의 우상'이라고 지적했다. 그러한 일상 언어의 혼동을 막으려면, 우리는 일상 언어를 기호로 엄밀히 표현할 필요가 있으며, 그럼으로써 언어의 논리 구조를 드러내야 한다. 앞서 살펴보았듯이, 그 방법은 러셀과 비트겐슈타인이 제시한 기호논리학이다. 더구나 과학철학의 문제를 기호논리학으로 정식화(형식화)해보면 그 의미가 명료하게 드러난다. 이러한 기대에서 나온 방법이 언어 '분석적 방법(analytic method)'이다. 이러한 측면에서 카르납은 기호논리학을 철학 탐구 방법으로 발전시켰다.

물론 카르납은 모든 과학 지식의 참/거짓이 실험적으로 밝혀진다고 생각하지는 않았다. 그는 지식을 표현하는 문장을 다음과 같이 둘로 구분하였다. 첫째, 경험적 지식을 담은 문장은 실험적 검증으로 그것의 참/거짓 여부가 판결될 수 있다. 둘째, 논리학과 수학의 명제 또는 진술 문장은 그것과 달리 오로지 그 문장이 가진 용어들의 의미 자체만으로 참인지 밝혀질 수 있다. 이러한 문장은 경험과 상관없이 논리적으로 참이 성립된다는 측면에서 '분석적(analytic)'이다. 앞서 살펴보았듯이, 칸트는 지식 혹은 판단을 셋으로 나누었다. 그러나 카르납은 흄처럼 다시 둘로 구분한다. '경험적이며 종합적인 진술'과 '논리적이며 분석적인 진술'이다. 분석적 진술은 경험과 무관하게, 다시 말해서 선험적으로(*a priori*) 참인지 여부가 판단된다.

그렇지만 경험적으로 검증 가능한 문장이라도, 그것이 단지 참과 거짓 두 가지로만 가려지는 것은 아니다. 우리는 그런 문장들이 참일 '개연성' 혹은 '확률'을 말할 수도 있기 때문이다. 카르납은 1945년 무렵부터 다른 문제, 즉 경험적 관찰이 어떻게 이론을 형성하게 하는지에 특별히 관심을 가졌다. 나아가서 만약 우리가 관찰로부터 어떤 합리적 믿음을 가질 수 있게 된다면, 논리적으로 그러한 믿음이 어떻게 정당화되는지에 관심을 가졌다. 그가 이러한 정당화에 관심을 가졌던 이유는 무엇일까? 우리가 어떤 관찰된 사건으로부터 다음에 어떤 사건이 발생할 것이라고 합리적으로 믿는 정도는 그 믿음이 과거 사건으로부터 어떻게 논리적으로 정당화되는지에 달려 있다. 그리고 그 정당화되는 정도는 두 사건이 연관적으로 발생할 개연성으로 드러난다.

예를 들어, 우리가 고속도로 갓길에 차를 정차하지 않는 것이 좋다고 믿는 것이 왜 합리적인지 다음과 같이 설명된다. 한때 통계적 보고에 의하면, 한국에서 고속도로 운행 중에 일어나는 교통사고 중에 약 40퍼센트가 갓길 주차 차량과 관련하여 발생한다. 이러한 통계적 사실로부터 우리는 일반적으로 다음과 같은 믿음을 가질 수 있다. "만약 고장이나 타이어 펑크와 같은 불가피한 경우를 제외하고, 고속도로 갓길 주차를 하지 않으면, 예를 들어 운전자들이 고속도로 갓길에 주차한 상태로 잠을 자거나 전화 통화를 하는 것을 줄인다면, 갓길 교통사고를 크게 줄일 수 있다." 이렇게 우리는 고속도로 갓길에 주정차하지 말아야 한다는 믿음에 대한 합리적 정당화를 고속도로 갓길 주차와 교통사고 발생과의 개연성 혹은 확률 연관관계로 설명할 수 있다. 카르납은 이러한 확률적 연역논리의 이론을 《확률의 논리적 기초(*Logical Foundations of Probability*)》 (1950)에서 보여주었다. 그는 이후로 확률에 의해서 귀납논리를 정당화할 수 있다는 가정에서 연구를 계속했다.

이상으로 카르납을 통해서 살펴본 논리실증주의의 기초 관점을 둘로 집약해볼 수 있다.

첫째, 관찰과 실험은 과학 지식의 기초를 제공한다.
둘째, 관찰과 실험으로부터 과학 지식을 귀납적으로 얻어낼 수 있고, 그 귀납추론은 정당화된다.

이제 이러한 기초적 관점에 설득력이 있을지 차례로 검토해보자.

앞서 살펴본 빈학단 즉 논리실증주의는 다음 두 가지 신념에 기초한다. 첫째, 과학 연구는 실험적 방법 즉 검증 방식으로 이루어져야 하며, 그것이 가능하지 않은 탐구는 과학이 아니다. 그 신념은 '검증주의(verificationalism)'로 불린다. 둘째, 귀납추론의 정당성은 증거에 의해 설명될 수 있다. 이 신념은 '귀납주의(inductivism)'로 불린다.

■ 관찰의 객관성

우선 검증주의부터 비판적으로 검토해보자. 카르납의 기본 관점은 비트겐슈타인에게서 왔으며, 비트겐슈타인의 기본 입장은 러셀과 프레게에서 나왔다. 따라서 카르납을 이해하려면, 그 앞선 철학자들의 생각을 잠시 돌아볼 필요가 있다. 검증 원리는 어떤 배경에서 나왔을까?

2권 11장에서 살펴보았듯이, 영국의 철학자 러셀에 따르면, 근본적으로 '단어의 의미'는 그것이 가리키는 대상에서 나온다. 적어도 세계의 사물을 가리키는 대상언어(objective language)는 지칭으로 이해될 수 있다. 그리고 비트겐슈타인의 입장에 따르면, 그러한 단어로 구성된 '문장'은 세계의 '사실'에 대응한다. 그런데 문장은 왜 꼭 참이나 거짓이어야 하는가? 프레게에 따르면, 언어의 문장에는 '단언(assertion)'을 함축하기 때문이다. 다시 말해서, 내가 옆의 친구를 보면서 "오늘 날씨가 참 맑다."라고 말하는 경우, 암묵적으로 그 말 속에 "내 말이 맞지?"라고 동의를 구하려는 의도가 포함된다.

이상의 이야기를 종합적으로 다음과 같이 정리해보자. 단어가 담는 '의미(sense)'는 그것이 가리키는 '대상(object)'이다. 그리고 문장의 의미는 말하는 사람의 '사고(thought)'이다. 즉, 문장은 우리의 '사고'를 담으며, 그 사고가 가리키는 것은 '진리값(truth value)' 즉 참과 거짓(true or false)이다. 다시 말해서, 의미 있는 문장은 참과 거짓으로 말해지는 생각을 담는다. 그렇다면 참과 거짓을 말할 수 없는 문장은 어떠한 것일까? 그것은 '무의미한' 말이며, 동시에 세계에 있는 사실을 드러내지 못한다. 즉, 무의미한 말은 세계에 대한 경험을 담아내지 못한다. 그것은 가짜(허위) 문장이다.

지금까지 알아보았듯이, 논리실증주의자의 입장에서 과학이란 사실로부터 도출된 지식이며, 따라서 그러한 지식은 입증된 지식, 다른 말로 증명된 지식 또는 검증된 지식이다. 근본적으로 그러한 지식은 관찰과 실험에 의한 경험적 지식이다. 그리고 그러한 지식은 개인적 주관에 의한 편견이나 상상력이 개입되지 않으며, 따라서 사실적 또는 객관적 지식이다. 상식적으로 이러한 검증주의자 가정은 별로 문제 될 것이 없어 보인다.

그렇지만 검증주의자 가정을 조금 더 비판적으로 검토해보면 그들의 가정에 문제가 드러난다. 그들은 이렇게 말할 것이다. 실험은 과학 지식의 확고한 근거이다. 왜냐하면 누구라도 정상적인 감각기관을 가져서 정상적인 지각 역량을 가졌다면, 동일한 것을 같다고 지각 또는 관찰한다. 그러나 과연 정상적인 관찰자이기만 하면 관찰자가 언제나 동일한 것들을 같은 것으로 (필연적으로) 경험할 수 있는가? 과학사에서 그렇지 않았던 사례는 무수하다. 갈릴레이는 여러 과학자를 초대하여 자신이 만든 망원경으로 달에도 지구와 같은 봉우리와 산이 보인다고 확인시키려 하였다. 그는 달이 매끈한 원반이나 거울 같은 것이 아니라고 주장했다. 그러나 다른 과학자들은 갈릴레이가 건네주는 망원경을 들여다보고서 전혀 그렇게 볼 수 없었다. 그들은 갈릴레이의 황당한 주장에 화가 나서 그가 차려 놓은 음식을 먹지도 않고 돌아갔다고 한다.

그러한 과학사의 사례들을 보면, 우리가 동일한 대상을 동일하게 관찰할 수 있다는 믿음을 주장하는 것이 순진한 이야기로 들린다. 갈릴레이와 다른 과학자들은 동일한 대상을 서로 다른 가정에서 바라보았다. 그들의 각기 다른 관찰은 모두 순수한 관찰 자체가 아니었다. 다른 사례로, 초기의 신경세포 관찰 연구에서, 과학자들은 당시 상황의 실험적 이론과 기술 또는 측정 장비 등에 어쩔 수 없이 의존해야 하는 한계를 가진다. 이러한 한계는 순수한 관찰이 가능하다는 논리실증주의자 관점이 소박한 생각이었음을 보여준다.

우리가 동일한 대상을 각자가 가진 관점에 비추어 서로 다르게 지각할 수 있다는 것을 보여주는 실험, 즉 착시 현상이라 불리는 여러 간단한 실험들이 있다. 착시 현상들이 이론에 비추어 다르게 보인다고 말하기는 어렵겠지만, 비교 기준에 따라서 우리의 지각 자체가 왜곡될 수 있다는 측면에서, 역시 감각이 객관적이라는 우리의 믿음을 부정하게 한다.

[그림 3-1]에서 왼쪽의 내부 원과 오른쪽의 외부 원은 크기가 동일하다. 그렇지만 우리에게 왼쪽의 원은 오른쪽보다 '명확히' 작게 보인다. 이러한 착시 현상은, 우리가 동일한 크기의 두 개의 원을 주변의 다른 원에 대조적으로 보기 때문에 서로 다른 크기로 인지한다는 것을 보여준다.

또한 [그림 3-2]에서 우리는 흰색 교차 지점에 검은 명암을 '명확히' 볼 수 있다. 그렇지만 사실상 그 교차 지점에 아무런 명암도 있지 않다. 이러한 착시 현상은 우리가 명암을 대비하는 가운데 나타난다. 여러 검은 사각형과 그 사이 흰색 간격에서는 명암이 극도로 대비되지만, 반면에 흰색의 부분끼리 교차하는 곳은 명암이 대비되지 않는다. 따라서 우리는 그곳에 아무런 명암이 없지만 마치 어두운 반점이 있는 것처럼 인지한다.

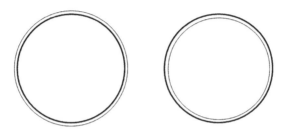

[그림 3-1] 왼쪽의 내부 원과 오른쪽의 외부 원의 크기는 같다. 그러나 오른쪽의 원이 더 크게 보인다. 이것은 각기 내부와 외부의 대조 효과에 의한 것이다.

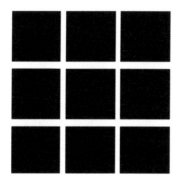

[그림 3-2] 교차 부분과 그렇지 않은 부분의 흰색은 분명히 어떤 명암의 차이도 없지만, 교차 가운데 부분이 어둡게 보인다. 이것은 교차로 부분이 교차로 아닌 부분보다 상대적으로 명암 대비가 작기 때문이다.

이러한 사례 이외에, 무지개 색깔 수에 대한 기원을 알아보면 흥미로운 사실을 알게 된다. 한국에서 정상 교육을 받은 사람이라면, 현재 일상적으로 무지개의 색깔이 일곱 가지라고 말한다. 하지만 사실 그렇게 일곱 가지로 규정한 사람은 뉴턴이다. 그는 프리즘을 통해 빛의 스펙트럼을 보면서 처음에 무지개 색깔을 다섯 가지로 보았다. 그러나 숫자 '5'보다 '7'이 좋다는 생각에서 그렇게 규정했다. 이후로 현대 대중교육을 담당하는 학교에서는 무지개 색깔이 일곱 가지라고 가르친다. 그 교육을 받은 사람들은 실제 무지개를 바라볼 때면 애써 일곱 가지를 확인하려 든다. 그러나 한국의 옛 조상들은 고운 옷 색깔을 보면 무지개 색에 비유하여 '오색 무지갯빛'이라고 말해왔다. 그들이 만약 지금도 살아서 무지개를 바라본다면 애써 다섯 가지로 확인하려 할 것이다.

우리는 사실상 빛의 삼원색만으로, 그것들이 서로 혼합된 정도에 따라서 다양한 색깔들로 분별할 수 있다. 신경학적으로 눈의 망막은 세 가지 빛의 파장에 더욱 강하게 반응하는 원추세포(corns)를 가지며, 그 세 종류 파장의 빛들이 섞이는 정도에 따라서 우리의 뇌는 이름을 붙일 수 없을 정도로 많은 종류의 색깔을 분별할 수 있다. 그것이 어떻게 가능한 것인지는 이 책의 4권 20장에서 이야기된다.

다른 예로, 환자의 가슴 엑스선 사진에 대해 의사가 질병을 진단하는 경우를 고려해보자. 만약 어느 환자가 의사의 진단을 믿을 수 없어서 그 사진을 자신이 판독하겠다고 주장한다면 어떤 일이 일어날까? 그 환자가 의학적 전문 지식이 없으며 또한 엑스선 사진 판독 기술을 습득하지 못했다면, 그 사진을 본다고 한들 거기에서 어떤 임상적 증세를 알아볼 수 없다. 그저 희고 검은 명암으로 신체의 가슴 사진이라고 파악할 수 있을 뿐이다. 의학적 전문 지식을 갖지 못하면 정상적인 시력으로 사진을 본다고 볼 수 있는 것이 아니다. 그러나 전문 의학적 지식을 갖춘 의사는 한 번에 환자의 증상을 즉시 알아본다.

만약 농장을 가꾸는 전문 농부라면, 자신의 채소와 과일나무의 잎을 보면서 그것이 어떤 병에 걸렸는지를 바로 알아볼 수 있다. 반면에 그러한 일에 종사해본 경험이 없는 어떤 도시의 방문객이 그 채소와 과일나무를 바라본다면, 그저 잎이 좀 시들었고 상태가 좋지 않다는 것을 볼 수 있을 뿐, 정확히 어떤 병과 관련되는지 알아보지 못한다.

이러한 이야기로부터 다음과 같이 말할 수 있다. 우리가 경험하는 직접 관찰은 그다지 객관적이지 못하다. 직접 관찰조차 각자가 가진 지식에 의존한다. 논리실증주의자 입장에 따르면, 직접 관찰은 과학 지식 즉 과학이론의 기초이며 이론을 형성하는 기반이다. 그러나 지금 지적되는 맥락에 따르면, 오히려 배경 이론에 의존하여 관찰이 이루어지는 측면이 있다. 이러한 측면을 고려할 때 이렇게 말할 수 있다. 순수한 객관적 관찰이란 존재하지 않는다.

■ 귀납적 방법과 그 한계

이제 귀납주의를 비판적으로 검토해보자. 귀납주의 입장은 둘로 분류된다. 하나는 (전기 카르납처럼) 단순히 관찰 증거가 이론을 형성하게 하며, 반대로 이론은 관찰 증거에 의해 정당화된다는 '강한 귀납주의' 혹은 '소박한 귀납주의'이다. 그리고 다른 하나는 (후기

카르납처럼) 관찰 증거는 이론이나 새로운 믿음을 확률적으로 지지하며, 이론이나 새로운 사건의 예측은 관찰 증거로부터 확률적으로 정당화될 수 있다는 '약한 귀납주의' 혹은 '완곡한 귀납주의'이다. 이 두 입장을 비판적으로 검토해보려면 그 둘을 조금 더 구체적으로 이해할 필요가 있다.

강한 귀납주의 입장을 알아보고, 그 입장이 주장하는 귀납추론의 정당성 문제를 비판적으로 검토해보자. 과학 지식을 표현하는 문장들을 크게 둘로 나눠볼 때, 첫째는 개별적 사실 또는 특정한 사실을 표현 또는 기술하는 문장이다. 이것은 '관찰문장'이라 불린다. 이러한 관찰문장은 특정한 시간과 특정한 장소란 제약 아래에서 우리가 직접 관찰 또는 경험한 내용을 기술한 것으로, 분야별로 아래와 같은 문장들이다.

(a_1) 1995년 5월 XX 지점에 화성이 나타났다.
(b_1) 젓가락을 유리컵에 지금 넣었더니 굽어 보인다.
(c_1) 철수는 오늘 아침에 자기 친구 영철이를 때렸다.
(d_1) 지금 이 리트머스 종이를 그 액체에 넣었더니 붉게 변했다.

둘째는 특정한 시간과 특정한 장소가 고려되지 않는 사실적 내용을 표현하거나 기술하는 문장이며, 이것은 '보편문장' 또는 '일반화'라 불린다. 이러한 문장은 특정한 상황에서 경험된 내용에 대응하지 않는다. 따라서 직접 경험되거나 관찰된 내용의 기술이 아니며, 분야별로 아래와 같은 문장들이다.

(a_2) 혹성은 태양 주위를 타원형으로 회전운동한다.   (천문학)

(b$_2$) 광선은 매질이 다른 물질을 통과할 때 굴절한다.   (물리학)
(c$_2$) 동물에게 공격성을 발산하는 선천적 욕구가 있다. (심리학)
(d$_2$) 푸른색 리트머스 시험지를 산성 용액에 넣으면 붉게 변한다.
(화학)

위의 문장들을 살펴보면, 천문학 분야의 개별 관찰 경험에 대응하는 관찰문장(a$_1$)은, 천문학의 원리 또는 법칙의 일반화(a$_2$)의 특별한 사례이다. 일상적으로 그리고 (흄이 말했듯이) 습관적으로, 우리는 반복적으로 동일한 또는 유사한 경험을 하면, 다음에도 같은 일이 발생할 것을 가정하거나 추론한다. 따라서 우리는 이렇게 말할 수 있다. 우리는 관찰문장(a$_1$)으로부터 일반화(a$_2$)를 추론할 수 있다. 다시 말해서, 우리는 개별적 경험을 표현하는 관찰문장으로부터 귀납적 일반화를 통해 보편문장 혹은 일반화를 얻을 수 있다. 귀납추론은, 1권에서 알아보았듯이, 생물학자이면서 철학자인 아리스토텔레스에 의해서 처음 명확히 인식되고 철학의 주제가 되었다. 그리고 2권에서 알아보았듯이, 흄에 의해서 그런 귀납추론의 한계가 명확히 지적되었다. 그런데도 논리실증주의자는 관찰문장(a$_1$)으로부터 일반화(a$_2$)가 추론될 수 있고 정당화될 수 있다고 다시 주장한다. 이러한 입장은 '소박한 귀납주의'로 불리며, 아래와 같은 확신에서 나온다.

첫째, 우리는 관찰로부터 과학의 이론적 지식을 얻어낼 수 있다.
둘째, 그러므로 관찰은 과학 지식의 확실한 기초를 제공한다.

그러나 이론적 지식이 관찰로부터 정당화된다는 믿음은 이미 흄에 의해서 부정되지 않았는가? 어떻게 논리실증주의자는 이렇게 주장할 수 있었는가? 그것은 다음과 같은 조건에서 가능해 보인다. 예를 들어, 우리가 (d₁)의 실험을 많이 하고, 다양한 환경에서 실험하여 언제나 같은 결과를 얻는다면, 그리고 단 한 번도 푸른 리트머스 종이가 산성 용액에서 붉게 변화하지 않는 경우가 없었다면, 즉 (d₂)의 일반화 혹은 규칙을 어기는 일이 전혀 발생하지 않았다면, 우리는 관찰문장(d₁)으로부터 보편문장(d₂)을 주장할 수 있다. 다시 말해서, "많은 수의 관찰 A가 다양한 조건에서 이루어지고, 관찰 A가 예외 없이 B의 성질을 가지고 있음이 관찰된다면, 모든 A는 B의 성질을 갖는다." 이런 조건을 아래와 같이 요약해볼 수 있다.

첫째, 충분히 많은 수의 관찰 또는 실험을 하였고,
둘째, 다양한 조건에서 반복한 그 실험 혹은 관찰이 같은 결과를 낳았으며,
셋째, 그 어떤 관찰도 보편법칙을 벗어나지 않았다.

이러한 세 조건을 만족시키는 경우, 우리는 "직접 경험을 기술한 관찰문장으로부터 일반화 즉 이론적 지식을 얻는 것이 정당화된다."라고 주장할 수 있어 보인다. 그러나 조금만 더 비판적으로 생각해보자. 과연 그러한 조건은 무엇을 의미하는가?

첫째, '많은 관찰'이란 얼마나 많은 것을 가리키는가? 백 번의 실험인가, 천 번의 실험인가, 만 번의 실험인가? 만약 적어도 백 번의 실험이 필요하다면, 왜 꼭 백 번이어야 하는가? 아흔아홉 번은 왜 부족한 실험인가? 이러한 질문으로 위의 주장이 궁지로 몰리면, 단

두 번도 충분한 실험의 숫자는 아닌가? 과거 제2차 세계대전 중 미국은 일본에 원자폭탄을 떨어뜨렸다. 일본의 통치자들은 그 막대한 피해에 대해서 몇 번을 반복 경험하고서야 비로소 그것이 위험하다고 확신했는가? 실제로 그들에게 단 두 번의 경험만으로 충분했다. 그렇다면 어떤 실험은 얼마나 반복되어야 하고, 또 다른 어떤 실험은 얼마나 많은 수로 반복해서 실험되어야 그것이 충분한 실험이었다고 인정될까?

둘째, '다양한 실험'이란 얼마나 다양한 경우를 가리키며, 그것이 충분히 다양한 실험일 수 있는가? 갈릴레이는 10미터 이상의 깊은 우물물을 펌프로 끌어올릴 수 없는 이유가 공기의 압력과 관계가 있을 것이라고 가정하였고, 그러한 가정을 토리첼리(Evangelista Torricelli, 1608-1647)에게 실험하도록 지시하였다. 토리첼리는 그 지시에 따라서 물보다 비중이 10배 정도 높은 수은을 유리 대롱에 담아 거꾸로 세워서 그 높이를 측정해보았다. 그리고 그 높이가 일반적으로 일정한지, 즉 시간적으로 그리고 공간적으로 언제나 같은 높이인지 알아보기 위한 실험을 하였다. 그 실험 장비를 마을에 설치해놓고, 또 하나의 동일한 실험 장비를 가지고 높은 산을 오르면서 산의 높이에 따라서 그 수은 기둥의 높이를 측정하는 실험을 해보았다. 물론 높은 산 위에서 그 수은 기둥의 높이가 낮아지는 것을 관찰하였으며, 따라서 상대적으로 공기의 압력이 낮다고 판단할 수 있었다. 그러나 그러한 실험을 얼마나 다양한 방법으로 해야 하는가? 시간대별로, 즉 아침부터 저녁까지 측정하는 실험으로 충분히 다양한 것인가? 아니면 계절별로 1년 동안 측정하는 것으로 충분한가? 아니면 연도별로 측정해야 하는가? 또한 장소별로 높이와 무관하게 지역마다 돌아다니며 실험하는 것을 반복해야 하는가? 분명히 이론적 지식은 시간과 공간에 제약을 받지 않아야 일반적 지식으로서 객관적 가치를 가질 것처럼 보인다. 그렇다고 모든 가능한 시간과 모든 가능한 공간적 위치를 바꿔가며 측정해야 하는가? 토리첼리의 실험에서는 그저 산을 오르내리며 몇 번의 실험만으로 충분했다.

셋째, "어떤 실험도 이론에 모순되지 않는다."라고 말한다면, 과연 그것이 정당성을 보증하는가? 지금까지 이론을 부정하지 않는 실험이었다는 것은 과연 앞으로도 틀리지 않을 것임을 보증하는가? 그러한 기대와 믿음이 왜 잘못인지를 러셀은 아래와 같은 교훈적 이야기로 보여준다. 거위를 키우는 어느 농부가 거위에게 모이를 줄 때마다 종소리를 울렸다. 그러자 거위들은 종소리를 들을 때마다 곧 모이를 먹을 것으로 기대하고 농부에게 다가왔다. 그렇게 거위는 그날 아침에도 평소와 같이 농부의 종소리를 듣고 다가왔다. 하지만 그날은 크리스마스이브였다. 따라서 농부는 그중에 가장 튼실한 놈을 잡아 식탁에 올렸다. 러셀의 이야기를 통해서 우리는 다음의 교훈을 얻을 수 있다. 지금까지 실험이 이론에 모순적이지 않다는 사실이 귀납적 추론은 정당화시켜줄 수 없다.

나아가서 다른 관점에서 나오는 지적도 있다. 이러한 조건, 즉 지금까지 틀리지 않았으므로 앞으로도 틀리지 않을 것이라는 조건에 기대어 귀납추론이 정당화될 것을 기대하는 것은 곧 귀납추론의 정당성이 어떻게 확보될 것인지를 귀납추론 자체에 의존하는 것이다. 따라서 그 조건의 제안은 '순환논증의 오류'를 범한다. 자신이 증명하려는 것을 그것에 의존하여 증명하려 하기 때문이다.

　지금까지 우리는 소박한 귀납주의가 기대했던 주장을 비판적으로 검토해보았다. 그 검토의 결과, 이제 우리는 귀납추론 자체를 신뢰하지 않아야 할까? 나아가서 경험적 실험에 의한 과학의 발달도 기대하지 말아야 할까? 상식적으로 생각해보더라도 그렇지는 않다. 위의 지적에도 불구하고, 여전히 우리는 많은 실험이 이루어진다면, 그리고 그 실험이 한 이론을 긍정하는 것으로 밝혀진다면, 그것으로부터 이론을 긍정할 이유가 된다고 믿는다. 그렇다면 위의 '소박한 귀납주의' 혹은 '강한 귀납주의' 주장으로부터 조금 후퇴하여, 다음과 같은 '세련된 귀납주의' 혹은 '온건한 귀납주의' 입장을 주장하는 것은 어떨까? "귀납의 근거가 되는 관찰 사례의 수가 많으면 많을수록, 관찰이 행해진 조건의 변화가 많으면 많을수록, 그 결과에서 도출된 일반화가 참이 될 개연성(probability)이 높아진다."

　이 조건을 간단히 줄여보자. "지금까지 관찰이 틀리지 않았다면, 앞으로도 틀리지 않을 개연성이 높다." 결국 이 주장은 귀납추론을 확률론적으로 해석하는 것이며, 이러한 입장은 '세련된 귀납주의'라고 불린다. 카르납은 소박한 귀납주의 단점을 알고 나서 후기에 세련된 귀납주의를 정교하게 설득하려는 노력에 매달렸다. 이러한 주장은 상식적으로 보기에 상당히 설득력을 가질 것 같다. 실험을 많이 할수록, 그리고 다양한 상황에서 실험하여 긍정적 결과를 얻을수록, 주장된 이론을 더욱 긍정할 '가능성'이 높아진다고 여겨질 것 같기 때문이다.

　그렇지만 여기에 대해서도 앞의 비판적 사고와 유사한 지적이 가능하다. 얼마나 많은 관찰에서 우리는 그 가능성(개연성)이 어느 정도라고 결정할 것인가? 우리는 이 질문에 명확히 대답하기 매우 어렵다. 얼마나 많은 관찰 경험의 수일 때 얼마나 높은 개연성 혹은 확률이 보장되는지 우리는 결정하기 매우 어렵다. 아마도 만 번의 경험은 충분한 경험이며, 따라서 다음에 동일한 경험을 할 확률을 90퍼센트라고 할 수 있을까? 그렇지만 누군가는 앞으로 경험해볼 무한한 경험 횟수를 고려할 때 그 경험의 숫자는 전체 대비로 거의 0퍼센트에 가깝다고 반론할 수도 있다.

이러한 고려에서 다시 흄의 말을 떠올리게 된다. "과학적 법칙이나 이론에 대한 믿음은 관련된 관찰을 반복하여 경험함으로써 얻어진 '심리적 습관'에 불과하다." 이러한 측면에서 칼 포퍼는 "과학은 귀납의 원리에 근거하고 있는 것이 아니다."라고 말한다. 이제 포퍼의 입장이 무엇인지 구체적으로 알아보자.

13 장

과학적 방법과 창의성

인식론의 중심문제는 언제나 그랬듯이, 여전히 지식 성장의 문
제이다. 그리고 지식 성장은 과학 지식의 성장을 연구함으로써
가장 잘 연구될 수 있다.

_ 칼 포퍼

■ 발견의 논리(포퍼)

칼 포퍼(Karl Popper, 1902-1994) 역시 물리학을 공부하고 철학
을 공부하여 철학자로 인생을 산 사람이었으며, 20세기의 위대한
철학자 중 한 사람으로 꼽힌다. 그는 오스트리아 빈에서 태어나고
성장하였지만, 나치스를 피해 모국을 떠나 영국에 정착하였다. 그는
영국에서 작위까지 받았고, 그곳에서 삶을 마쳤다.

포퍼는 정치적으로 자유민주주의(liberal democracy)와 사회적 비
판주의 원리(the principles of social criticism)를 강하게 내세우고,
'열린사회(open society)'를 만들어야 한다고 주장하였다. 이러한 맥
락에서 포퍼는 『열린사회와 그 적들(*The Open Society and Its
Enemies*)』(1945)을 저술하였다. 그의 관점에 따르면, 열린사회는

그 사회의 문제점이 비판적으로 지적될 수 있어서 사회의 오류가 개선될 수 있다. 합리적인 사회의 비판적 지적은 사회 발전의 원동력이다.

같은 맥락에서, 과학 연구의 경우 역시 기존의 이론과 학설에 비판적 반박이 열려 있어야 한다. 그것이 과학 발전의 원동력이기 때문이다. 과학이론은 언제나 그 오류로 지적될 가능성을 스스로 열어놓아야 하며, 비판적 반박 가능성을 열어놓지 않은 이론이나 학설은 과학적이지 않다. 어떤 학설이 오류 가능성을 드러내지 않는다면, 그것은 과학적 이론처럼 위장하는 것이다. 우리는 이것을 분별할 줄 알아야 한다.

그는 과학처럼 위장한 대표적 학설로 프로이트의 '꿈의 해석'과 '마르크스주의(Marxism)' 등을 지적한다. 그런 학설은 미래를 예측하게 해줄 원리를 내세우기는 하지만, 그 학설이 올바른 예측을 하는 것처럼 보이려면 그 예측에 혹은 그 설명에 임의 보조 가설(ad hoc hypotheses)을 첨부해야만 한다. 그러한 임의적 수정은 그 학설이 제대로 설명할 수 없는 학설임을 드러낸다. 그런 학설이 갖는 특성은 오류 가능성을 명확히 드러내지 않는다는 점이다. 바로 그러한 특성을 갖는 이론이 허위 과학(pseudo-science)이다. 반면에 아인슈타인의 이론은 틀릴 가능성을 높이 드러내며, 이러한 이론이 진정한 과학이론이다. 이러한 입장에서 포퍼는 어떤 학설이나 이론을 '긍정하는' 증거보다 오히려 그것을 '부정할' 경험적 오류에 초점을 맞춘다.

그러한 관점은 그의 저서 『과학적 발견의 논리(*The Logic of Scientific Discovery*)』(1934)에서 나왔다. 포퍼는 고전적 관찰주의 혹은 검증주의에 반대하며, 또한 귀납주의에도 반대한다. 그는 지식의 정당성(justification)을 찾는 것에 반대하며, 비판적 합리주의(critical rationalism)를 내세운다. 그는 과학의 방법론으로 오류 가능성에 초점을 맞추어 반증주의(falsificationalism)를 제안한다.

그는 과학과 비과학을 구분하는 기준으로 검증 가능성 대신에 '오류 가능성(falsifiability)'을 내세운다. 그의 입장에 따르면, 만약 어떤 이론이 가능한 경험적 관찰과 양립 가능하지 않다면(오류 가능성을 가진다면), 그것이 과학적 이론이다. 반대로 말해서, 어떤 이론이 모든 가능한 관찰과 양립 가능하다면(오류 가능하지 않다면), 그것은 비과학적 이론이다. 마르크스주의 이론은 모든 가능한 관찰에 양립 가능하고, 그렇게 경험적으로 오류 가능성이 없는 이론은 개선되고 정교화될 수 없으며, 즉 발전 가능성이 없으며, 따라서 비과학적이다.

이러한 포퍼의 주장을 엘리엇 소버(Elliott Sober, 1948-)는 저서 『생물학의 철학(*Philosophy of Biology*)』(2000)에서 이렇게 설명한다. 포퍼는 프로이트의 정신분석학이 반증 불가능하다고 보았다. 어떤 환자가 자기 아버지를 증오한다고 말하면, 그것은 오이디푸스 콤플렉스 때문이라고 설명한다. 그런데 어떤 환자가 아버지를 증오하지 않는다고 말하면, 그가 오이디푸스 환상을 너무 두려워하여 그것을 억제하기 때문이라고 해석한다. 또한 마르크스주의는 '자본주의 모순' 학설에 따라서, 만약 어느 자본주의 사회가 붕괴하거나 경제공황의 현상을 보여준다면, 그것이 바로 자본주의 모순 때문이라고 설명한다. 반면에 어느 자본주의 사회가 공황을 겪지 않는다면, 그것은 노동자들의 인식이 아직 성숙하지 못하거나 이윤율이 아직 충분히 떨어지지 않았기 때문이라고 설명한다. 이렇게 사이비 과학은 반증 가능성을 차단한다. 본질적으로 미신적 설명이 바로 그러한 특성을 갖는다.

포퍼의 입장에 따르면, 과학적 이론은 본질적으로 추상적이며, 그 이론이 함축하는 예측과 설명은 직접 시험될 수 있다. 그렇지만 어떤 과학이론이 검증 가능하다는 것이 우리가 그 이론을 지지해야 하는 충분한 이유는 아니다. 어떤 가설을 지지해주는 증거란 별로 의미를 주지 못할 수 있기 때문이다. 예를 들어, 한국의 교실에서 학생들의 머리 색깔을 증거로 누군가 "모든 사람의 머리는 검다." 라고 가설을 세운다고 가정해보라. 그러한 실증적 증거들이 그 가설을 지지한다고 인정되기 어렵다. 그러하듯이 누군가 내세우는 가설이 검증 가능하다는 것만으로 과학다움의 기준이 되지 못한다. 오히려 어떤 이론이라도 틀릴 가능성 또는 '오류 가능성'이 얼마나 있는지가 그 이론이 과학적인지 아닌지를 가늠할 기준이 되어야 한다.

나아가서 이러한 오류 가능성 기준은 과학을 어떻게 연구해야 하는지, 즉 그 연구 방법을 우리에게 가르쳐주는 측면도 있다. 새로운 과학이론의 발견은 오류 가능성에서 나온다. 그러므로 과학적 이론은 새로운 시험에 의해 언제든 그 결함을 드러낼 수 있어야 한다. 과학이론은 새로운 시험에 의해서 더욱 세련되고 성숙한 새로운 이론으로 발전될 수 있다. 과학이론이란 문제를 발견하고 그 문제를 해결하려는 시도에 의한 성과물이다. 만약 이전 이론이 틀렸다고 반박하는 새로운 증거, 즉 '변칙 사례'가 나타난다면, 그것을 극복하기 위한 새로운 상상 또는 추상이 요구될 것이며, 따라서 새로운 이론이 고안될 수 있다. 그러한 새로운 이론을 위해서 과학자들은 '문제풀이(problem-solving)'를 해야 하며, 그 풀이 과제를 위해 과학자들에게 창조적 상상력이 요구된다. 그리고 이러한 방식으로 우리의 지식은 성장한다.

위의 이야기로부터 포퍼는 과학 연구 방법론은 귀납추론이 아니라 연역추론이어야 한다고 주장한다. 왜냐하면 우리의 지식은 귀납적 방법에 따라서 성장한다기보다 연역논리의 과정을 통해서 성장하기 때문이다.

과학자들은 이전 이론이 해결할 수 없는 변칙 사례 즉 '아노말리(anomalies)'를 발견하게 되면, 그 문제 해결을 위해서 대담한 가설(tentative hypothesis)을 제안한다. 그들은 결코 사실 자체로부터 대담한 가설을 유도하지 않으며, 이미 존재하는 이론들에 비추어 제안한다. 조금 더 세부적으로 말해서, 과학자들은 아래와 같은 단계를 통해 과학이론의 발달에 기여한다.

(1) 어느 이론 체계가 모순을 포함하지는 않은지 알아보기 위하여 그 내적 일관성(internal consistency)을 검토하는 형식화(formalization)의 단계
(2) 그 이론이 경험적 요소를 갖는지 또는 논리적 요소를 갖는지 분별하기 위하여 공준화(axiomatization)하는 준-형식화 단계
(3) 새로운 이론이 (이미 존재하는) 이전 이론보다 우월한 점이 있는지 비교하는 단계
(4) 새로운 이론을 경험적으로 적용하여 실험에 부쳐보는 단계

위의 연구 단계를 이렇게 이해해볼 수 있다. 첫째, 어느 이론 체계를 검토하려면 우선 그 이론 체계를 논리적 형식 체계로 정리해야 한다.

둘째, 어느 과학이론이든 분석적 요소와 종합적 요소를 모두 포

함할 수 있으며, 따라서 연구자가 만약 그 문제를 명확히 인식하지 못하고, 분석적 요소에 경험적 검증의 잣대를 들이대거나 종합적 요소에 논리적 잣대를 들이대어 분석하고 비판한다면, 범주 오류 (category-mistakes)를 범한다. 따라서 연구자는 올바른 비판을 위해 과학이론의 문장을 명료화할 필요가 있다.

셋째, 연구자는 새로운 이론이 이전 이론보다 변칙 사례를 더 잘 설명하는지, 아직 해결하지 못한 문제를 더 잘 해결하는지, 그리고 이론적으로 발전된 것인지 등을 분별한다. 그 분별을 위해서 연구자는 새로운 이론이 이전 이론보다 더욱 포괄적인 예측력을 갖는지 비교한다. 예를 들어, 뉴턴의 보편 중력이론은 새로운 변칙 사례, 즉 빛의 속도를 잘 설명하지 못하며, 반면에 새로운 아인슈타인의 특수상대성이론은 그것을 포괄적으로 설명해준다. 따라서 아인슈타인 이론이 경쟁자를 물리쳤으며, 과학 발전이 이루어졌다.

넷째, 새로운 이론을 경험적으로 확인하는 과정에서 연구자는 비록 새로운 이론이 '확인되었다(corroborated, confirmed)'고 하더라도, 결코 '검증되었다(verified)'고 보지 말아야 한다. 물론 만약 실험으로 확인되지 않는 경우라면, 과학자들은 더 좋은 이론이 제안되어 확인되고 대체될 때까지 과거의 이론을 버리지는 않고 당분간 유지한다. (이러한 측면에서 포퍼는 경험주의 요소를 가지기는 하지만, 경험이 이론을 결정할 수 없다고 주장한다는 측면에서, 그의 입장은 전통적 경험주의와는 구별된다.)

위의 과학 연구 단계를 포퍼가 생각하는 단계에 따라서 논리적으로 분석해보자. 포퍼가 주장하는 이전 이론에 반증하는 과정을 형식화하면 아래와 같은 단순한 연역논리적 형식으로 나타난다.

만약 나의 제안된 가설 H가 옳다면, 증거 e가 확인될 것이다. 그러나 그러한 증거 e가 확인되지 않는다. (즉, 반증된다.) 따라서 나의 제안된 가설 H가 오류이다.

여기에서 잠깐 질문해보자. 이 논리가 과연 타당한 논리를 펼치고 있는가? 반증의 과정에서 이루어지는 반박과 결론을 추론하는 과정을 (명제) 기호논리로 표기하면 아래와 같다.

[논증 1]
(p₁)   H → e
(p₂)   ~e
(p₃)   ∴ ~H

이제 위의 [논증 1]의 논리적 형식을 [그림 3-3a]의 비트겐슈타인의 명제논리 진리표로 검토해보자.

	H	e	~H	~e	H → e
①	T	T	F	F	T
②	T	F	F	T	F
③	F	T	T	F	T
④	F	F	T	T	T

[그림 3-3a] H와 e의 진리값에 따라서 ~H, ~e, H → e 등의 진리값이 어떻게 달라지는지 보여준다. [논증 1]이 타당한 추론일 경우, 즉 전제와 결론이 모두 참인 경우는 ④의 오른쪽에 표시된다.

위의 [논증 1]을 논리적 추론 과정 (p_1), (p_2), (p_3)의 순서에 따라서 다시 배열하면 [그림 3-3b]와 같다.

	H	e	(p_1) $H \rightarrow e$	(p_2) $\sim e$	(p_3) $\sim H$
①	T	T	T	F	F
②	T	F	F	T	F
③	F	T	T	F	T
④	F	F	T	T	T

[그림 3-3b] (p_1) 즉 $H \rightarrow e$의 진리값이 참이면서 동시에 (p_2) 즉 $\sim e$의 진리값도 참일 경우는 오직 ④의 경우뿐이며, 그 경우에 (p_3) 즉 $\sim H$의 진리값은 참임을 보여준다.

여기에서 (p_1)의 진리값이 참(T)일 경우는 ①, ③, ④이며, (p_2)의 진리값이 참(T)일 경우는 ②와 ④이다. 따라서 두 전제 (p_1)과 (p_2)의 진리값이 모두 참(T)일 경우는 ④뿐이다. 그 경우에 (p_3)의 진리값도 참(T)이다. 간단히 말해서, 전제가 옳으면 언제나 결론이 옳다고 추론되는 타당한 연역추리 형식이다. 따라서 포퍼가 제안한 추론은 타당한 연역추리 형식이며, 이것을 논리학자들은 '후건부정형(*modus tollens*)'이라고 부른다. 그러므로 만약 과학자가 이전 이론(또는 제안된 가설)에 대한 반증을 확인할 수 있다면, 그 이전 이론(또는 제안된 가설)이 거짓이라고 밝혀지기에 충분하다. 이러한 논리적 추론의 과정을 통해서, 이전 이론 또는 제안된 가설이 옳다는 것을 보여주기는 어렵지만, 틀렸음을 보여주기에는 충분하다.

＊ ＊ ＊

　위의 맥락에서 논리실증주의자가 주장하는 검증주의 추론의 형식은 어떠한가? 그 형식은 타당한 추론의 형식일까? 검증주의가 제안된 가설을 확증하는 논리적 과정은 아래와 같이 간단히 표현된다.

　만약 나의 제안된 가설 H가 옳다면, 증거 e가 보일 것이다.
　그러나 그러한 증거 e가 확인되었다. (즉, 검증되었다.)
　따라서 나의 제안된 가설 H는 옳다.

　위의 일상적 언어의 논리를 역시 명제논리 기호로 아래와 같이 표시할 수 있다.

　[논증 2]
　(q_1)　　H → e
　(q_2)　　　e
　(q_3)　∴ H

　이것을 [그림 3-3c]의 명제논리 진리표로 검토해보자.

　이러한 형식을 표에서 확인하면 타당하지 못함을 알 수 있다. [논증 2]의 논증 형식에서는 두 전제 모두 참이더라도 결론을 반드시 참으로 추론할 수 없는 비타당한 연역추론 형식임이 드러난다. 이것을 논리학자들은 '후건긍정의 오류(fallacy of modus ponens)'라고 부른다. 다시 말해서, 제안된 가설을 긍정하는 증거가 있더라도, 우리는 그것으로부터 제안된 가설이 참임을 입증할 수 없다. 다시 말해서, 위의 검증하는 추론 과정을 통해서 우리는 제안된 가설이 옳다는 것을 보여주지 못한다. 그렇다는 것이 논리적 형식의 분석으로 드러난다.

	H	e	H → e
①	T	T	T
②	T	F	F
③	F	T	T
④	F	F	T

	(q_1)	(q_2)	(q_3)
	H → e	e	H
①	T	T	T
②	F	F	T
③	T	T	F
④	T	F	F

[그림 3-3c] (q_1) 즉 H → e의 진리값이 참이고 동시에 (q_2) 즉 e의 진리값도 참일 경우는 ①과 ③의 두 경우이며, ①의 경우에 (q_3) 즉 H의 진리값은 참이지만, ③의 경우에 (q_3) 즉 H의 진리값은 거짓이다. 다시 말해서, 두 전제인 (q_1), (q_2) 모두가 참일지라도, 결론인 (q_3)가 반드시 참은 아니다. 따라서 가설을 검증하는 추론 형식 [논증 2]가 비타당한(invalid) 연역추론 논증임이 드러난다.

* * *

이러한 논리적 고려에서, 포퍼는 다음과 같이 주장할 만하다. 우리가 아무리 증거를 확보하더라도 확인해주는 증거가 이론을 위해 그다지 유의미한 가치를 갖기 어렵다. 그리고 과학 탐구는 경험으로부터 이론을 만들어가는 귀납적 과정이 아니며, 이론은 검증으로 귀결되는 결과물도 아니다. 그보다 과학의 탐구는, 과학자가 추상적이며 창조적으로 내세운 과학이론에 대해 다만 경험적으로 확인하는 과정으로 이루어진다. 그리고 지금 우리가 아무리 확실하다고 믿는 경우일지라도, 모든 지식은 잠정적으로 추정된 가설일 뿐이다. 우리는 결코 최종의 과학이론을 증명해 보일 수 없으며, 다만 그것들을 잠정적으로 인정하거나 '결정적으로' 반박할 수 있을 뿐이다. 어느 가설을 선택할 때, 우리는 오직 틀린 것을 제거하고, 아직 반박되지 않은 것을 '합리적으로' 남겨둘 뿐이다. 그러므로 '비판적 정신' 또는 '비판적 사고'는 합리성을 위한 필수 요소이다. 오직 그러한 태도만이 거짓 이론을 제거하고 가장 그럴듯해 보이는 것, 즉 가장 높은 수준의 설명력과 예측력을 보여주는 것을 남겨줄 것이기 때문이다.

그뿐만 아니라, 귀납주의자 또는 논리실증주의자는 (과학의 이론이나 원리적 법칙을 표현하는) 보편문장을 경험문장 혹은 관찰문장으로 환원(reduction)하려 하지만, 위의 검토에서 그것이 불가능하다는 것이 드러난다. 따라서 귀납주의자가 애초에 노리는 목적이 성공할 수 없다는 것도 드러난다. 나아가서 귀납주의자는 과학과 비과학(형이상학적 사고 또는 사이비 과학)을 구분하는 기준으로 경험 또는 관찰을 들지만, 그러한 의도가 실패할 수밖에 없다는 것도 위와 같은 논리적 분석을 통해서 드러난다. 사실상 검증에 의한 정당화는 어느 미신에서라도 가능하기 때문이다. 오히려 "실증주의는 형이상학을 경험과학으로부터 구분하고 제거하기는커녕 형이상학을 과학의 영역으로 끌어들인 꼴이다." 그렇게 포퍼는 과학과 비과학을 구분하는 기준의 측면에서도 스스로 검증주의 또는 귀납주의를 선택할 수 없었다고 말한다.

귀납의 방법을 거부함으로써 내가 경험과학에서 가장 중요한 특징으로 보이는 부분을 빼버렸다고 말할지도 모른다. 그리고 그것은 내가 과학을 형이상학적 사변으로부터 분리하는 장벽들을 제거해버 렸다는 것을 의미한다고 말할지도 모른다. 이러한 반론에 대한 대답 으로, 내가 귀납논리를 물리치는 주된 이유는 바로 그 귀납주의가 이론 체계의 경험적이고 비형이상학적 성격을 적절히 구별해주는 기준을 제공하지 못한다고 여기기 때문이다. 다시 말해서 귀납논리 는 (형이상학적 사변과 경험과학을 구분할) 기준을 제공해주지 못한 다. (*The Logic of Scientific Discovery*, p.39)

이러한 포퍼의 입장에서, 어느 이론이 과학적인지 아니면 비과학 적인지를 구분하는 적절한 구획의 기준은, 검증 가능성에 있기보다 반증 가능성에 있다. 미신과 같은 비과학은 전형적으로 임시적 가 설의 방편을 마련하며, 따라서 어떤 경우에도 반증될 수 없는 언어 를 펼쳐놓는다. 예를 들어, "동쪽에 가면 귀인(도움이 될 좋은 사람) 을 만날 것이다."라는 식의 점쟁이의 말은 반박될 가능성을 회피한 다. 어느 곳에서 동쪽인지 기준을 제공하지 않으며, 그때가 언제인 지도 밝히지 않고, 귀인이 도대체 어떤 귀인인지도 명확히 밝히지 않는다. 그야말로 코에 걸면 코걸이이고 귀에 걸면 귀걸이가 되는 말에 불과하다. 그와 같은 애매하고 모호한 수사적 표현을 학문(처 럼 여겨지는) 분야에서도 찾아볼 수 있다. 대표적으로 마르크스주 의와 프로이트의 정신분석(pychoanalysis)이 그러하다. 그러한 분야 에서의 이론들은 특징적으로 경험적 반증 가능성을 외면하는 말들 로 가득 차 있다.

나아가서 포퍼의 관점에 따르면, 귀납주의 또는 검증주의는 과학의 철학적 문제에 있어서 가장 신나는 일, 즉 과학적 이론이 어떻게 개선되고 증진되는지, 과학적 지식이 어떻게 성장하는지 등의 문제에 거의 성공적으로 다가서지 못한다. 그것은 단지 과학의 언어를 인위적으로 분석하는 일에만 매달리기 때문이다. 그렇게 과학의 언어를 분석하는 일에만 매달리는 것으로는 창의적 과학이론이 어떻게 제안되는지를 설명해줄 방법이 없다. 포퍼는 귀납주의자 또는 검증주의자에 대해 아래와 같이 말한다.

> 그들은, 자신들의 축소형 모델 언어를 구성하는 방법[에 몰입함]으로써, 지식론(인식론)의 가장 신나는 문제들, 즉 지식의 발전에 관련한 문제를 놓치고 있다. (p.14)

지식이 어떤 과정을 통해서 발전하는지의 문제는, 이 책이 처음부터 지금까지 추적해왔고 앞으로 끝까지 추적하려는 주제이다. 포퍼는 이러한 매우 흥미로운 주제를 논리실증주의자는 보지 못한다고 지적한다.

그러나 그의 그러한 지적에 대해 그저 '그렇겠구나'라고 무심히 생각하고 넘길 일은 아니다. 철학 공부를 하는 사람이라면 적어도 정말로 그러할지 다시 생각해보아야 한다. 귀납주의가 정말 알고 싶고 밝혀내고 싶어 했던 주제 또는 물음이 무엇이었는가? 분명히 그들은 관찰로부터 이론이 어떻게 제안될 수 있을지 궁금해했고, 그것이 어떻게 가능한지를 설명하려고 시도했다. 물론 그들의 시도는 명확히 정당성을 얻지 못한다는 것을 앞서 알아보았고, 지금도 지적하는 중이다.

그렇지만 그들이 그 '가장 신나는 문제'를 놓치고 있다는 평가는 과연 적절한 지적일까? 그들에 대한 그러한 평가절하는 적잖이 과장되고 성급한 평가로 보인다. 아마도 포퍼는 자신의 독창성을 높이 드러내어 뽐내고 싶어 했던 것 같으며, 그런 맥락에서 자신이 공격하려는 상대방을 과도하게 낮추는 측면이 있다. 그뿐만 아니라, 포퍼는 지식이 어떻게 진보하는지, 즉 우리가 새로운 이론을 어떻게 창출하는지의 문제는 명확히 설명할 수 없는 한계가 있다고 아래와 같이 스스로 밝히고 있다.

과학자가 하는 일이란 이론을 내놓고 시험하는 것이 [전부이]다. 그 초기 단계, 즉 어느 이론을 확신하고 창안하는 활동은, 내가 보기에, 그것에 대해 논리적 분석이나 수용을 요청해서 [될 일이] 아닐 듯싶다. 음악적 주제든, 극적인 갈등이든, 과학적 이론이든 간에, 어떤 사람에게 어떤 새로운 생각이 떠오르는 것이 어떻게 일어나는지의 문제는 경험심리학의 입장에서 매우 흥미로울 수는 있겠다. 그러나 그 일은 과학적 지식에 대한 논리적 분석과는 관련이 없다. … [이것이] 그 문제에 대한 나의 관점이다. 왜냐하면, 하여튼, 새로운 생각을 떠올리는 논리적 방식, 또는 그러한 과정에 대한 논리적 재구성 등과 같은 것이 결코 없기 때문이다. 내 관점을 아마도 다음과 같이 말할 수 있겠다. 모든 발견은 '비합리적 요소(irrational element)' 또는, 베르그송의 의미로, '창조적 직관(creative intuition)'을 포함한다. 유사한 방식으로 아인슈타인은 다음과 같이 말한다. "그것으로부터 순수한 연역추론으로 세계의 그림을 얻어낼 … 그러한 지고한 보편법칙에 대한 탐구[와 같은] 그 어떤 논리적 경로도 없다." 그는 말한다. "이러한 … 법칙을 이끄는 그 법칙들은, 경험적 대상에 대한 지적 사랑과 같은 무엇에 의한, 직관에 의해 단지 도달될 뿐이다." (pp.31-32)[1]

위의 말대로라면, 포퍼 역시 지식의 진보가 어떻게 이루어지는지 자신도 밝힐 수 없음을 스스로 인정했다. 그리고 사실상 그는 어떤 방식으로든 새로운 이론이 어떻게 창출되는지 설명하지 못했다. 실제 우리가 어떻게 새로운 이론을 창안하는지를 알아내는 연구는 논리적 연구와는 구분된다고 포퍼는 주장한다. 자신의 연구는 어디까지나 과학자가 연구하는 '과정(절차)'을 논리적으로 분석할 뿐이라는 것이다. 그렇게 말하면서도 그는, 과학자가 어떻게 새로운 이론을 창안할 수 있는지를 밝혀냈다고 주장한다. 그냥 기존의 이론에 대한 반박만으로 새로운 이론이 창출될 수 있지만, 그것이 구체적으로 어떻게 가능했는지를 말할 수 없다고 스스로 밝히면서도, 그는 창조적 직관이 그 원동력이라고 말할 뿐이다. 그러한 그가 진정 새로운 창의적 이론이 어떻게 가능했는지를 설명한다고 평가되어야 할까? 오히려 귀납주의자들이 더욱 창의성의 원동력을 설명하려 시도한 것은 아닐까? 그들에 따르면, 경험적 축적이 새로운 일반화 또는 법칙을 만드는 기반이다. 비록 그들의 주장이 논리적 정당성을 얻을 수 없다고 지적되기는 하지만, 진정 그들이 포퍼가 말하듯이 가장 신나는 탐구, 즉 과학의 성장이 어떻게 이루어지는지에 관한 물음조차 놓친다고 평가되어야 할까? 나는 포퍼의 말에 동의하기 어렵다.

이 시점에서 다음과 같은 더욱 근본적인 철학 질문을 해보자. 과학철학자들은 과학자들이 새로운 설명 또는 (새로운 예측을 가능하게 하는) 새로운 이론이 어떻게 고안되는지 설명하고 싶어 한다. 그렇지만 과학철학자들은 명확히 아는 말을 사용하고 있기는 한가? 도대체 과학적 '개념'이란 무엇일까? 그리고 과학적 '이론'이란 무엇일까? 이 두 질문은 이 책 전체에 걸쳐서 다뤄지는 중심 질문이며 주제이다. 전자는 플라톤이 질문했으며, 후자는 아리스토텔레스가 명확히 던진 주제이다. (이러한 두 의문에 대한 대답은 4권 21장, 22장에서 다뤄진다.)

■ 설명의 논리(헴펠)

지금까지 과학 연구 방법으로서 귀납주의자의 입장과 그 한계를 알아보았으며, 이어서 반증주의자의 입장에 대해서도 알아보았다. 그 두 입장의 논리적 문제를 명확히 지적한 학자로 칼 헴펠(Carl Gustav Hempel, 1905-1997)이 있다. 헴펠은 독일 괴팅겐 대학에서 수학과 물리학 그리고 철학을 공부하고, 베를린 대학과 하이델베르크 대학에서 공부했다. 그는 1929년 과학철학 연구 모임에서 카르납을 만났고, 그 계기로 빈학단에 참여했다.

헴펠은 빈학단을 지칭할 때 '논리실증주의(logical positivism)'보다 '논리경험주의(logical empiricism)'라고 불렀다. 그렇게 부른 이유는 빈학단이 프랑스 실증주의 철학자 콩트(Auguste Conte, 1798-1857)를 계승하지 않고, 영국 경험주의 철학자 러셀과 비트겐슈타인을 계승한다고 생각했기 때문이다. 그 역시 빈학단의 다른 학자들처럼 나치스를 피해서 1937년 미국으로 이주하였다. 시카고 대학을 거쳐 예일 대학에서 강의하였고, 프린스턴 대학에서 (다음에 이야기할) 토머스 쿤을 가르칠 기회를 얻었다.

그는 저서 『자연과학의 철학(*Philosophy of Natural Science*)』 (1966)에서 짐멜바이스(Ignaz Philipp Semmelweis, 1818-1865)가 수행했던 의학 연구 사례를 논리적 측면에서 분석하였다. 그러한 분석을 통해서 그는 귀납주의자와 반증주의자의 주장에 어떤 논리적 문제가 있는지를 독창적으로 살펴보았다. 나아가서 헴펠은 과학이론 또는 가설에 대한 '발견의 논리(the logic of discovery)'는 가능하지 않으며, 다만 '설명과 예측의 논리(the logic of explanation and prediction)'만이 가능하다고 주장하였다.

헴펠이 파악하는 짐멜바이스의 연구에 관한 흥미로운 사례는 다음과 같다. 짐멜바이스는 헝가리 출신 의사이며, 1844년부터 4년간 오스트리아의 빈 종합병원에서 산욕열(childbed fever, 임신중독증)을 연구했다. 그가 산욕열 연구를 시작한 것은 그 병원의 출산 병동에서 벌어진 이상하고도 충격적인 상황 때문이었다. 그 병원은 두 개의 출산 병동을 가졌는데, 그 두 병동에서 산욕열에 의한 산모 사망률이 현저히 달랐다. 1844년 제2병동의 사망률은 2.3퍼센트 정도였지만, 1병동에서는 산모 3,157명 중 8.2퍼센트인 260명이 사망했으며, 다음 해에 6.9퍼센트, 그리고 그다음 해에는 11.4퍼센트에 달했다(그림 3-4).

짐멜바이스는 특별히 한 병동에서만 사망률이 높은 원인을 밝혀내려 했으며, 그 문제 해결을 위해 다음과 같은 탐구 방법을 실천하였다. 우선 그는 가능한 가설을 가정한 후, 그 가설이 올바른지 실험적으로 확인해보았다. 이러한 탐구 방식은 사실상 포퍼가 제안했던 방식이다. 그는 먼저 가설을 설정하고, 그 가설의 반증 사례를 찾아보았고, 그 반증에 따라서 제안된 가설을 버렸으며, 다시 새로

	제1병동 사망률(%)	제2병동 사망률(%)
1841년	7.8	3.5
1842년	15.8	7.6
1843년	9.0	6.0
1844년	8.2(3,157명 중 260명 사망)	2.3
1845년	6.9	2.0
1846년	11.4	2.8
1848년	1.27	1.33

[그림 3-4] 빈 종합병원에서 제1병동과 2병동의 임산부 사망률. 1848년 짐멜바이스가 원인을 밝혀내고 조치한 후, 두 병동 모두 사망률이 급격히 감소하였다.

운 가설을 제안해보는 방식으로 연구를 진행하였다.

처음으로 그가 제안했던 가설은 1병동의 높은 사망 원인이 일종의 돌림병 즉 전염병이라는 가정이었다. (당시는 세균이 알려지기 이전의 시대이다. 콜레라나 페스트 같은 전염성 질병들은 단지 돌림병으로 이해되던 시절이었으며, 돌림병이 막연히 우주의 대기에 의해 영향을 받는다는 가정에서 그저 유행병으로 불렸다.) 짐멜바이스는 이 가설을 쉽게 포기했다. 왜냐하면 그러한 가설은 왜 하필 1병동에만 그런 영향이 미치는지, 그리고 그 도시의 다른 병원에는 왜 그런 영향이 미치지 않는지 등을 설명하지 못하기 때문이었다. 더구나 이 가설을 포기하게 만드는 반증 사례도 발견되었다. 산모 중 병원으로 오다가 도로 위에서 분만한 경우, 오히려 사망률이 낮다는 것이 확인되었다. 따라서 돌림병에 의한 영향이라는 가설은 확실히 포기되었다.

두 번째로 그는 제1병동에서의 높은 사망률이 입원 중인 산모 수가 많기 때문은 아닌지 가정해보았다. 그리고 실제로 조사해보았더니, 오히려 1병동에 대한 좋지 않은 소문이 있어서 산모들은 애써 그 병동에 들어오지 않으려 했으며, 따라서 2병동에 더 많은 산모가 입원하고 있다는 사실이 확인되었다. 따라서 그는 둘째 가설도 포기했다. 그리고 그는 두 병동 사이의 식사나 간호에 대한 차이가 있는지 확인했으나, 그 차이를 발견하지 못했다.

세 번째 가설은 다음 배경에서 제안되었다. 1846년 1병동 사망률이 급격히 높아진 것을 계기로 병원 측은 그 문제를 조사하기 위해 위원회를 구성했다. 그 위원회의 조사 결과, 그 원인은 의과대학생들이 1병동에서 집중적으로 훈련을 하며, 그들의 서툰 솜씨가 산모들에게 상처를 내기 때문이라는 가정이 제안되었다. 짐멜바이스는 그 보고서를 다음과 같은 근거에서 인정하지 않았다. 출산하면서 자연적으로 생기는 산모들의 상처가 의사들의 조치로 발생하는 상처보다 훨씬 더 심한 편이며, 2병동의 산모들도 비슷한 조치를 받고 있었다. 그리고 위원회의 권고에 따라서 1병동의 훈련 학생들을 반으로 줄이고 검사도 최소로 줄였지만, 사망률에 별다른 변화를 보이지 않았다. 따라서 세 번째 가설도 버려졌다.

네 번째 가설로 그는 산모들의 심리적인 이유를 고려하였다. 그것은 임산부에게 아래와 같은 이유로 공포심이 유도된다는 가정에서였다. 신부가 임종의 환자에게 기도하기 위해 가려면 1병동을 지나쳐야 했는데, 신부가 이동하면서 울리는 종소리가 임산부들에게 죽음의 공포심을 조장한다는 것이다. 짐멜바이스는 그 가설을 확인하기 위해 신부를 설득하여, 종을 치지 않고 조용히 그리고 눈에 띄지 않게 다닐 것을 주문하였다. 그렇지만 그러한 조치에도 불구하고 사망률에서 아무런 변화도 나타나지 않았다. 따라서 그 심리적 원인에 대한 가설도 버려졌다.

다섯 번째 가설로 그는 산모들의 분만 자세를 가정하였다. 그는 우연히 산모의 분만 자세를 두 가지로 조치한다는 것을 발견하였다. 1병동은 바로 누운 자세에서 분만하는 반면에, 2병동에서는 옆으로 누운 자세로 분만한다는 것을 발견한 것이다. 그는 그러한 가설에 별로 동의하고 싶지 않았지만, 혹시라도 의심해서 두 병동의 분만 자세를 동일하게 통일시켜보았지만, 역시 사망률에 변화는 없었다. 그러므로 이 가설도 포기되었다.

여섯 번째 가설은 1847년 그가 우연히 발견한 결정적 단서에서 나왔다. 그 병원의 한 의사가 시체를 부검하는 교육을 하다가 한 학생의 칼에 손가락을 베었는데, 산욕열 환자와 같은 증상을 앓다가 사망하였다. 따라서 다음과 같은 가설, 즉 "사체 물질이 치명적인 병을 일으킨다."는 막연한 가정이 제안되었다. 앞서 이야기했듯이, 당시에는 미생물에 대해 알려진 바가 없었다. 1병동의 지하실에는 시체 부검실이 있었으며, 그곳에서 부검하던 의사와 학생들은 부검하던 중 바로 위의 분만실로 급히 올라와 손을 깨끗이 씻지 않은 상태로 산모를 돌보았다. 당시 의사들은 자신들의 손은 환자의 병을 고칠 수 있을 뿐, 반대로 병을 일으킬 수도 있다는 것을 조금도 의심하지 않았다. 짐멜바이스는 새로운 가정에 따라서 전염 물질을 없애는 방법으로 환자를 돌보기 전 의사와 학생들이 반드시 손을 염소로 닦도록 지시하였다. 그 결과 놀라운 효과를 보았다. 1848년 산욕열에 의한 산모의 사망률은 급격히 감소하여, 1병동은 1.27퍼센트 그리고 2병동은 1.33퍼센트가 되었다.

이러한 효과에 의해 확인된 가설은 과거에 도로에서 분만한 산모의 경우 오히려 산욕열에 의한 사망률이 낮았던 사실을 설명해주었다. 차라리 병원에 오기 전에 분만을 하면, 1병동의 의사들이나 학생들의 손에 묻은 사체 물질에 오염될 가능성이 없기 때문이다. 또한 2병동을 돌보는 학생들은 시체를 해부하는 수업 과목이 배제되어 있었다는 사실에 따라서 1병동보다 2병동의 사망률이 왜 낮았는지도 이해되었다.

짐멜바이스는 이러한 가설을 확인하기 위한 '실험 가설'을 제안하였다. 그것은 살아 있는 사람으로부터도 전염 물질이 옮겨질 수 있다는 가정이었다. 이것을 확인하기 위해서 그는, 의사가 손을 닦은 후 곪은 자궁암 환자를 검사한 다음, 손을 깨끗이 닦지 않은 상태로 다른 12명의 환자를 검사하도록 하였다. 그 결과 그는 그 환자 중 11명의 환자가 사망하는 결과를 관찰했다. (오늘날에는 결단코 용서될 수 없는 의료 행위이다. 하지만 당시에 더 많은 인명을 구제할 방편을 마련하기 위해 어떤 방법으로든 실험은 필요했다. 물론 요즘엔 이런 구실도 용서되기 어렵다. 그러나 유사한 비교 연구로, 환자에게 아무런 효과가 없는 위약을 지급하는 임상실험은 지금도 진행되고 있다.)

짐멜바이스는 자신의 실험적 연구 성과를 1861년에 책으로 출판하였고, 그 연구 결과를 많은 의사에게 알리려고 노력하였다. 그는 모든 산부인과 의사들이 임산부를 만나기 전 우선 손을 깨끗이 소독해야 한다고 주장하였다. 짐멜바이스는 스스로 비용을 들여 자신이 만든 책자를 많은 유럽의 산부인과 의사들에게 보냈지만, 의사들은 전통적 관점에 사로잡혀 그의 주장을 무시하였다. 심지어 1861년 스웨덴의 스톡홀름에서는 전 여성 환자의 40퍼센트가 산욕열에 감염되었으며, 그중 16퍼센트가 사망하기도 하였다. 더구나 1860년 빈 종합병원에서, 그것도 짐멜바이스가 이미 12년 전 연구했던 바로 그 병동에서 101명의 환자가 산욕열에 감염되었고, 그중 35명이 사망하였다. 그는 유럽의 의사들에게 그들이 병을 감염시킬 수 있다는 것을 인식하도록 설득하려 노력했다. 그러던 중 그는 정신이상 증세를 보였으며, 친구에 이끌려 정신병원에 수용되었고, 그로부터 2주일 후 1865년 8월 13일 47세의 나이로 정신병원에서 사망했다.

인명을 구원하기 위한, 그리고 자신의 과학 탐구가 옳다는 것을 보여주고 인정받기 위한, 한 의사로서의 짐멜바이스의 집념과 노력은 진정 눈물겨운 투쟁이었다. 바로 그의 사망 전날 영국의 외과 의사 조지프 리스터(Joseph Lister, 1st Baron Lister, 1827-1912)는 최초로 무균 수술을 위해 소독제를 쓰기 시작하였다. 프랑스의 파스퇴르(Louis Pasteur, 1822-1895)는 1861-1865년 연구를 통해서 세균의 존재를 실험적으로 밝혔다. 그러나 그로부터 30년이 지난 후에야 모든 산부인과 의사들이 임산부를 진료하기 전에 손을 소독해야 한다고 믿게 되었다.[2]

지금의 논의 주제는 의사로서 짐멜바이스의 인생에 관한 이야기는 아니며, 그의 과학적 방법에 대한 논리적 분석에 관한 이야기이다. 앞서 분석한 헴펠의 분석에 따르면, 짐멜바이스가 첫 번째부터 다섯 번째까지 가설을 세우고 그 가설을 버리는 과정은 다음과 같은 논리적 형식을 보여준다. 먼저 제안된 다섯 개의 가설이 제안되고 실험적으로 폐기되는 과정은 다음과 같다.

만일 가설 H가 옳다면, 증거 e도 옳다. 　　H → e

(증거에 의해) e는 옳지 않다.　　　　　　　~e
_____　_____

따라서 H는 옳지 않다.　　　　　　　　　　~H

이것은, 앞서 알아보았듯이, 타당한 연역논리 형식인 '후건부정형'이다. 포퍼가 주장했듯이, 실험적 반박으로 어떤 제안된 가설이 틀렸다는 것을 증명하는 것은 아무런 문제가 없어 보인다. 그러나 사실은 그렇게 말하기도 어려운데, 이것이 왜 그러한지는 조금 뒤에 살펴보겠다.

　그렇지만 여섯 번째로 제안된 가설이 실험으로 옳았다고 확인되는 과정은 위의 과정과 달리 논리적 문제가 있다. 그 가설이 제안되고 실험으로 확인하는 과정은 다음과 같은 논리적 구조이다.

만일 가설 H가 옳다면, 증거 e도 옳다. 　　H → e

(실험으로) e는 옳다.　　　　　　　　　　e
_____　_____

따라서 H가 옳다.　　　　　　　　　　　H

　앞서 알아보았듯이, 이것은 연역적으로 타당하지 않은 형식인 '후건긍정의 오류' 추론이다. 다시 말해서, 제안된 가설을 긍정하는 실험 결과를 얻는다고 해서, 그 실험을 제안한 가설이 반드시 참이라고 추론되지 않는다. 그렇다면 많은 실험을 통해 동일한 결과를 얻는다면, 제안된 가설이 옳다는 것을 증명해주는가? 많은 실험을 통해서 많은 확증 사례들을 얻는 경우의 논리적 형식을 밝혀보면 아래와 같다.

만일 가설 H가 옳다면,

증거들 $e_1, e_2, e_3, \cdots e_n$도 옳다. $H \rightarrow (e_1, e_2, e_3, \cdots e_n)$

(실험에 따라) $e_1, e_2, e_3, \cdots e_n$이 옳다. $e_1, e_2, e_3, \cdots e_n$

따라서 H는 옳다.   H

위의 논증 형식에서 볼 수 있듯이, 아무리 많은 실험 증거들을 확보하더라도 그 추론은 '후건긍정의 오류' 형식을 벗어나지 못한다. 한마디로, 동일한 실험 결과를 아무리 많이 얻더라도 그것이 제안된 가설을 결정적으로 확증해주지 못한다. 물론 확고부동한 증명이 되지 못한다고 해서 이 형식의 추론이 전혀 쓸모없다는 것을 의미하는 것은 아니다. 우리는 많은 증거를 통해서 '심리적으로' 제안된 가설이 옳을 가능성이 높다고 확신하기 때문이다. 다만 여기 논의의 쟁점은 '논리적 정당성이 있는가'의 문제이며, 지금까지 살펴본 바와 같이 그 대답은 '아니다'이다.

지금까지 이야기를 통해서 우리는 다음과 같이 결론 내릴 수도 있다. 제안된 가설은 증거에 의해서 확증하거나 정당화할 수 없지만, 제안된 가설이 틀렸다는 것을 실험적으로 반박하는 것은 연역 논리적으로 타당하다. 그러나 다음과 같은 이유에서 그런 확신도 쉽지 않다. 논리학자 웨슬리 새먼(Wesley C. Salmon, *Logic*, 1984)에 따르면, 어떤 실험적 가설도 그것이 단지 하나의 독립적 가설일수 없다. 어떤 제안된 가설이라도 그 속에 우리가 암묵적으로 가정하는 수많은 보조 가설을 포함하기 때문이다. 그러므로 제안된 가설에 대한 실험적 반증이 제안된 가설 자체를 오류라고 보여주는지, 아니면 우리가 암묵적으로 가정하는 (그 가설에 포함된) 보조 가설을 오류라고 보여주는지 확신시켜주지 않는다. 이 이야기가 무슨 의미인지 알기 쉽게 아래와 같은 논리 형식으로 표현해보자. 새먼에 따르면, 실제 과학 연구 추론은 다음과 같은 형식이다.

만일 가설 H, h_1, h_2, h_3 …가 옳다면
  e가 옳다. $H, h_1, h_2, h_3 \cdots \rightarrow e$
(실험으로) e가 옳지 않다. $\sim e$
_____   _____

따라서 H는 옳지 않다. $\sim H$

위의 형식에서 보여주듯이, 반증하는 실험에 붙여지는 것은 다만 가설 H만이 아니다. 많은 암묵적 보조 가설들(h_1, h_2, h_3 …)이 함께 반증의 실험대에 오른다. 예를 들어, 광학 현미경으로 세포의 미세한 부분을 확인하려는 경우, 다음과 같이 가설이 제안되고 반증될 수 있는 추론을 가정해보자.

지금 이 환자의 질병은 미생물의 감염에 의한 것이다. 그런데 광학 현미경에 의한 혈액 검사 결과 그 미생물은 발견되지 않았다. 따라서 이 환자는 미생물에 의한 감염이 아니다.

이러한 실험 절차 혹은 추론은 암묵적 보조 가설을 포함한다. 그것은 현재 사용되는 광학 현미경으로 어떤 미생물도 발견될 수 있다는 가설이다. 하지만 광학 현미경으로 세포를 관찰하려면 일반적으로 그것이 염색되어야 한다. 그런데 한 가지 염료로 세포의 모든 부분이 잘 염색되지 않을 수 있으며, 따라서 잘 확인되지 않을 수

도 있다. 따라서 위의 실험에서 틀렸다고 밝혀질 것은 주된 가설 H, 즉 "지금 이 환자의 질병은 미생물의 감염에 의한 것이다."가 아니라, 보조 가설 h_1, 즉 "지금의 염료로 미생물이 염색될 것이다."라는 암묵적 가정일 수 있다. 이와 같이 위의 논리 구조를 고려해보면, 포퍼가 제안했던 후건부정형의 반증 구조가 실제로는 결정적이지 못하다는 것이 드러난다. 한마디로 실제 실험에서 결정적 반증이란 가능하지 않다.

새먼이 지적하는 구체적 사례는 이렇다. 천문학의 역사에서 해왕성(Neptune)[3]이 발견되기 이전 천문학자들은 태양계의 질량과 그때까지 발견된 행성들의 질량과 궤도를 고려하여 다음과 같은 가설을 제안하였다. "뉴턴의 이론이 옳다면, 특정 궤도에서 태양계의 위성인 천왕성(Uranus)[4]이 발견될 것이다." 그러나 실제로 뉴턴의 역학으로 계산된 궤도에서 천왕성은 발견되지 않았다. 그러한 반증에도 불구하고, 당시의 천문학자들은 뉴턴 역학에 문제가 있다고 고려하지 않았다. 오히려 뉴턴 역학에 비추어볼 때 그 실험적 관찰이 실패한 것은 다른 이유 때문이라고 가정했다.[5] 아직 모르는 다른 행성이 있다면 그 행성의 중력에 이끌려 발견되지 않을 수 있기 때문이다. 이렇게 수정된 가설이 1845년 제안되었다. 실제로 1846년 태양계 내에 천왕성 이외에 해왕성도 있다는 사실이 밝혀졌다. 그 결과 뉴턴 이론은 더욱 공고하게 인정되었다. 이처럼 실험적 반증은 제안된 가설이 틀렸음을 결정적으로 반박하지 못한다.

* * *

지금까지 이야기한 과학의 방법과 관련한 쟁점을 잠시 정리해보자. 귀납주의자 입장에 따르면, 제안된 가설은 객관적이며, 충분하고, 다양한 긍정의 실험 증거들에 따라서 확증될 수 있다. 그러나 앞서 살펴보았듯이, 실제로 객관적 자료를 모은다는 것은 이상적인 희망일 뿐이다. 과학자들이 순수한 객관적 증거를 모은다는 것은 가능하지 않다. 그들은 자기 관심 밖의 자료들을 모으지 않는다. 오히려 그들은 자신의 관심 밖의 자료 수집이 연구에 방해될 뿐이라고 (무의식적일지라도) 잘 안다. 그러므로 그들은 자신의 가설에 관련되고, 또 그 가설을 긍정해줄 것이라고 가정하는 자료들만을 모은다. 우리가 앞의 짐멜바이스 연구 사례에서 살펴보았듯이, 짐멜바이스는 신부들이 출산 병동을 지나치지 않도록 할 때, 분만 자세에 따른 사망률의 자료를 검토하지 않았으며, 의사의 손을 씻는 것과 관련한 자료를 고려하지 않았다. 오히려 연구자들에게 가설 설정 이전에 수집된 자료 혹은 데이터는 무의미해 보일 수 있다. 앞서 살펴본 토리첼리의 기압 연구 사례에서도 이것을 잘 보여준다. 실험에서 토리첼리는 아무런 자료를 무작위로 모으지 않았으며, 제안된 가설을 긍정할 자료에 관심을 두었다.

이러한 지적은 앞서 언급했듯이 포퍼가 지적했던 관점이기도 하다. 오직 긍정할 목적으로 만든 자료에 의해서 가설을 제안하고서 그 가설을 확증한다는 것이 과연 과학 발전에 어떤 기여를 할 수 있을지 포퍼는 의심했다. 그러나 이러한 지적은 포퍼의 반증주의에 대해서도 마찬가지로 적용될 수 있다. 우리가 만약 제안된 가설에 따라서 자료를 모은다면, 포퍼의 주장대로 제안된 가설을 잘 반박하는 일이 일어날까? 실제로 명왕성의 존재를 주장하는 가설을 반박하는 증거가 나왔지만, 여전히 과학자들은 그 반박을 인정하기보다 새로운 임시 보조 가설, 즉 애드후크 가설을 만들어 다시 본래의 가설을 지지하는 실험을 하였다. 이러한 경우에 반증은 일어나기 어렵다. 또한 앞에서 살펴보았듯이, 어떤 제안된 실험적 가설도 그 자체로 독립적이지 않다. 따라서 가설과 보조 가설 중 어느 것이 틀렸는지 확정하기 쉽지 않을 수 있다. 그렇다면 우리는 과연 어떤 가설에 대한 반증을 제대로 할 수 있기나 할까?

이러한 의문 이외에도 앞서 살펴보았던 헴펠의 연구 결과를 보면 다른 근본적 의심까지 하게 된다. 과학이 어떻게 성장하는지, 즉 과학이 어떤 과정에 따라서 발전하는지를 우리가 설명할 수 있을까? 지금까지 살펴보았듯이, 귀납추론 방법은 정당화되기 어려워 보인다. 그렇다면 오직 연역추론 방법만이 정당화될 것 같다. 따라서 과학철학자들은 이제 '발견의 방법'이 무엇인지 탐구하기를 그만두고, '설명의 방법'이 무엇인지 탐구하는 데만 매달리는 것이 현명할 것 같다. 이러한 측면에서, 헴펠은 '가설-연역 법칙적 설명 모델(hypothetico-deductive nomological model of explanation)'을 제안한다.

[가설-연역 법칙적 설명 모델]

L_1, L_2, ···, L_r(법칙들) ┐
                                           } 설명항(explanans, 설명하는 것)
C_1, C_2, ···, C_k(조건들) ┘
_____

E(현상 또는 결과)   피설명항(explanandum, 설명되는 것)

위의 설명 모델에 따르면, 자연 현상들(E)은 제안된 여러 법칙(L_1, L_2, ···, L_r)으로부터, 그리고 제약된 조건들(C_1, C_2, ···, C_k)에

76

따라서, 나타나는 현상 또는 연역적으로 추론된 결과이다.

이제부터 과학철학자들은 이러한 설명 모델에 관심을 기울여야 하며, 새로운 이론의 발견이 어떻게 이루어지는지 귀납주의자와 포퍼의 문제에는 관심을 두지 말아야 할 것 같다. 이상으로 포퍼의 반증주의에 대한 검토를 마쳐야겠지만, 그의 관점이 다시 검토되어야 할 이야기가 남았다. 미국 하버드 출신의 물리학자이며 철학자인 토머스 쿤은 다른 관점에서 포퍼의 입장을 의심하기 때문이다. 포퍼의 가정에 따르면, 새로운 가설이 제안되고, 그것이 반증으로 부정되면 다시 새로운 가설이 제안되는 과정을 통해서 과학은 '점진적으로' 개선되고 발전한다. 그러나 쿤의 관점에서 그의 견해는 다시 의심되었다. 과연 과학이 점진적으로 발전하는가?

■ 패러다임 전환(쿤)

토머스 쿤(Thomas S. Kuhn, 1922-1996)은 1949년 하버드에서 물리학 박사학위를 받았지만, 과학사 연구에 기초하여 과학철학 저서인 『과학혁명의 구조(*The Structure of Scientific Revolutions*)』(1962)를 저술했다. 그 책은 20세기 사회과학과 인문과학 및 철학 분야에서 가장 널리 읽히고 가장 영향력을 미친 책 중 하나이다. 그 책의 중심 개념은 '패러다임 전환(paradigm shift)'이다. 그 저술 이후로 '패러다임 전환' 또는 '패러다임이 바뀌었다'라는 말은 거의 모든 학술적 그리고 사회적 용어로 사용되고 있다. 하버드 졸업 후 쿤은 캘리포니아 버클리 대학에서 역사학과 교수를 지냈고, 프린스턴 대학의 '과학사 및 과학철학과' 교수, MIT의 '언어학 및 철학과'

교수로 재직하였다. 물리학 박사가 이렇게 다양한 분야의 교수로 재직할 수 있었던 것은, 그가 과학을 가장 잘 아는 사람으로서 과학의 역사, 과학의 언어, 그리고 과학철학을 가르치기에 적절한 인물이었기 때문일 것이다.

『과학혁명의 구조』에 따르면, 실제로 과학이론은 포퍼가 말하듯이 점진적으로 개선되는 방식으로 발전하지 않는다. 그 이유는 다음과 같다. 한 시대에 인정되는 과학이론(지식)들은 하나의 패러다임을 형성한다. 그리고 그 패러다임은 모든 사람의 신망을 받는 만큼 쉽게 부정되거나 반박되기 어렵다. 다시 말해서, 과학자들은 동시대의 패러다임에 소속되어 연구하며, 따라서 누군가 그 패러다임에 근거한 (공인되는) 이론들을 쉽게 반박하기 어렵다. 하지만 그러한 패러다임이 언젠가 신뢰를 잃고 무너질 수 있는데, 그것은 기존의 패러다임으로 설명할 수 없는 이론적 문제나 실험적 현상들이 누적되어, 그 지배적 패러다임이 위기를 맞이하기 때문이다. 그럴 경우 옛 패러다임은 새로운 패러다임으로 짧은 기간에 급격히 무너지며 '혁명적으로' 교체된다. 따라서 과학은 개인의 발견과 발명이 조금씩 누적되어 '점진적으로' 발달한다고 말하기 어렵다.

이러한 쿤의 관점에서 패러다임의 전환 혹은 교체는 어떻게 일어나는가? 쿤이 말하는 과학의 역사는 다음과 같은 5단계로 전개된다.

과학 이전(prescience) → 정상과학(normal science) → 위기(crisis) → 혁명(revolution) → 새로운 정상과학(new normal science) → 새로운 위기

첫째, '과학 이전(prescience)'의 단계란 특정 연구 분야에서 여러 연구 활동이 전개되지만, 아직 지배적인 과학이론이 등장하기 이전이다. 따라서 이 단계에서 과학자들은 아직 조직적 연구 활동을 하지 못한다. 이러한 '과학 이전' 단계의 시기를 이해하려면 부득이 그것을 다음 단계인 '정상과학'의 단계와 비교할 필요가 있다. 쿤의 관점에 따르면, 역사적으로 뉴턴 역학이 등장하여 공적으로 인정받게 되었고, 과학자들은 뉴턴 패러다임 아래에서 연구 활동을 펼쳤다. 이러한 단계를 정상과학의 단계라고 본다면, 그 이전 단계를 여기서 말하는 '과학 이전' 단계라고 말할 수 있다. 과학 이전 단계에는 여러 경쟁하는 이론들이 난무한다.

그러한 과학 이전의 단계를 쿤은 다음과 같은 예를 들어 설명한다. 빛의 본성에 관한 연구 분야에서, 18세기 연구자들 대부분은 뉴턴의 『광학』에 따라서 빛이 입자라고 믿었고, 그에 따라서 빛이 입자라는 것을 확인시켜줄 실험 연구에 몰두했다. 그렇지만 19세기에 영국의 토머스 영(Thomas Young, 1773-1829)과 프랑스의 프레넬(Augustin-Jean Fresnel, 1788-1827) 등의 연구에 의해서 연구자들은 빛의 본성이 파동(횡파)이라는 것도 연구하게 되었다. 물론 오늘날 학생들은 교과서를 통해서 빛은 입자와 파동의 성질을 함께 가지는 '상보적' 실체라고 배운다. 현재 과학 공동체가 널리 수용하는 이러한 견해는 아주 최근에 출현하였다. 그 이전 시대의 연구가 아직 체계적 연구로 정립하지 못했다는 측면에서 과학 이전의 단계이다. 그러한 단계에서 광학의 본성을 연구하는 체계적 설명 이론과 방법, 그리고 연구해야 할 표준적 현상은 없었다.

다른 예로, 17세기 전반부에 전기의 본성에 관한 연구도 그러했다. 일부의 연구자들은 전기현상을 마찰로 발생하는 것으로 간주했으며, 다른 연구자들은 전기의 본성을 인력과 척력으로 이해하였고, 또 다른 연구자들은 도체(전선)를 통해서 흐르는 유체로 설명하려 하였다. 나중에 프랭클린의 연구에 따라서 나름 그럴듯하게 설명해 주는 이론이 출현하였고, 설명해야 할 표준적 전기현상도 규정되었다.

그처럼 과학 발전의 초기 단계에서 자연을 해석하고 이해할 수 있는 체계적 이론과 방법의 (명시적으로 말하기 어려운) 암묵적 믿음이 나타나기 이전의 상황이 바로 과학 이전의 단계이다. 그러한 단계에서 연구자들은 유력한 가설과 유용한 방법이 없이 연구를 진행하는 관계로 저마다 다른 가정 아래 저마다 다른 가설을 제안한다. 이런 단계를 다른 말로 '패러다임 이전(pre-paradigm)'의 단계라고 말할 수 있다.

쿤은 가장 이상적인 패러다임으로 뉴턴 역학을 꼽았다. 따라서 뉴턴 패러다임의 등장 과정을 이야기하지 않을 수 없다. 뉴턴 역학이 등장하기 전, 한편으로 코페르니쿠스의 태양중심설이 등장하였으나, 다른 한편으로는 수정된 지구중심설이 여전히 인정되었고, 또한 아리스토텔레스의 물리학이 여전히 인정되기도 하였다. 그러면서도 그 이론에 저항하는 케플러의 이론이 등장하기도 하였다. 앞서 2권에서 이야기했듯이, 케플러의 이론에 따르면, 태양을 중심으로 행성들은 완전한 원의 궤도가 아닌 타원 궤도로 공전운동한다. 그리고 그 타원의 공전운동에서 시간에 비례하는 각 운동량은 일정하다. 또한 행성에 대한 새로운 관찰을 주장하는 갈릴레이의 주장도 있었다. 이렇듯 뉴턴 패러다임의 이전 단계에는 합의에 이르지 못한, 즉 공적으로 인정되지 못한 여러 이론이 나타났고, 서로 경쟁하였다.

물론 여러 경쟁 이론이 혼재하는 상황에서도, 어느 과학자의 이론이 다른 이론들을 물리치고 과학 사회에 공적으로 인정될 수 있다. 실제로 그러한 상황에서 뉴턴 이론은 경쟁 이론을 물리쳤는데, 그것은 반대 이론들을 설득시킬 정도로 체계화된 이론을 내놓았다. (그러한 뉴턴의 역학 체계를 우리는 앞의 2권 8장에서 살펴보았다.) 뉴턴 역학이 어떻게 경쟁자를 물리칠 수 있었는지 아래와 같이 이해된다. 뉴턴의 저서 『프린키피아』는 그 어느 과학자도 거부할 수 없을 만큼 엄밀한 체계성을 보여주었다. 유클리드 기하학의 체계를 그대로 모방하여, 당시로서 완결된 지식구조를 보여주었기 때문이다. 그 구조는 엄밀하고 자명해 보이는 공준과 엄격한 공리적 규칙들, 그리고 엄밀한 용어의 정의에 근거하여 추론하는 완결된 체계를 갖추었다. 그럼으로써 여러 경쟁하는 이론들이 혼재한 상황을 말끔히 정리하는 강력한 힘을 발휘할 수 있었다. 그뿐만 아니라 과학자들은 뉴턴 이론에 근거하여 비로소 조직적이며 체계적인 연구 활동을 전개할 수도 있게 되었다.

둘째, '정상과학(normal science)'의 단계란 성숙한 과학이 나타나는, 즉 과학적 체계화가 이루어지는 시기이다. 정상과학의 단계를 이해하려면 패러다임이 무엇인지도 함께 이해할 필요가 있다. 정상과학의 단계에서 과학자들은 하나의 패러다임 아래 실제 세계의 여러 현상을 설명하고 예측하는 연구 활동을 활발히 전개한다. 그러한 연구 활동을 통해서 과학자들은 명확하지 않은 상태에서 선택한 패러다임을 체계화 또는 조직화하고, 명료하게 구체화하며, 그 패러다임 아래 세부적인 연구를 확장한다. 뉴턴 역학의 바탕에서 이후 과학자들은 지금까지 상상조차 할 수 없었던 많은 문제를 해결할 수 있었다. 예를 들어, 그들은 뉴턴의 연구에 근거하여 물과 같은 유동체에 관한 유체역학 연구를 이뤄냈다. 이후 과학자들은 저수량을 계산함으로써 정교한 댐을 건설할 수 있었을 뿐만 아니라, 물의 낙하운동에너지를 운동에너지로 전환하여 수차를 돌리고, 그 에너지로 정교한 수력발전 장치도 만들 수 있었다. 나아가서 후대의 다른 과학자들 역시 뉴턴 역학에 근거하여 공기의 흐름과 같은 기체에 관한 역학 연구를 할 수 있었고, 그 연구를 통해 하늘을 날 수 있는 비행기를 만들어내기도 하였다. 그 이전에 사람이 하늘을 난다는 것은 상상 속에서나 가능한 일이었다.

이렇게 지배적 이론에 근거하여 연구 활동을 확장하는 단계는 하나의 패러다임이 지배하는 시기라고 말할 수 있다. 여기에서 '정상과학'과 '패러다임'의 정확한 의미를 파악하기 위하여 둘 사이의 관계를 조금 더 알아보자. 쿤은 정상과학을 이렇게 설명한다.

'정상과학(normal science)'이란 과거 여러 과학적 성과들에 확고히 근거를 두는 연구 활동을 뜻하며, 그 성과들은 일부 특정 과학 공동체가 일정 기간 더 나은 과학 활동을 위해 기초를 제공하는 것이라 인식된다. 오늘날 이런 성과들은 비록 본래의 모습은 아닐지라도, 초급 및 고급 과학 교재에서 자세히 살펴볼 수 있다. 이런 교과서들은 수용된 이론의 요지를 상세히 설명하고 있으며, 그 성공적인 적용 사례를 일부 혹은 전부 해설하기도 하고, 그 응용을 범례(대표적 사례)의 관찰과 실험에 비교하기도 한다. 19세기 초 이런 책들이 널리 퍼지기 전에는 여러 유명한 과학 분야의 고전들이 교재와 같은 기능을 담당하였다. 아리스토텔레스의 『자연학(Physica)』, 톨레미의 『알마게스트(Almagest)』, 뉴턴의 『프린키피아』와 『광학』, 프랭클린

의 『전기학(*Electricity*)』, 라부아지에의 『화학(*Chemistry*)』, 라이엘
(Charles Lyell)의 『지질학(*Geology*)』 등의 책들과 그 밖의 다른 저
작들이 일정 시기 동안 다음 세대에게 연구 분야에서의 합당한 문제
들과 방법들을 암묵적으로 정의해주는 역할을 맡았다. 이런 책들은
두 가지 본질적 특성을 공유했기 때문에 그럴 수 있었다. 그것들의
성취가 경쟁하는 과학 활동으로부터 그 계승자들을 끌어들일 만큼
대단한 것이었으며, 동시에 새롭게 도전하는 연구자들이 풀어야 할
모든 문제를 열어놓고 있었기 때문이다. (*The Structure of Scientific
Revolution*, p.10)

여기에서 쿤이 말하는 정상과학의 단계란 당대에 공적으로 인정
되는 과학이론, 즉 교과서적인 이론에 기초하여 연구가 진행되는
시기이다. 이러한 시기는 여러 경쟁 이론들이 공존하던 시기를 벗
어난 단계이다. 그러므로 이전까지 경쟁 관계에 놓였던 과학자 또
는 과학자 집단 아래에서 연구하던 연구원들 대부분은 지금까지 연
구하던 이론 혹은 방식을 버리고, 새롭게 인정되는 유력한 이론 혹
은 방식의 연구로 옮겨간다. 그리고 그 유력한 이론 혹은 방식에
기초하여 그들은 연구를 지속하며 상당한 성과를 얻는다. 여기에서
쿤이 "정상과학이 미래의 연구 과제를 활짝 열어놓고 있다."라고
한 말의 의미를 구체적으로 이해해보자.
　예를 들어, 뉴턴 역학이 과학자 사회에서 인정된 이후 정상과학
단계의 시기에 거의 모든 과학자는 자신들이 연구할 전형, 즉 패러
다임(paradigm)의 모습으로 뉴턴 역학의 연구 패턴을 선택한다. 뉴
턴 역학은 다만 고체의 역학을 설명할 뿐, 유동체의 운동이나 열에
너지 등의 역학을 말해주지 않았다. 그런데도 뉴턴 역학의 기초 지

식과 그 체계는 이후의 모든 물리학 연구의 방향을 제공하였으며, 따라서 실로 유체역학과 전기역학 같은 추가적 과학 발달을 크게 촉진했다. 아마도 패러다임의 개념을 이렇게 뉴턴을 예로 들어 설명하는 것은 매우 적절할 것이다. 2권에서 말했듯이, 뉴턴의 책 『프린키피아』는 역학을 서술한 책이지만, 동시에 '과학 지식 체계'를 보여주려는 책이었다. 그는 다른 과학자들에게 그들의 학문 체계를 자신의 것처럼 만들어보도록 '학문적 체계의 전형'을 보여주었다. 또한 그의 책 『광학』은 빛의 운동에 관한 내용을 담고 있지만, 동시에 '과학 연구 방법론'을 보여준다. 그는 그 책에서 다른 과학자들에게 어떤 방식으로 학문을 탐구해야 할지 '탐구 방법의 전형'을 보여주었다. 이렇게 뉴턴이 명확히 연구 전형의 모습 또는 패턴을 보여주었다는 측면에서, 우리는 그가 하나의 패러다임(전형)을 보여주었다고 말할 수 있다. (이해를 돕기 위한 이러한 나의 설명에 대해 어쩌면 쿤은 고개를 갸우뚱할지도 모른다. 그는 패러다임을 명시적 언어로 설명하기 어렵다고 말하기 때문이다. 뒤를 계속 읽어보라.)

지금까지 이야기에서 다음 의문이 이어질 수 있다. 뉴턴 시대 이후 많은 연구자가 어떻게 '공통적으로' 뉴턴 패러다임 내에서 연구한다고 말할 수 있을까? 과연 그들은 왜 그 패러다임을 벗어나기가 어려울까? 그리고 조금 더 구체적으로 패러다임을 이해할 수 있을까? 쿤은 위의 인용문에 이어서 아래와 같이 패러다임을 설명한다.

[앞서 언급된] 두 가지 특성을 갖는 성과를 나는 앞으로 '패러다임(paradigm)'이라 부르기로 하며, 이 용어는 정상과학과 밀접하게 연관되어 있다. 이 용어를 선택함으로써, 나는 인정되는 실제 과학

연구 활동의 사례들, 즉 법칙, 이론, 응용, 기기 사용법 등등을 포함하는 모든 활동 사례들이 과학 연구의 특정한 정합적 전통을 낳는 모델을 제공한다는 것을 말하고자 한다. 이것은 과학사학자들이 '톨레미의 천문학(Ptolemaic astronomy)'(또는 '코페르니쿠스 천문학(Copernican)'), '아리스토텔레스의 역학(Aristotelian dynamics)'(또는 '뉴턴 역학(Netonian)'), '입자 광학(corpuscular optics)'(또는 '파동 광학(wave optics)') 등의 제목 아래 기술하는 전통이다. 여기서 거론된 것들보다 훨씬 더 전문적인 것들을 포함하는 패러다임의 연구는 과학도가 훗날 과학 활동을 이어갈 특정 과학 공동체의 구성원이 될 수 있도록 준비시켜준다. 과학도는 그 확고한 모델로부터 자기 분야의 기초를 배우기 때문에, 이후 자신의 연구는 기본 개념과 충돌되는 일은 거의 발생하지 않는다. 자신들의 연구 기반으로 패러다임을 공유하는 연구자들은 과학 연구 활동에서 같은 규칙과 기준을 가진다. 그들이 연구 중 그런 규칙들과 기준들을 적용하는 것은 정상과학, 즉 특정 연구 전통의 기원과 지속을 위해 필수적이다. (p.10)

위의 내용에 따르면, 패러다임이란 "실제 과학 연구 활동의 사례들, 즉 법칙, 이론, 응용, 기기법 등등을 포함하는 모든 활동 사례들이 과학 연구의 특정한 정합적 전통을 낳는 모델을 제공하는" 무엇이다. 예를 들어, 뉴턴 패러다임은 뉴턴의 저서를 통해서 보여주는 연구 내용으로 역학의 세 가지 기초 법칙들, 그리고 그 법칙들로부터 유도되는 법칙들, 그것으로부터 응용되는 지식 사례, 그리고 연구에 활용되는 실험 장비의 활용법 등을 포함한다. 이러한 것들을 통해서 우리는 뉴턴의 연구 모델을 추상해볼 수 있다. 그러한 추상적 연구 모델이 바로 쿤이 말하려는 패러다임이다. 예를 들어, 뉴턴의 정상과학 단계의 패러다임 시기에 연구자들은 뉴턴 이론에서 자신들이 연구하려는 분야의 기초가 되는 지식과 방법 그리고 기술 등을 습득한다. 따라서 이후 연구자들의 모든 연구 활동은 뉴턴의 패러다임과 일관성을 가진다. 한마디로 그들의 연구 활동은 뉴턴 패러다임을 벗어나지 않는다. 또한 그들은 뉴턴이 하던 방식을 모방하는 식으로 연구 활동을 추진한다. 『프린키피아』에서 보여주듯이 그들은 엄밀한 '공리 체계'를 세우고, 『광학』에서 보여주듯이 '분석-종합-실험'의 과정으로 탐구 활동을 벌일 것이다.

그렇다면 이 시점에서 다음과 같은 의문이 제기될 수 있다. 정상과학에 의해서 패러다임이 나타나는가, 아니면 패러다임의 선택으로 정상과학이 나타나는가? 둘 중 어느 것이 더 근본적이며, 더 우선적인가? 이런 의문에 대답을 찾아보기 위해, 우리는 정상과학과 패러다임의 관계를 다음과 같이 비유적으로 파악해볼 필요가 있다.

앞서 논의했듯이, 관찰은 이론에 의존한다. 이 말은 우리가 세계에 대해서 지각하는 대상들이 우리의 지식 체계와 무관하지 않다는 의미이다. 이러한 관점에서 관찰과 이론을 엄밀히 구분하는 것은 적절하지 않다. 그러므로 관찰된 대상(또는 세계)에 대한 우리의 인식은 우리가 이미 보유하는 지식 덩어리의 일부라고 말할 수 있다. 이러한 관점을 정상과학과 패러다임에 병렬 대비시켜보자. 과학자 사회에서 공인된 정상과학은 패러다임에 의해 인정된 지식이다. 다시 말해서, 하나의 패러다임 아래 특정 과학이론이 공적으로 인정 받는다. 그러므로 정상과학과 패러다임을 엄밀히 구분하는 것은 어려워 보인다. 정상과학 활동의 전형적인 추상적 패턴을 하나의 패러다임이라고 본다면, (논리적으로는) 패러다임에 의해서 정상과학이 공적으로 수락되지만, (시간적으로는) 정상과학의 세부적 활동이 등장하면서, 그것에 의해서 패러다임이 공적으로 수락된다.

이러한 대답만으로 패러다임이 명확히 무엇인지 구체적으로 떠올리기란 여전히 쉽지 않다. 쿤은 패러다임의 의미가 명확하지 않아 보인다는 남들의 지적을 의식하고서, 1969년 개정판에 추가한 후기에서 이렇게 명확히 말한다. " '패러다임'이란 용어는 두 가지 다른 의미로 사용된다. 첫째 의미에서, 패러다임은 어느 공동체 구성원들이 공유하는, 믿음들, 가치들, 기술들 등등의 총체를 가리킨다. 둘째 의미에서, 그것은 그 총체 내의 요소와 같은 것으로, 모델이나 실례로 채용되는 구체적 문제-풀이를 가리키며, 그것은 정상과학에서 풀어야 할 여러 문제를 해결하기 위해 기초가 되는 명시적 규칙들을 대신할 수 있다."

이러한 설명에도 불구하고, 패러다임이 무엇인지 그 실체는 우리의 눈에 명확히 그려지긴 어렵다. 그것이 추상적 개념이기 때문이며, 연구의 모델 혹은 범례처럼 우리가 그것을 비유적으로 혹은 암묵적 지식에 기대어 이해해야 하기 때문이다. 쿤 자신도 패러다임을 명확한 언어로 설명하기 어렵다고 말한다. 그것은 어쩌면 패러다임이 무엇인지를 우리가 명시적 언어로 설명하기 근본적으로 어려운 측면 때문일 수 있다. 사실상 우리는 지식(knowledge) 자체에 대해서도 명시적 언어로 설명하지 못한다. 이렇게 곤란한 문제에 대해서 쿤은 아래와 같이 표현하였다.

우리는 우리가 안다는 것이 무엇인지에 직접 접근할 어떤 방법도 없으며, 이러한 [신경계에 내장된] 지식을 표현할 어떤 법칙이나 일반화도 가지고 있지 않다. 그러한 접근을 허용해줄 법칙이란 [우리가 인지할 수 있을] 감각이 아니라 [인지하지 못할] 자극에 적용될 것이며, 우리가 알 수 있는 자극조차도 오직 정교한 이론을 통해서만 접근할 수 있다. 그러한 이론이 없다면, 자극에서 감각에 이르는 경로에 체화된 지식이란 암묵적인 채로 남는다. (p.196)

위의 이야기를 쉽게 이해해보자. 우리가 세계를 알아보는 지식이 무엇인지 밝히려면, 입력의 자극이 감각수용 세포를 통해서 어떻게 중추신경계로 정보를 전달하며, 중추신경계는 어떻게 그 정보를 변조시키는지, 그리고 인지하는지 등등을 알아야만 한다. 그리고 그러한 것을 알려면, 신경계에 대한 정교한 이론이 있어야 한다. 다시 말해서, 우리가 지식이 무엇인지 밝혀내려면, 그것을 신경계에 관한 정교하게 발전된 이론에 의존해서 설명할 수 있어야 한다. 이러한 과제가 이 책의 4권에서 논의되고 해명될 것이다.

거듭 지적하지만, 최근까지 우리 인류는 '이론(theory)'이 무엇인지조차 명확히 규정한 적이 없다. 그저 우리 모두 동의하고 인지하는 '이론'이 있다고 전제(가정)할 뿐이다. 지금까지 우리는 과학이론을 어떻게 획득할 수 있는지, 그리고 관찰과 이론은 어떤 관계에 있는지 등에 대해 여러 철학자의 논의를 살펴보았다. 그렇지만 솔직히, 철학자 누구도 '이론'이 무엇인지를 명시적으로 밝히지 못했다. 그뿐만 아니라, 플라톤이 제기하였고 무수한 철학자들의 연구의 대상이었던 '개념'이 무엇인지조차 명확히 밝혀준 철학자나 과학자가 없다. 이것도 이 책의 뒤에서 뇌과학적 측면에서 (가설적으로) 밝혀볼 것이다. 이쯤에서 정상과학과 패러다임의 관계를 마무리하면서 다음 문제로 넘어가는 것이 좋겠다. 그것은 위의 문제가 지금까지 논의되는 배경에서 해명될 수 없는 한계 때문이다.

이제 우리가 알아볼 내용은 다음 질문과 연결된다. 공적으로 인정되는 정상과학과 패러다임이 언제까지나 지속되고 유지되는가? 그렇지는 않다. 그것들이 어느 시점에서 흔들리면서 무너지는 일이 발생하는데, 그것을 쿤은 '위기'의 단계라고 말한다.

셋째, '위기(crisis)'의 단계는 정상과학 또는 패러다임에 문제점이 불거지는 시기이다. 이 단계에 들어서면 지금까지 인정해온 정상과학에 대해 과학자들은 명확히 문제가 있음을 알아채기 시작한다. 그것은 정상과학에서 설명하기 어려운 변칙 사례(anomalies)의 발견에서 시작된다. 어느 과학자들이 패러다임에 어울리지 않는 혹은 부합하지 않는 변칙 사례를 발견하게 된다면, 그 발견은 과학자 혹은 과학 사회가 정상과학을 의심하게 만든다. 그리고 그런 의심은 마침내 패러다임 내에 활동하던 과학자들조차 자신들의 패러다임을 의심하게 만든다. 그렇다면 과학사에서 변칙 사례가 위기를 조장했던 일로 무엇이 있었는가?

쿤은 과학의 사례들, 즉 천문학에서 코페르니쿠스의 지동설, 연소에 대한 라부아지에의 산소 이론 등등으로 패러다임이 어떻게 전환되었는지 설명하려 한다. 그러나 그러한 사례들이 모두 동일 수준의 이론인지, 그리고 그러한 이론들의 변환이 모두 동일 수준의 개념적 범위에서 일어난 것인지 의심될 수 있다. 앞서 말했듯이, 학자들은 쿤이 사용하는 패러다임의 용어가 너무 다양하며, 따라서 그 개념이 명료하지 않다고 지적한다. 그러한 지적을 피하면서 쿤의 패러다임을 가장 잘 이해시켜줄 사례는 아마도 뉴턴 역학의 패러다임일 것이므로, 뉴턴 역학에 변칙 사례들이 어떻게 위기를 조장했는지 살펴보자.

　정상과학으로 지배적 위치에 있었던 뉴턴 역학이 어떻게 위기를 초래하여 정상과학의 자리를 새로운 이론에 넘겨주는 일이 일어날 수 있었을까? 앞서 말했듯이, 관찰은 이론에 의존하며, 그보다 넓게는 패러다임에 의존한다. 그러므로 뉴턴 역학이 지배적 위치에 있는 상황에서라면, 어느 연구자도 뉴턴 역학 이론을 거스르는 실험을 기획하지 않을 것이며, 따라서 뉴턴 역학 이론을 부정하는 관찰도 일어날 법하지 않다. 그런데도 뉴턴 역학 이론의 위기는 아인슈타인의 특수상대성이론으로 대체되는 일이 발생하였다. 그런 일이 어떻게 일어날 수 있었을까? 일시적으로 단 하나의 변칙 사례의 발견으로 패러다임이 교체되는 일은 일어나지 않는다. 그러한 발견들에 의한 문제 제기가 오랜 기간 누적되는 일이 있어야 한다.

　뉴턴 역학 이론의 근간이 되는 절대시간과 절대공간을 부정하고 상대적 시간과 상대적 공간을 지지하는 새로운 이론의 출발은 사실상 오래전부터 있었다. 이미 17세기 후반 라이프니츠는 뉴턴의 절대시간과 절대공간의 개념을 비판하였고, 상대적 시간과 공간을 주장하였다. 그러나 그러한 주장은 단지 논리적인 주장에 불과했다. 반면에 칸트는 라이프니츠의 상대적 시간과 공간을 부정하였다. 그리고 그는 데카르트가 처음 제안했던 유클리드 기하학의 3차원 공간과 뉴턴이 말하는 절대시간의 규칙성을 부정하지 않았다. 그는 뉴턴의 절대적 시간과 공간의 '개념적 주장'을 지지하면서도, 다만 절대적 시간과 공간이 객관적 세계에 존재한다는 뉴턴의 '존재론적 주장'에 이의를 제기하였다. 앞의 2권에서 살펴보았듯이, 만약 시간과 공간이 세계에 있는 객관적 실체라면, 그는 그것이 어떻게 무한한 것이며 유일한 것일 수 있는지를 설명할 수 없었기 때문이다.

이것 역시 논리적 관점에서의 반론이었다. 그러한 이유에서 그는 시간과 공간이 인간의 인식 주관을 벗어나서 존재할 수 없다고 주장하였다. 오히려 그의 주장에 따르면, 시간과 공간이란 주관적 '인식의 형식'(또는 인식의 틀)이다. 물론 이러한 주장이 뉴턴 역학을 결정적 위기로 몰아가지는 못했다. 칸트도 인식했듯이, 뉴턴 역학은 너무도 화려하고 완벽해 보이는 이론이었다.

그러나 1815년 이후 빛의 파동 이론이 수용되었고, 그것이 지배적 위치를 차지하였다. 따라서 당시 (뉴턴 역학에도) 가정되었던 에테르(ether)를 통해서 전파되는 빛의 운동에 대한 실험이 과학자들의 관심을 끌었다. 만약 우주에 진공이 아닌 에테르가 채워져 있다면 빛의 파동이 공간을 이동하는 중에 에테르에 의해 영향을 받을 수 있다고 가정되었기 때문이다. 빛이 에테르의 흐름을 거슬러 진행한다면 에테르가 빛의 흐름(속도)에 변화를 줄 것이며, 만약 그 변화를 실험으로 밝혀낼 수 있다면 과학자들은 에테르 흐름의 속도를 파악해낼 것이라 기대하였다. 그것이 바로 1887년 마이컬슨과 몰리(Albert Abraham Michelson and Edward Morley)의 실험이었다. 그들은 기묘한 장치를 만들어서 빛이 진행하는 방향이 다른 두 빛 사이의 간섭무늬를 이용한 변화를 실험해보았다. (이 실험에 대한 구체적인 이야기는 15장에서 다룬다.) 그들은 실험에서 아무런 변화도 발견하지 못했다. 그리고 그들은 여전히 자신들의 실험이 제공하는 유의미성, 즉 뉴턴 역학을 무너뜨릴 실험이었음을 간파하지 못했다.

또한 19세기 말 맥스웰의 전자기 이론(electromagnetic theory)이 나왔다. 그도 뉴턴주의자였으며, 자신의 전자기 이론이 뉴턴 역학과 양립 가능하다고 믿었다. 맥스웰 이론과 빛이 에테르에 이끌린다는 가정을 연결하려는 과학자들은 여러 가지 설명 가설을 모색해보았다. 그러던 중 1905년 아인슈타인은 특수상대성이론을 발표하였다. 이 시점에서 다음과 같은 의문이 제기된다. 어떻게 개인 아인슈타인은 당시 지배적인 뉴턴 패러다임을 바꿔놓을 새로운 이론을 창안할 수 있었는가? 다시 말해서, 비록 짧지 않은 역사적 배경에서 뉴턴 역학의 근본 개념을 흔들 수 있는 회의적 지적이 계속되었지만, 오직 아인슈타인 개인만이 새로운 패러다임을 이끌 창조를 어떻게 만들어낼 수 있었는가?

이러한 의문에 쿤은 다음과 같이 말해준다. "거의 대부분 새로운 패러다임의 … 근본적 창조를 이룩한 사람들은, 자신의 패러다임을 바꿀 수 있을 정도로 [그 분야에서] 매우 젊거나 신참이었다. … 그 이유는 분명히 그들은 … 정상과학의 전통 규칙들에 얽매인 실험을 거의 하지 않았으며, 따라서 특별히 그런 규칙들이 문제를 해결하기에 더는 유용하지 않다고 볼 수 있었으며, 그것들을 대체할 다른 규칙들을 상상하기 쉬웠기 때문이다."(p.90) 이러한 쿤의 주장에 따르면, 아인슈타인이 새로운 패러다임을 창조적으로 내놓을 수 있었던 것은 그가 젊었기 때문이며, 또한 정상과학의 전통에 지나치게 의존하지 않았기 때문이었다.

아인슈타인은 스스로 특수상대성이론을 내놓기 오래전부터 시간과 공간의 문제에 관심을 가졌다. 그는 뉴턴이 주장하는 절대시간과 절대공간, 그리고 칸트가 주장했던 개념적 형식으로서 시간과 공간을 검토해보았다. 그리고 뉴턴의 절대시간과 절대공간이란 개념에 회의하였다. 그는 상대적으로 다른 방향으로 움직이는 두 개의 공간적 장(fields) 중에 어느 것도 공간의 기준으로 여길 수 없다고 생각하였다. 아마도 그는 그러한 회의적 시각을 칸트에게서 배

윘을 것 같다. 칸트의 논리적 비판을 아인슈타인이 당시에 어떻게 고려하였는지 오늘날 우리가 정확히 알 수는 없다. 그렇지만 적어도 그가 칸트를 공부하고서 뉴턴의 절대시간과 절대공간을 회의하고 의심하기 시작했다고 추정해볼 수는 있다. 아마도 위와 같은 고려에서 쿤도 다음과 같이 말했을 것 같다.

내 생각에, 특별히 위기로 인식되는 시기에 과학자들은 자기 연구 분야의 수수께끼를 풀기 위해 철학적 분석에 관심 두기 시작한다. 일반적으로 과학자들은 철학자일 필요는 없으며, 철학자가 되고 싶어 하지도 않는다. 정말로 정상과학은 대체적으로 창의적 철학을 가까이 두지 않으며, 그럴만한 충분한 이유가 있어 보인다. … 17세기 뉴턴 물리학의 출현과 20세기 상대성이론 및 양자역학의 출현은 모두 당대의 연구 전통에 대한 근본적 철학 분석이 있어야 했으며, 그로부터 따라 나올 수 있었다는 것은 결코 우연이 아니다. 그러한 두 출현의 시기에 소위 사고 실험(thought experiment)이 연구 진척을 위해 매우 결정적 역할을 했어야 한다는 것 역시 결코 우연이 아니다. (p.88)

이러한 쿤의 말에서 그가 주장하려는 이야기를 다음과 같이 이해해볼 수 있다. 과학자들은 자신들이 풀어야 하는 문제에 직면해서 이전의 방식으로 도저히 해결할 수 없다고 여겨질 때, 바로 그 시점에서 그들은 이전과 전혀 다른 방식으로 그리고 전혀 다른 관점에서 접근해야 한다. 그러자면 그들은 자신들이 그동안 믿고 신뢰해왔던 '궁극적 전제' 혹은 '기초 가정'을 회의하고 의심할 수 있어야 한다. 이러한 이유에서 창의적 과학자이기 위해 과학자들은 자신의 문제를 비판적으로 고려할 수 있어야 한다. 물론 그렇게 하려면 그들은 철학적 소양을 미리 갖추어야 한다. 이런 이야기는 이 책이 전하려는 중요 메시지이다.

과학의 근본 문제와 방법에 대해서 철학적 질문을 던지는 일은 지배적 패러다임을 흔들어 새로운 패러다임을 정립하기 위해서 필수적이다. (이런 이야기는 4권 24장에서 다뤄진다.) 그렇지만 그런 철학적 흔들기를 통해서 우리가 언어로 말할 수 없는 문제 해결 방안을 어떻게 모색할 수 있을지는 지금까지의 논의 배경에서 말하기 어렵다. 쿤 역시 이렇게 말한다. "어느 개별 연구자가 지금 모은 모든 데이터에 질서를 부여해줄 새로운 방법을 어떻게 고안하는지, 혹은 자기가 고안했다는 것을 어떻게 아는지는 여기서 불가해한 것으로 남으며, 어쩌면 영원히 그러할 수도 있다."(p.90)

아무튼 과학자들은 철학적 사고를 통한 결실로 새로운 해결 방안을 찾아왔다. 처음에는 그 새로운 방안이 이상한 것으로 비칠 수 있지만, 차츰 그 유용성이 다른 과학자들을 이해시킬 이론으로 인정받는 일이 벌어진다. 어떤 이상한 현상이 과학자들에게 발견되고, 그것이 풀어야 할 다른 정상적 문제가 아니라고 그들에게 비치기 시작하면, 패러다임의 위기가 온다. 그러면서 그들은 지금까지와는 전혀 다른 비범한 과학(extraordinary science)의 연구를 진행하기 시작한다. 그러한 연구 진행 현상은 점차 전문 과학자 집단 전체로 확대되고, 일반적으로 수용된다.

넷째, '혁명(revolution)'의 단계는 지금까지 인정해오던 정상과학을 지지하는 패러다임이 포기되고 새로운 패러다임이 선택되는 시기이다. 그렇게 새로운 패러다임을 선택함으로써, 과학자들은 지금까지 정상과학으로 설명하지 못하는 난점으로 발생하는 위기를 극복한다. 이것은 비교적 짧은 기간에 급작스럽게 일어나므로, 이 과정은 '혁명'이라 불린다. 이러한 혁명적 패러다임의 전환, 즉 교체는 앞서 알아본 것처럼 새로운 정상과학이 등장했음을 의미한다.

과학자들은, 뉴턴 역학으로 해결할 수 없었던 문제들을 아인슈타인의 특수상대성이론에 의해서 수학적으로 즉 논리적(원리적)으로 해결할 수 있을 것으로 바라보기 시작한다. 물론 처음에는 소수의 학자에 의해서 수용되고, 실제 검증 과정을 거쳐 확인되고 나서는 많은 전문 학자들에 의해서 그 이론이 수용된다. 그 후 그 확산은 아주 빠르게 일어나, 마침내 그 새로운 이론을 이해할 수 없는 일반인들조차 그 이론을 입에 올린다. 그렇게 짧은 기간 후 특수상대성이론은 당연한 이론으로 받아들여졌다. 실제로 그렇게 되기까지 대략 15년의 세월이 걸렸다. 그러한 과정으로 전문가 과학자 집단은 혁명적으로 새로운 정상과학을 도입할 수 있었다.

이후로, '새로운 정상과학(new normal science)'의 단계는 새롭게 선택된 패러다임에서 과학 활동이 활발히 일어나는 시기이다. 이러한 활동을 통해서 과학자들은 과거 패러다임에서 설명되었던 현상들을 새로운 패러다임 아래 새롭게 설명하려고 시도하거나, 지금까지 설명하지 못했던 난제들을 설명하려고 시도한다. 이러한 시도를 통해서 과학자들은 새로운 패러다임을 체계화하고, 조직화하며, 명료하게 만들어간다. 그러나 이러한 체계화 역시 이전 패러다임이 걸어온 길을 걷게 될 것이며, 새로운 위기를 맞이하게 된다.

'새로운 위기(new crisis)'의 단계는 새롭게 선택된 정상과학이 새로운 도전을 맞이하는 시기이다. 이전까지 과학자들이 새로운 패러다임 아래 발전시켜온 정상과학으로 설명할 수 없는 난점들이 불거져, 마침내 과학자들이 그 정상과학에 의심을 증폭시킨다. 이러한 정상과학에 대한 과학자들의 의심은 그것을 지지해온 패러다임을 버리도록 압력을 행사하는 위기를 조장한다.

* * *

요약하자면, 쿤이 주장하는 패러다임이란 한편으로는 '공적으로 인정되는 과학 지식 전체의 정합적 체계와 연구 방법들을 포괄하는 무엇'을 의미하면서, 다른 한편으로는 '연구의 대표 모델 혹은 전형'을 말하기도 한다. 지금까지의 이야기는 전자의 의미에 초점을 맞추었다. 그런데 그 패러다임의 의미가 갖는 중요한 과학철학의 쟁점이 있다. 그것은 이전 패러다임과 이후 패러다임 사이 또는 경쟁하는 여러 패러다임 사이의 관계를 어떻게 볼 것인가에 관련된 논란이다. 쿤 자신은 패러다임 사이에 '공약 불가능성(incommensurability)' 즉 소통 불가능성이 있다고 주장한다.

뉴턴 역학의 패러다임은 이전의 아리스토텔레스 역학의 패러다임과 전혀 다른 관점을 연구자들에게 제공하므로, 아리스토텔레스의 패러다임을 지지하는 관점에서 뉴턴 역학의 이론들은 이해될 수 없다. 물론 반대로 뉴턴 역학의 패러다임을 지지하는 관점에서 아리스토텔레스 역학의 주장이나 이론은 이해될 수 없다. 나아가서 뉴턴 역학 내의 어느 이론은 그것과 전혀 다른 아인슈타인의 상대성이론의 패러다임을 지지하는 관점에서 허용되기 어렵다. 반대로 뉴턴 역학의 패러다임을 지지하는 관점에서는 특수상대성이론의 어느 법칙이 이해될 수 없다.

예를 들어, 아인슈타인의 이론적 법칙인 $E = mc^2$은 뉴턴 역학의 패러다임을 수용하는 관점에서 이해할 수 없다. 또한, 서로 다른 상대적 공간의 장들(fields) 사이에 시간이 늘어나거나(연장되거나) 공간이 수축할 수 있어서 '동시성'이란 개념이 무의미해진다는 것도 뉴턴 패러다임에서 도저히 이해할 수 없다. 이렇게 서로 다른 패러다임의 이론적 주장을 상상하거나 이해하기 어려운 것은, 그 두 패러다임 사이의 공약 불가능성 때문이다. 다시 말해서, 두 이론 체계가 서로 소통 불가능하기 때문이다. 물론 두 패러다임은 모두 '질량(matter)'이라는 용어를 공통으로 사용하기는 한다. 그렇지만 두 용어는 실제로 소통되기 어려운 개념이다. 뉴턴의 패러다임 아래 '질량$_N$'이란 '물체가 갖는 고유한 속성'이며, 어느 물체라도 그 질량은 결코 변화될 수 없다. 반면에 $E = mc^2$의 공식이 말해주는 아인슈타인의 패러다임 아래 '질량$_{STR}$'이란 '에너지로 변화될 수 있는 무엇'이다. 그러므로 아인슈타인의 이론을 이해하기 위해서 과학자들은 뉴턴 역학의 패러다임 자체를 버려야만 한다. 뉴턴 역학의 기초 전제들과 그 개념 체계 전체를 버리지 않고서는 새로운 패러다임을 받아들일 수 없으며, 또한 새로운 이론을 이해하는 것도 불가능하다.

이러한 관점에 따라 우리는 다음과 같이 말할 수 있다. 만약 어느 과학자가 기존의 패러다임을 버리고 새로운 패러다임을 허락한다는 것은, 기존의 패러다임 아래 사용하던 개념들을 새로운 개념들로 수정 또는 변경해야 한다는 것을 함의한다. 그리고 만약 수정조차 허락되지 않을 용어라면 차라리 버려진다.

예를 들어, 만약 어느 과학자가 뉴턴 역학의 패러다임 아래에서 '시간'과 '공간'이란 용어를 사용해왔다면, 그리고 이제 아인슈타인 패러다임을 수용하는 가운데 그 두 용어를 사용할 경우, 그는 이전과 완전히 다른 개념에서 '시간'과 '공간'이란 용어를 사용하는 것이다. 아인슈타인의 새로운 패러다임에서 시간과 공간은 아래와 같이 이해된다.

$$\text{시간 } t' = \frac{t}{\sqrt{1 - \dfrac{v^2}{c^2}}} \qquad\qquad \text{길이 } L' = L\sqrt{1 - \frac{v^2}{c^2}}$$

위의 수식에서 시간(t')과 공간(L')은, 광속(c) 대비 상대적 공간의 장이 움직이는 속도(v)에 따라, 변동한다. 즉, 길어질 수도 짧아질 수도 있다. 그러므로 과학자 또는 과학자 집단이 새로운 패러다임을 수용한 이전과 이후에 동일 용어를 사용하더라도, 단지 그것만으로 그 과학자 또는 과학자 집단이 그 용어들을 같은 의미로 사용한 것은 아니다. 그렇다면 과거 패러다임에서 활용되던 용어가 이제 새로운 패러다임에서 활용될 필요가 없어진다는 것을 우리는 어떻게 이해해야 할까?

그것은 용어의 사라짐 내지 '제거' 또는 '교체'라고 말하는 것이 적절하다. 앞에서 알아보았듯이, 아리스토텔레스는, 날아가는 화살을 우리가 붙들고 있지 않아도 그것이 스스로 날아가는 것은 그것이 스스로 날아가는 '추진력'을 가졌기 때문이라고 이해했다. 그러나 새로운 뉴턴 패러다임 아래 그 현상은 추진력이란 용어로 설명될 필요가 없어졌다. 화살은 '관성'으로 인해서 스스로 날아가고 있다고 이해되었기 때문이다. 다시 말해서, 새로운 패러다임 아래에서 그 용어는 불필요해진다. 그렇게 과거 과학적 개념인 '추진력'은 제거되었고, 그것은 새로운 개념인 '관성'으로 대체되었다.

이렇게 개념의 제거가 일어나는 까닭은 과학자들이 새롭게 채택하고 가정하는 패러다임에서 과거 패러다임의 "모든 비논리적이며 비지각적인 용어들을 제거하려 하기"(p.127) 때문이다. 그것은 과학자들이 패러다임 내에서 자체적 일관성을 추구하려 노력하기 때문이다. '관성'이란 새로운 용어는 그 자체가 패러다임에 의존되어 선택된 만큼 패러다임에 독립적이지 않다. 마치 관찰이 이론에 독립적일 수 없듯이, 과학의 개념과 이론은 패러다임으로부터 독립적이지 않다. 다르게 말해서, 새로운 패러다임 아래에서 우리가 사용하는 '개념적 조직 체계가 변형'된다. 이상이 쿤이 말하는 패러다임 사이의 '공약 불가능성'이다.

* * *

이제까지 이야기를 듣고서 누군가는 이렇게 새로운 질문을 할 수 있다. 패러다임 사이에 철저한 단절성이 있다면, 뉴턴 역학의 패러다임은 아인슈타인 패러다임으로 발전했다고 보아야 하는가, 아니면 그냥 단절된 것으로 보아야 하는가? 쿤에 따르면, 패러다임의 전환에 대해서 '발전'이란 말을 적용하는 것은 적절치 않다. 새로운 패러다임은 새로운 지식 체계 또는 개념 체계를 구성하는 것이며, 이전의 과학과는 철저히 단절된 것으로 보아야 하기 때문이다. 이러한 측면에서 쿤은 과학이 발전한다는 개념을 사용하기를 거부한다.

새로운 패러다임을 얻는다는 것은, [그림 3-5]와 같은 그림에서 한편으로 오리처럼 보이다가 갑자기 토끼처럼 보이듯이, 게슈탈트 전환(gestalt switch)을 하는 것에 비유된다.

이렇게 패러다임을 비유적으로 바라본다면, 새로운 정상과학에

[그림 3-5] 그림은 잠시 토끼로 보이다가 오리로도 보인다. 우리는 그 중간 형태를 보지 못하며, 양자 사이에 택일한다. 이것은 우리가 이미 가진 배경 지식에 의존하여 사물을 분별한다는 것을 잘 보여준다.

의한 새로운 관점이 비록 이전 패러다임보다 폭넓은 이해를 제공하더라도, 발전이라는 말을 붙이는 것은 적절치 않다. 이러한 측면에서도 쿤은 포퍼의 주장, 즉 "과학은 점진적으로 진보 또는 발전한다."라는 주장에 동의하지 않는다. 이러한 쿤의 주장에 대해 누군가는 다음과 같이 계속 의문을 제기할 수 있다. 과연 뉴턴 역학이 이전 이론보다 발전한 것이 아닐까? 그리고 뉴턴 역학을 대체한 새로운 역학이 더욱 발전한 것이라고 말하지 말아야 하는가? 그렇다면 과학자들은 학문을 연구하면서 자신이 학문의 발전에 공헌한다고 기대하지 말아야 하는가? 학문으로서 과학의 탐구 목적은 무엇이란 말인가? 쿤은 고집스럽게 다음과 같이 말한다.

좀 더 정확히 말해서, 어쩌면 우리는 패러다임 교체가 과학자와 연구자들이 그러한 교체를 통해서 점점 진리에 더 가깝게 다가선다는, 명시적 혹은 암묵적인 생각을 버려야 할지도 모른다. … 우리는 결코 그것[자연에 대해 정교한 이해를 증가시킨다는 것]이 무언가를

'향한' 진화의 과정이라고 말하거나 말할 수 있지도 않다. … 어떤 그러한 목표가 필요하기라도 한가? … 다윈 이전 시대의 유명한 진화론들, 라마르크(Lamarck), 챔버스(Chambers), 스펜서(Spencer), 그리고 독일 자연철학자들의 진화론은 모두 진화를 목표 지향적 과정으로 간주했다. … [그러나 다윈의]『종의 기원』은 신이나 자연 그 어느 것에 의해서 설정된 어떤 목표도 수락하지 않았다. … 유기체의 진화를 과학적 사고의 진화에 관련시키는 유비는 너무 지나친 비약일 듯싶다. (pp.170-172)

분명히 다윈의 진화론은 개체의 변이에 의한 자연에 대한 적응을 말한다. 그리고 자연이 그 적응을 선택한다. 그러한 측면에서 다윈의 진화론은 특정 목표를 지향하는 발전을 의미하지 않는다. 다만 새로운 환경에 대한 적응을 주장할 뿐이다.

하지만 일상적으로 우리는 진화가 발전이라고 바라보는 뚜렷한 증거들도 가지고 있다. 그것이 목표 지향적으로 이루어지지 않았다고 하더라도, 포유류가 파충류보다 환경에 더 잘 적응하는 유리한 장점을 지니며, 따라서 일상적으로 우리는 파충류에 비해서 포유류가 더 발달했다는 의미에서 진화를 말한다.

이러한 진화론적 이야기를 과학의 이론적 변화 과정에 비유하는 것이 적절하지 않다고 치자. 그러나 새로운 과학의 이론으로 무장된 과학자 집단은 다른 집단에 비해서 상대적으로 생존에 유리할 수 있다. 물론 과학기술의 발전이 지구 환경을 심각히 해친다는 측면을 고려해볼 때, 긴 역사적 시간을 두고 어느 편이 생존에 더 유리한지는 두고 보아야 할 일이기는 하다. 그렇지만 우리가 과학을 발전시키려고 의도하는 한에서, 과학자의 과제를 우리의 가치가 배제된 '우주론적 관점'(혹은 요즘 거론되는, 인간과 자연을 하나로 보려는 전일론적 관점)에서 바라볼 필요는 없어 보인다. 일반적으로 현대사회는 경제적 경쟁의 측면에서 이해되고 있으며, 그런 경쟁에서 유리함을 얻으려면 과학기술의 발전이 필수적이라고 인식되고 있다. 이러한 측면에서, 일반적으로 과학이론의 발달을 진보라고 이해한다. 물론 일반적으로 인정된다는 것이 진리를 보증해주지 않는다. 따라서 일반적 인식을 설득의 근거로 놓는 것은 적절하지 않을 수 있다.

이 책의 중요 관심사이며 논의의 쟁점은 "과학자들이 어떻게 과학이론을 발전시키는가?"이다. 나아가서 "새로운 과학이론을 탄생시키기 위해서 과학자들은 어떻게 해야 하는가?"이다. 그러한 측면에서 이 책은 과학이 발전한다는 것을 전제한다. 그러므로 쿤의 입장에서 지금의 질문을 조금 바꿔보자. 정상과학이 위기를 맞이하는 시기에 과학자들은 새로운 패러다임을 탄생시키려면 어떻게 연구해야 하는가? 나아가서 정상과학의 시기에 과학자들은 어느 변칙 사례가 위기인지 어떻게 알아볼 수 있을까? 포괄적으로 말해서, 그리고 쿤의 주장을 수용하는 관점에서, 과학자들은 어떻게 과학을 탐구해야 하는가? 쿤은 여러 단계로 과학(혹은 패러다임)의 변화 과정을 이야기했지만, 우리가 주목해야 할 과학의 변화 단계는 사실상 두 단계, 즉 '정상과학'과 '위기'의 단계이다.

정상과학의 시기에 과학자들은 지배적 패러다임을 수용하고 있어서, 아직 해결하지 못한 퀴즈 풀이를 위한 연구를 지속해서 추진한다. 그러한 활동을 통해서 그들은 패러다임을 더욱 공고하게 만들며, 정상과학의 범위를 체계화하고 확장하려고 노력한다. 그러한 노력의 결과는 과학의 발전이다. 그렇다면 이러한 시기에 과학자들은 무엇을 해야 하는가? 그들은 당연히 지배적 패러다임에 따라서 미해결의 문제들을 풀어가야 한다. 반면에 위기의 단계에서 과학자들은 새로운 패러다임을 과감히 수용하는 열린 자세를 가져야 한다. 그렇게 함으로써 그들은 또한 과학을 획기적으로 발전시킨다. 그렇게 하자면 그들은 적극적으로 변칙 사례를 찾아내어 새로운 패러다임의 탐색에 나서야 한다.

이러한 두 단계 과정에서 과학자들에게 극단적으로 대립하는 두 탐구 자세 모두 필요하다. 정상과학 단계에서라면 감히 새로운 패러다임을 유도하려는 자세는 자제되어야 한다. 이러한 단계의 시기에 과학자들은 새로운 패러다임에 대한 무모한 도전보다는 지배적인 패러다임에 대한 수용적 태도에서 가능한 한 많은 다양한 자연 현상들을 일반화하고 설명하려 시도할 필요가 있다. 반면에 위기 단계에서는 새로운 사고에 대한 열린 자세 또는 무모한 도전적 태도가 권장된다.

그러므로 정상과학의 시기에 과학자들은 지배적 패러다임의 관점에서 문제풀이에 전념하는 '수렴적 사고(convergent thinking)'를 갖는 것이 바람직하다. 반면에 위기 시기에는 새로운 연구 모델을 탐색하는 도전적인 '발산적 사고(divergent thinking)'를 가져야 한다. 이러한 두 대립적 사고들 사이에서 과학자들은 창의적 연구에 참여할 수 있다. 쿤에 따르면, 과학 활동을 전개하는 과학자들은 창의적 연구를 위해 이 두 가지 사고의 '본질적 긴장(essential tension)'을 적절히 조절해야 한다. 그러나 쿤이 주장하듯이, 이 긴장 속에서도 과학자들이 언제나 그 두 사고 모두를 발휘하는 것은 실용적이지 못하다. 왜냐하면 지배적 패러다임 아래 이미 수용된 방법론을 두고서 엉뚱한 생각에 열중하는 것은 시간과 노력의 낭비이기 때문이다.

이러한 이야기를 들으면서 이제 철학적 의문에 익숙해진 누군가는 다음과 같이 의심할 것이다. 지배적 패러다임을 수용할 시기와 거부할 시기가 언제인지 우리는 어떻게 알 수 있을까? 만약 우리가 그러한 시기가 도래했음을 정확히 알 방법이 없다면, 우리는 그 두 사고, 즉 수렴적 사고와 발산적 사고 중 어느 것을 더 중요하게 여겨야 할까? 그 결정을 어떻게 내릴 수 있을까? 어느 과학자가 기존 패러다임을 수용하는 입장에서, 즉 정상과학을 확장하려는 실험에서 만약 실패한다면, 그는 그 실험을 단지 실패로 보아야 할까, 아니면 기존 패러다임의 변칙 사례로, 즉 획기적으로 패러다임을 전환할 시기로 보아야 할까? 물론 쿤은 그것을 적절히 배분해야 한다고 하지만, 어떻게 적절히 배분해야 할지 그가 대답할 수 있을까? 아니, 누구라도 이러한 질문에 대답해줄 가능성이라도 있을까? 만약 이러한 질문에 대답할 수 없다면, 수렴적 사고 또는 발산적 사고를 발휘하라는 쿤의 이야기는 공허하게 들린다.

이러한 회의적 생각에서 우리는 조금 더 근본적인 질문을 던질 수도 있다. 쿤은 과학자들이 창의적 연구를 위하여 어떻게 해야 하는지의 문제에 관심을 가지기는 했을까? 아마도 쿤은 그러한 문제에 특별히 관심을 두지 않았던 것 같다. 그는 다만 역사적 흐름 속에서 과학이 어떻게 변화하는지를 기술하는 과학사학자 관점에서 접근했던 것으로 보인다. 그렇다면 그를 다음과 같이 평가할 수 있다. 쿤은 '패러다임 전환'이란 말을 통해 다만 과학사를 기술(묘사)할 뿐이며, '과학 연구 방법론'에 대해 무언가를 밝히려 의도하지는 않았다.

그렇다면 이제 누군가는, 쿤에게 이러한 아쉬움을 지적하면서,

미흡하긴 하지만 그런 지적을 받지 않을 포퍼에게 다시 관심을 가져볼 수도 있을 것이다. 지금까지 살펴본 바에 따르면, 쿤은 포퍼의 반증주의를 무색하게 만드는 일에서 어느 정도 성공을 거두었다. 그는 과학의 역사적 변천 과정에 우리에게 새로운 인식을 주었다. 그러나 쿤이 포퍼에 대해서 심각한 반론을 제안했음에도 불구하고, 포퍼가 과학의 방법론에 특별히 관심을 기울였다는 측면에서, 포퍼에 대한 관심을 쉽게 끊을 수 없다. 실제로 그러한 연구자가 나타났다. 포퍼의 반증주의 입장이 그의 제자 라카토슈에게서 새롭게 등장했기 때문이다. 지식은 어떻게 성장하는가? 라카토슈는 쿤이 이러한 질문에 외면한다고 비평하면서, 포퍼의 반증주의를 재조명한다. 그는 과학의 합리적 연구 방법으로서 포퍼의 '세련된 반증주의'를 내세운다. 그것이 어떤 이야기인지 알아보자.

■ 연구 프로그램(라카토슈)

라카토슈(Imre Lakatos, 1922-1974)는 헝가리 출신 유대인이며, 철학 박사학위를 받고 나서 열성 공산당원으로 활동하였다. 헝가리에서 공산당 조직의 갈등으로 3년간 옥에 갇히는 처벌을 받았으며, 이후 안전을 위해서 1956년 오스트리아의 빈으로 탈출하였고, 다시 영국으로 이주하였다. 1960년 영국의 런던정경대학(London School of Economics and Political Science) 교수에 임용되었으며, 1974년 51세의 나이에 뇌출혈로 사망하였다. 라카토슈는 앨런 머스그레이브(Alan Musgrave)와 함께 편집한 논문집 《비판주의와 지식의 성장(*Criticism and the Growth of Knowledge*)》(1970. 번역서 『과학적 연구 프로그램의 방법론』, 2002)에 실린 논문 「반증과 과학적 연구 프로그램의 방법론」에서 '과학 연구 프로그램 이론'을 제안하였다. 이후 저서로 《증명과 반박(*Proofs and Refutations*)》(1976. 번역서 『수학적 발견의 논리: 증명과 반박』)을 출판하였다.

이와 같이 라카토슈는 주로 학문의 방법론에 초점을 맞춰 연구하였다. 그는 특히 과학의 성장이 어떻게 이루어지는지를 해명하고, 그 해명에 근거하여 과학자들에게 과학을 발전시킬 연구 방법론을 제시하려 하였다. 그는 한편으로 쿤의 패러다임 이론을 어느 정도 옹호하면서 포퍼의 난점을 지적하였지만, 다른 한편으로 쿤 주장의 한계를 지적하면서 포퍼의 장점을 옹호하기도 하였다. 앞에서 지적했듯이, 포퍼와 쿤은 학문을 발전시킬 방법론을 구체적으로 주장하지 않았다. 그들은 그러한 방법론이 가능하지 않으며, 그것에 관심 두지 않는다고 명확히 밝혔다. 그런데도 라카토슈는 그들이 주장하는 과학의 역사적 관점에서 개별 학자가 따라야 할 학문 연구 방법론을 찾으려 했다. 그의 매력적인 과제가 무엇인지 구체적으로 살펴보자.

라카토슈는 『과학적 연구 프로그램의 방법론』(1970)에서 포퍼와 쿤을 아래와 같이 분석한다. "나는 '포퍼의 관점에서' 과학의 영속성을 바라본다. 그리고 쿤이 '패러다임'을 바라보는 곳에서, 나는 합리적 '연구 프로그램'을 바라본다." 이렇게 라카토슈는 포퍼 관점에서, 과학의 성장을 위해 무엇보다 중요한 것은 비판적 사고라고 보았다. 과학자들은 기존의 이론들을 지속적으로 비판하면서, 그 이론들을 새롭게 갱신해갈 수 있기 때문이다. 그렇지만 쿤의 관점에서, 하나의 패러다임이 지배하며, 과학이 성장하는 '정상과학'의 시기에 비판적 정신은 금기사항이다. 이러한 쿤의 관점에서 어느 이론이 반박되고 폐기되는 일은 거의 일어날 수 없다.

그렇다면 과학의 성장을 어떻게 설명할 수 있을까? 라카토슈의 분석에 따르면, 증거에 따라서 어떤 이론을 정당화시킬 수 있다고 기대하는 귀납주의 또는 검증주의는 결코 '새로운 이론이 어떻게 생성되는지'를 설명하지 못한다. 나아가서 지배적 이론이 반증에 따라서 반박되어 제거된다는 반증주의 역시 '새로운 이론이 어떻게 등장하는지'를 결코 설명할 수 없다. 포퍼의 입장에 따르면, 오직 후건부정형의 논리적 과정 또는 절차에 따라서 반증의 과정을 거치기만 하면, 별로 어려움 없이 새로운 이론이 합리적으로 새롭게 구성된다. 그것이 포퍼가 말하는 '발견의 논리'이다. 그러나 포퍼는 그러한 논리적 과정 중 새로운 이론이 '어떻게' 합리적으로 구성되는지를 해명하지 못한다. 그렇다고 과학사의 사건들을 패러다임 전환으로 바라보는 쿤의 입장이 그 의문에 대답해주지도 않는다. 오히려 쿤의 입장은 그것을 설명하려는 시도에 관심조차 없다. 쿤에 따르면, 지배적 과학이론의 수정과 새로운 과학이론의 탄생은 결코 이성적 규칙에 따르지 않는다. 일종의 개종과 같은 방식으로, 즉 (앞에서 살펴보았듯이) 게슈탈트 전환과 같은 방식으로 일어난다. 더구나 제안된 이론이 옳은지 그른지를 판단하는 기준에 합리성은 중요한 요소가 아니다. 그보다 얼마나 많은 사람이 그 이론을 지지하는지, 그리고 그 사람들이 얼마나 확고한 신념을 가지고 주장하는지 등이 더 중요한 요소이다. 다시 말해서, 진리는 합리적 내지 논리적 사고에 의해 결정된다기보다, 과학 지식 사회의 권력 또는 힘에 따라서 결정된다. 결론적으로 라카토슈의 분석에 따르면, 지금까지의 그 어떤 이론도 과학의 성장이 어떻게 가능한지, 즉 새로운 이론이 어떻게 출생하며, 기존의 이론이 어떻게 수정되는지를 합리적으로 설명하지 못한다.

하지만 (최근의 많은 과학교육 학자들이 희망하듯이) 라카토슈는
포퍼에게서 그 설명 가능성을 발견한다. 그가 초점을 맞추는 것은
포퍼의 '소박한 반증주의(naive falsificationism)'가 아닌 '세련된 반
증주의(sophisticated falsificationism)'이다. 그는 다음과 같은 측면
에서는 쿤의 입장이 비판되며, 포퍼의 입장이 지지받는다고 밝힌다.

> 쿤은 포퍼의 세련된 반증주의와 … 연구 프로그램을 간과하였다.
> 포퍼는 고전적 합리성의 중심문제를 … 오류 가능-비판적 성장이란
> 새로운 문제로 대체시키고, 이러한 성장의 객관적 기준을 정교하게
> 다듬기 시작했다. 이 글에서 나는 그의 프로그램을 더욱 나은 것으
> 로 발전시키려 한다. 내 생각에 이러한 작은 발전은 쿤의 비평을 피
> 해 가기에 충분하다. (*Criticism and the Growth of Knowledge*,
> p.179)

이렇듯 라카토슈가 포퍼의 입장에 관심을 두는 이유는 포퍼에게
서 과학 발전을 합리적으로 설명할 가능성을 기대하기 때문이다.
아마도 라카토슈는, 쿤처럼 과학의 발전을 종교적 개종에 비유하여
과학자들의 연구 활동을 비합리적 활동으로 비하하는 것을 두고 볼
수 없었을 것이다. 분명 그에게 과학은 계속 발전해왔고, 또한 지금
도 발전하고 있으며, 그것이 과학자들이 아무렇게나 생각하고 얻은
결과물은 아니다. 더구나 과학의 발전을 종교적 선택이나 과학자
집단의 이권에 의한 힘겨루기 결과물로 보는 것은 너무 과학을 낮
춰 보게 만든다. 이러한 측면에서 라카토슈가 특별히 관심 두는 부
분은 '과학의 발전이 어떻게 합리적으로 이해될 수 있는가'였다.

쿤의 패러다임 이론이 제안된 이후 과학의 합리성은 위협을 받았다. 라카토슈는 포퍼의 반증주의가 한계가 있다는 쿤의 지적을 인정하지만, 반면에 쿤의 주장은 과학의 합리성을 인정하지 않는 한계가 있다고 생각했다. 쿤은 경쟁하는 이론 중 어느 이론이 대다수 과학자에게 어떻게 선택되는지를 설명하지 못한다. 만약 경쟁하는 여러 이론 또는 여러 가설 중 어느 이론 또는 가설이 더 나은 것인지 결정해줄 합리적 선택의 기준이 제공된다면, 과학자들은 그 기준에 따라서 합리적 선택을 할 수 있을 것이다. 라카토슈는 그런 선택의 기준을 제공해줌으로써 과학 연구자들에게 연구 방법을 제안할 수 있다고 기대했다.

라카토슈가 그렇게 기대했던 것은 포퍼의 영향이다. 포퍼는 라카토슈로 하여금 과학의 이론적 발전을 정직한 활동의 결과물로 보게 해주었다. 과학의 발전은 이전 이론에 난점이 드러날 경우 반증되어 포기됨으로써 일어나기 때문이다. 더구나 포퍼는 과학자 스스로 자기 이론의 반증 가능성을 높게 보여주어야 한다는 지침을 주었다. 그것은 과학자가 스스로 자신의 이론을 모순될 위기에 노출하는 것이며, 그 노출은 곧 그러한 모순에 직면할 경우 변명의 여지 없이 자신의 이론을 포기할 것임을 명확히 밝혀두는 행위이다. (라카토슈는 이러한 포퍼의 초기 입장을 '독단적 반증주의(dogmatic reputationalism)'로 규정한다.) 따라서 반증 가능성은 과학자의 정직성을 드러내며, 그러한 정직한 과학 활동을 통해서 과학이 발전한다.

물론, 쿤이 지적한 바와 같이, 이러한 반증주의는 유지되기 어렵다. 반박의 증거와 그 이론이 명확히 구분되지 않기 때문이다. 예를 들어, 갈릴레이가 망원경으로 달의 표면에서 산맥과 같은 것들을 보았다고 주장했지만, 당시 그가 바라본 관찰은 순수하다기보다 자신의 가설을 담아 바라본 현상이었다. 관찰된 명제에 대한 진리 여부는 관찰이나 실험 자체만으로 결정되지 않는다. 그러므로 어떤 제안된 이론이 오로지 관찰 자체만으로 반증되기를 기대하는 반증주의는 유지되기 어렵다.

나아가서 과학자들이 자신들의 가설에 대한 실험적 반증을 실제로 쉽게 받아들이기 어려운 다른 이유가 있다. 만약 어떤 혹성을 연구하려고 하는데 지금의 망원경으로 관찰에 실패할 경우, 과학자들이 그 연구를 중단하리라고 기대하기는 어렵다. 분명 그 연구에 임하는 과학자들은 더 나은 망원경을 만들어 다시 도전하려 할 것이다. 실제로 기술자들은 물론 과학자들도 "실패는 성공의 어머니이다."라는 에디슨의 명제를 하나의 신념 혹은 삶의 지침으로 가슴에 새긴다. 그리고 과학기술의 역사에서 실패를 딛고 성공한 사례를 찾아보는 것이 그리 어렵지 않다.

라카토슈는 반증주의에 대한 이러한 지적을 인정하지만, 반증주의에서 소중한 의미를 찾는다. 그는 이렇게 묻는다. 만일 과학적 비판이 오류에 빠질 가능성이 있다면, 어떤 근거에서 우리는 한 이론을 폐기할 수 있을까? 다시 말해서, 만약 우리가 어느 과학이론에 비판적 오류를 지적하지 않는다면, 어떤 다른 이유에서 과학의 발전을 기대할 수 있겠는가? 이처럼 의문을 제안하는 측면에서, 라카토슈는 포퍼 식의 반증주의로부터 '방법론적 반증주의(methodological falsificationism)'를 차별적으로 구별한다. 그는 영국에서 포퍼를 만나 큰 영향을 받았다. 물론 그는 아래와 같이 포퍼와 쿤 모두에게서 한계를 파악하였다. 그가 보기에 실제 과학의 역사는 포퍼와 쿤 어느 주장에도 어울리지 않았다. 그는 포퍼의 난점을 이해하면서도, 포퍼로부터 영향 받은 배경에서 기본적으로 포퍼 식의 연구 방법론을 지지한다. 그는 포퍼와 쿤의 장점을 통합하고 싶어 했다. 어떻게 통합할 수 있을까?

라카토슈는 과학자가 연구하는 '과학 활동'의 규모를 포퍼의 (반증되는) 이론보다는 넓게 보지만, 쿤의 패러다임보다는 좁게 본다. 그는 과학 활동을 하나의 '연구 프로그램(research program)' 내의 것으로 파악한다. 이 말이 어떤 의미인지 이해하기 쉽게 포퍼와 쿤이 바라보는 과학 활동의 규모를 살펴보자. 앞서 살펴본 바와 같이, 포퍼는 과학 연구자의 활동을 어느 한 '이론'의 수준에 초점을 맞추었다. 그가 주장하는 반증주의에 따르면, 만약 어느 제안된 이론이 반박 증거에 의해 거부되면 과학자들은 그 이론을 더는 유지할 필요가 없다고 판단할 것이며, 따라서 그 이론을 폐기하려 들 것이다. 이런 관점은 쿤의 입장에서 반박된다.

반면에 쿤은 과학자의 연구 활동 단위를 동시대 과학자들이 공인하는 '이론 체계' 즉 '패러다임' 내의 활동으로 바라보았다. 그러므로 어느 특정 이론에 대한 반박 증거가 제시되는 경우, 과학자들은 즉각적으로 그 이론에 대한 폐기를 선언하지 않는다. 지배적 패러다임이 바뀌지 않는 한, 과학자들은 반증에도 불구하고 여전히 정상과학 내의 퀴즈풀이 활동을 진행한다. 실제로 뉴턴 패러다임이 지배하는 상태에서, 과학자들은 정상과학 내의 퀴즈풀이 활동을 진행했다. 이렇게 쿤은 포퍼보다 넓은 규모에서 그리고 긴 역사적 과정으로 과학 활동을 바라본다.

이러한 비판적 시각에서 라카토슈는 포퍼와 쿤의 두 입장에서 각기 장점을 선택한다. 그는 포퍼의 입장에서, 과학자들이 어느 이론을 합리적으로 선택한다는 반증주의 방법론을 수용한다. 그러면서도 그는 쿤의 입장으로부터, 특정 이론에 대한 반증에도 불구하고 과학자들이 자신의 연구 활동을 지속할 수 있다는 관점을 수용한다. 그렇게 그는 포퍼의 난점을 피하면서 포퍼의 장점을 취하고, 쿤의 지적을 수용한다. 이러한 측면에서 라카토슈는 과학자 연구 활동의 단위를 하나의 '연구 프로그램'의 규모로 바라본다. 과학자들은 실제로 포퍼처럼 단독 이론의 수준에서 연구 활동을 진행하지 않으며, 또한 쿤처럼 패러다임에 묶여 있지도 않다. 그보다 여러 이론 집합인 연구 프로그램 내에서 연구 활동을 진행한다.

과학자들의 연구 활동을 하나의 연구 프로그램 규모로 바라보는 것으로 어떻게 포퍼의 난점을 극복하는가? 특정 이론은 반증으로 폐기되는 운명에 놓이지만, 다른 이론은 반증에도 불구하고 계속 지지를 받는 것이 어떻게 가능한지 다음과 같이 설명된다. 하나의 연구 프로그램 내에 포함되는 여러 이론이 모두 동등한 입장은 아니다. 하나의 독립 연구 프로그램 내에는 더 핵심인 이론이 있을 것이며, 핵심에서 먼 주변 이론도 있다. 이러한 측면에서 라카토슈가 말하는 연구 프로그램은 두 부분으로 구분된다. 중심부의 '견고한 핵(hard core)'과 주변부의 '보호대(protective belt)'이다. 견고한 핵의 이론들은 비록 반증되더라도, 과학자들은 이것을 쉽게 포기하지 않는다. 반면에 보호대를 형성하는 주변부의 이론들이 예측한 결과가 반증되는 경우, 과학자들은 상대적으로 손쉽게 그 반증을 수용하여 그 주변부 이론 중 어느 것을 포기할 수 있다. 그럼으로써 과학자들은 한 연구 프로그램 내에서 과학 지식을 더욱 완성된 형태로 만들어간다.

예를 들어, 뉴턴 역학에서 견고한 핵에 해당하는 이론으로 '세 운동 법칙'과 '만유인력의 법칙'(또는 중력의 법칙)이 있다. 뉴턴 역학 내에 연구 활동을 진행하는 과학자들은 만약 뉴턴 역학의 체계가 예측해주는 결과가 나오지 않더라도, 즉 반증되더라도, 그러한 중심 역할을 담당하는 법칙들, 즉 견고한 핵을 쉽게 포기하지 않는다. 그들은 다만 주변부 이론들 또는 임의 조건들(initial conditions)을 수정하여 새로운 실험 가설을 제안하고, 다시 실험을 시도할 것이다. 이러한 방식으로 과학자들은 하나의 연구 프로그램의 발전에 노력함으로써 결국 과학의 발전에 공헌한다. 다시 말해서, 어느 연구 프로그램이 제안하는 예측이 어긋나는 실험적 결과가 나오더라도, 그러한 반증에 따라서 그 연구 프로그램이 쉽게 포기되지 않는다. 과학자들은, 견고한 핵이 반증된다기보다 다만 보호대를 구성하는 부분이 반증된 것으로 인정할 것이므로, 오히려 그 연구 프로그램 내의 핵심 이론을 보호하려 한다.

라카토슈는 역사적 사례에 대한 분석을 통해, 과학자들이 실제로 과학을 연구하는 과정에 관한 방법론(methodology) 또는 접근법(approach)을 제안한다. 나아가서 그는 발견법(heuristic), 즉 과학자들이 발전적으로 과학 활동을 하려면 따라야 할 지침을 제안한다. 그런데 앞서 지적했듯이, 포퍼와 쿤은 모두, 우리가 새로운 이론을 어떻게 제안하는지 알 수 없으며, 따라서 과학의 발견법의 제안을 경계하였다. 물론 우리가, 과거의 실제 과학자들이, 그것도 대표적 업적을 산출한 과학자들이 어떻게 연구했는지 그 과정을 잘 연구하면, 아마도 좋은 과학 탐구 방법을 발견할 것이라고 기대하는 것은 어쩌면 자연스러운 가정이다. 그렇지만 포퍼와 쿤이 그것을 경계하였던 것은 아마도 그러한 낙관적 관점이 해명될 수 없다는 것을 명확히 인식했던 때문일 것이다.

하지만 라카토슈는 과감하게 과거 과학자들의 연구 사례에 대한 기술적 탐구(descriptive research)로부터 미래 과학자들이 따라서 연구해야 할 규범적 전망(normative prospective)을 제안한다. 그리고 그러한 전망에서 그는 새로운 이론을 모색할 탐구 지침을 제안한다. 이러한 제안은 실로 철학자라면 누구라도 경계할 듯하다. (대부분 윤리학자가 '기술적' 탐구에 근거해서 윤리의 '규범적' 주장을 제안하는 것에 '기술주의 오류' 또는 '자연주의 오류'라고 지적하며, 그것을 대부분 철학자가 인정한다는 것을 굳이 지적하지 않더라도) 라카토슈가 기술적 탐구에 근거하여 규범적 주장으로 나아가는 것은 논리적으로 그리고 인식적으로 무리수로 보인다. 그런데도 라카토슈의 제안은 후대의 학자들에게, 특히 철학 외 분야의 학자들에게 상당히 고무적이었다. 적지 않은 여러 응용 분야의 학자들은 지금도 라카토슈의 방법적 제안에 크게 기대는 경향이 있다. 특히 과학을 가르치는 교사라면 누구라도 창의적 교육 방법으로서 그의 제안이 매력적으로 보이기 쉽다. 그의 방법론이 어떻게 매력적으로 보일 수 있는지, 그리고 그 한계는 무엇인지도 알아보자.

* * *

라카토슈는 과학자가 연구 프로그램 진행에서 따라야 할 발견법(연구 지침)을 두 가지로 제안한다. 그것은 '부정적 발견법(negative heuristic)'과 '긍정적 발견법(positive heuristic)'이다. 즉, '금지하는 연구 지침'과 '권장하는 연구 지침'이다. 그는 과학자들이 이 두 가지 지침을 따를 경우, 새로운 발견이나 발명에 유용할 것으로 가정한다.

첫째, 부정적 혹은 소극적 연구 지침으로, 과학자들은 자기 연구 프로그램 내의 견고한 핵에 해당하는 이론 또는 가정을 '쉽게 포기하지 않아야 한다.' 간단히 말해서, 견고한 핵을 수정하지 말라는 충고이다. 만약 어느 과학자가 그것을 수정하려 든다면, 곧 그 연구 프로그램 자체를 포기한다는 것을 의미하기 때문이다.

둘째, 긍정적 혹은 적극적 연구 지침으로, 과학자들은 언제든 견고한 핵을 둘러싼 주변부의 보호대 이론을 '수정하려 시도해야 한다.' 그런 시도와 노력을 통해 수정된 보호대가 견고한 핵을 보호할 수 있기 때문이다.

이러한 두 지침을 따르는 것은, 과학자들이 다음과 같은 연구 방식을 추진하는 것이다. 우선 연구자들은 부정적 발견법에 따라서 연구 프로그램의 견고한 핵의 이론을 포퍼 식의 후건부정형으로 논박하려 시도하지 말아야 한다. 그보다 그들은 보조 가설을 명확하게 만들거나, 새로운 보조 가설을 창안하도록 노력해야 한다. 그러한 보조 가설은 견고한 핵 주변에서 보호대를 형성하는데, 그 보호대를 부정해보려는 노력을 부단히 시도해야 한다. 연구 프로그램 내의 견고한 핵을 보호하기 위해 연구자들이 해야 할 것은, 보조 가설을 실험으로 논박하고, 수정 및 재조정하거나 완전히 교체하는 일이다. 연구자들이 이러한 연구 지침을 따른다면, 그들은 자신들이 탐구해온 연구 프로그램을 쉽게 포기하지 않으면서도, 지금까지 설명해오지 못한 현상들을 새롭게 예측할 수 있다.

어느 연구 프로그램이라도 그 내부 이론들은 미래의 예측을 담는다. 따라서 그 예측을 실험적으로 확인하는 과정을 통해 연구자들은 그 연구 프로그램을 발전시킬 수 있다. 다시 말해서, 연구자들은 한 연구 프로그램에서 참신한 예측(novel predictions)을 내놓고, 그 예측을 실험적으로 입증(confirmation)함에 따라서, 그 연구 프로그램의 완성도를 높여나갈 수 있다. 만약 한 연구 프로그램 내의 이론들 사이에 정합적 체계가 갖추어진 참신한 예측을 제시한다면, 그것은 '발전적(progressive) 연구 프로그램'이다. 반면에 한 연구 프로그램 내의 이론들 사이에 정합적 체계가 이루어지지 못하며 참신한 예측도 제시하지 못한다면, 그것은 '퇴보적(regressive) 연구 프로그램'이다. 과학자들이 자신들의 연구 활동이 퇴보적 연구 프로그램이라고 인식한다면, 그 연구 활동을 포기함으로써 퇴보적 연구 프로그램은 제거될 수 있다. 반면에 과학자들이 자신들의 연구 활동을 참신한 예측을 제시하는 발전적 연구 프로그램이라고 여긴다면, 그들은 그 연구 활동을 적극적으로 지속하려 든다. 심지어 그 연구 프로그램 내의 일부 이론적 주장이 자신들의 실험으로 반박되는 경우가 발생하더라도, 연구자들은 그 연구 활동을 쉽게 포기하려 들지 않는다. 오히려 그들은 그 연구 프로그램 내의 일부 이론을 수정하여 새로운 예측을 제시하고, 그것을 실험으로 증명하려 한다. 어떻게 그럴 수 있을까?

라카토슈에 따르면, 어느 연구 프로그램에 종사하는 이론 과학자들은 자신들의 연구 기획에 대한 반박을 그다지 신경 쓰지 않는다. 그들은 이미 어떠한 반박이 가능한지 가정해보고, 그런 반박에 대비하여 장기적 연구를 기획하였기 때문이다. 그러므로 실험적 반증에도 불구하고 한 연구 프로그램에 참여하는 과학자들은 자신들이 신뢰하는 연구 프로그램의 견고한 핵을 보호하려 든다. 그리고 그들은 견고한 핵 대신 보호대를 형성하는 일부 이론을 수정하여, 자신들이 지지하는 연구 프로그램을 발전시키려 노력한다. "성공적인 연구 프로그램의 고전적인 예는 뉴턴의 중력이론이다." 이것을 라카토슈는 자신의 발견법의 관점에서 아래와 같이 주장한다.

뉴턴의 연구 프로그램에서 부정적 발견법은 우리에게 뉴턴의 세 가지 운동 법칙과 중력 법칙에 후건부정식을 적용하지 못하도록 명령한다. 이러한 '핵'은 그 연구 프로그램 지지자들의 방법론적 결정으로 '반박 가능하지 않다.' 즉, 변칙 사례는 오직 보조 가설 '보호대'인 '관찰' 가설과 임의(initial) 조건만을 바꾸도록 [연구자들을] 유도한다. (p.133)

그의 입장을 조금 더 구체적으로 이해하기 위해 뉴턴 역학의 체계를 따르는 아래의 천문학 연구 프로그램을 다시 이야기해보자. 1781년 독일의 윌리엄 허셜(Frederick William Herschel)이 천왕성(Uranus)을 발견한 후, 천문학자들은 뉴턴 역학에 비추어 해왕성(Neptunus)의 존재와 궤도를 수학적으로 계산하였다. 하지만 당시 그 존재가 그 궤도에서 관찰되지 못했다. 1845년 프랑스의 천문학자 위르뱅 르베리에(Urbain Jean Joseph Le Verrier)와 영국의 천문학자 존 쿠치 애덤스(John Couch Adams) 등이, 천왕성 밖에 다른 행성이 존재하여 그것이 해왕성의 궤도에 영향을 미칠 것을 가정하고 수학적 계산을 다시 해보았다. 그리고 그 예측대로 1846년 독일의 천문학자 요한 고트프리트 갈레(Johann Gottfried Galle)와 하인리히 루트비히 다레스트(Heinrich Ludwig d'Arrest)가 해왕성을 발견하였다. 그리고 마침내 1930년 미국의 클라이드 톰보(Clyde William Tombaugh)가 해왕성 밖에서 명왕성(Pluto)을 발견하였다.

위 사례의 천문학적 연구 프로그램에서, 일부 과학자들은 뉴턴 이론의 연구 프로그램 내에서 견고한 핵, 보호대 이론, 그리고 임의 조건 등에 비추어 처음에 해왕성의 위치를 예측했다. 그러나 실제로 관측한 실험에서 그들은 예측된 자리에서 행성을 발견할 수 없었다. 그런데도 실제로 그 연구 프로그램을 진행하는 과학자들은 뉴턴 역학의 기초 법칙과 가정을 버리기보다 임의 조건을 수정하려 들었다. 그 결과 그들은 "처음 예측했던 위치 부근에 아마도 다른 행성이 있을지 모른다."라고 수정된 가정을 내놓았다. 따라서 그 행성의 영향으로 원래 예측했던 위치가 아니라 근처 다른 곳에서 발견될 수 있다는 가설을 내놓았다. 실제로 그렇게 해서 해왕성이 발견되었고 이후 명왕성도 발견되었다. 이렇게 과학자들은 자신들의 가설에 대한 반증에 직면해서도 자신의 연구 프로그램 내의 기초가 되는 핵심 이론, 즉 견고한 핵을 쉽게 포기하거나 수정하지 않았다. 그보다 그들은 보호대만을 수정하였다. 만약 그들이 그렇게 하지 않았다면, 그것은 뉴턴 역학의 연구 프로그램 자체를 포기하는 결과가 되었을 것이다. 따라서 과학자들이 연구 프로그램을 진행하면서 지켜야 할 지침은 다음과 같다. 견고한 핵을 수정하려 하지 말고, 반면에 보호대를 적극적으로 수정하려 노력해야 한다. 이러한 노력이 곧 과학 발전에 공헌할 수 있는 방식이다.

* * *

그러나 위와 같은 라카토슈의 발견법에 대해서 비판적으로 질문해보자. 그가 그러한 방법론으로, 뉴턴 역학이 무너지고 아인슈타인 상대성이론이 탄생한 것을 어떻게 설명할 수 있을까? 뉴턴 역학의 견고한 핵을 지키면서 보호대를 수정한 결과로 상대성이론이 제안되었다고 보아야 하는가? 아니면 견고한 핵 자체를 부정한 결과로 상대성이론이 제안되었다고 보아야 하는가? 실제로 아인슈타인은 어떻게 하였는가? 이러한 의문 자체만으로도 라카토슈의 입장은 우리에게 그다지 설득력이 있어 보이지 않는다.

상대성이론의 탄생에 간접적으로 기여하였던 학자들은 실제로 뉴턴 역학을 발전시키려 노력하였다. 1861년 맥스웰(James Clerk Maxwell, 1831-1879)은 그동안 독립적으로 다뤄오던 전자와 자기를 종합하여 전자기파 방정식 즉 맥스웰 방정식을 내놓았다. 그동안 나침반이 보여주는 자석의 특성과 정전기의 특성은 별개로 다뤄졌으나, 이후로 그 두 특성이 하나의 원리로 이해될 수 있었다. 나아가서 이제 빛은 전자기파라고 이해되었다. 그리고 맥스웰은 전자기파의 속도가 언제나 일정하며, 빛의 속도와 동일하다는 것을 보여주었다. 이러한 그의 성과는 고전적 기계론의 세계관을 굳건히 하려는 의도에서 연구된 결과였다. 그의 파동 방정식으로부터 헤르츠(Heinrich Hertz, 1854-1894)는 전자기파의 존재를 실험적으로 보여줄 수 있었으며, 전기, 자기, 빛, 복사열 등을 통합적으로 이해할 수 있다고 전망했다. 그들의 연구는 모두 뉴턴 역학을 흔들려는 의도에서 나오지 않았다. 그러나 그들의 연구는 어쩌다 보니 아인슈타인의 상대성이론의 제안을 도와주는 결과를 낳았다. 그뿐만 아니라, 상대성이론이 제안되었을 당시 대부분의 과학자는 그 이론을 신뢰하지 않았다. 이러한 맥락에서, 한 연구 프로그램의 견고한 핵을 보존하려는 노력이 결과적으로 다른 연구 프로그램을 탄생시켰다고 평가된다. 다시 말해서, 한 연구 프로그램의 견고한 핵을 지키려는 노력은 오히려 자신의 견고한 핵을 무너뜨리는 일에 도움이 될 수 있다.

반면에, 아인슈타인 자신은 처음부터 의식적으로 뉴턴 역학의 견고한 핵을 의심했다. 뉴턴 역학의 견고한 핵으로 세 운동 법칙이 포함된다. 그렇지만 그 법칙들보다 더 기초의 전제는 절대공간과 절대시간이란 개념들이다. 앞의 2권에서 살펴보았듯이, 뉴턴은 자신의 역학 체계를 세우면서 자신의 체계가 실제 세계에 적용되기 위해서는 이 세계에 존재하는 시간과 공간이 절대적 기준에 의해 측정 가능해야 한다고 가정하였다. 그러나 젊은 아인슈타인은 뉴턴 물리학을 공부하기 시작하면서부터 그러한 가정에 의문을 가졌다. 그는 뉴턴과 달리 시간과 공간의 기준을 절대적으로 제시할 수 없다고 가정하였다. (아인슈타인은 중학교 3학년 정도의 나이에 이미 뉴턴의 기초 가정을 의심하기 시작했다고 전해지는데, 만약 그 이야기가 신빙성이 있다면 그는 아마도 이렇게 의심했을 것 같다. 나는 아인슈타인의 의심을 이렇게 추정해본다. 초속 5미터 속도로 움직이는 수레가 10초 후 50미터를 이동했다면, 그 '공간적 이동'은 '시간적 변화'로 이루어졌다. 그러므로 공간이 시간과 별개라는 뉴턴의 가정이 옳을까? 공간과 시간은 서로 연결된 관계에 있지 않을까?)

그리고 앞서 살펴보았듯이, 칸트는 시간과 공간이 세계에 절대적으로 존재한다는 뉴턴의 가정 자체가 왜 잘못인지를 고려하였다. 이러한 회의적 관점에서, 아인슈타인도 시간과 공간의 절대성, 그리고 시간적 동시성의 개념 자체가 어떠한지 다시 생각해보았다. 이러한 의심에서 출발하여 그는 마침내 시간과 공간의 상대성을 남들도 확신하도록 만드는 새로운 이론을 내놓았다. 이렇게 아인슈타인은 처음부터 뉴턴 연구 프로그램의 견고한 핵을 흔들어 새로운 역학의 체계를 주장할 수 있었다. 이러한 결과를 라카토슈의 방법론은 설명하기 어렵다.

물론 이러한 지적에도 불구하고 라카토슈의 입장에서 방어할 이야기가 전혀 없는 것은 아니다. 그의 입장을 아래와 같이 변명해보자. 아인슈타인의 연구 프로그램은 처음부터 뉴턴의 연구 프로그램을 벗어난 것이었다. 그 두 연구 프로그램은 서로 다른 견고한 핵을 가지며, 따라서 서로 다른 연구 프로그램이다. 따라서 아인슈타인의 연구는 뉴턴 역학 연구 프로그램 내의 연구 활동을 벗어난 예이다. 실제로 양자역학이 제안된 이후 지금도 일부 과학자들은 뉴턴 연구 프로그램 아래 과학 활동을 진행한다. 그들은 비행기를 만들고, 잠수함을 만들고, 다리를 건설하며, 각종 기계 장치들을 획기적으로 개발하고 있다. 이러한 모든 개발은 여전히 뉴턴 연구 프로그램 아래 진행하는 일들이다. 반면에 상대성이론의 연구 프로그램 아래 아인슈타인 본인과 일부 과학자들은 전혀 다른 과학 활동을 진행했다. 이렇게 두 연구 프로그램을 구분해서 본다면, 그리고 과학자들의 과학 활동을 연구 프로그램 내의 활동으로 제한한다면, 라카토슈가 과학자들의 과학 활동을 연구 프로그램 내의 활동으로 규정하는 것은 여전히 유효한 것처럼 보인다.

그렇지만 이러한 가정의 방어는 좀 억지스럽게 느껴진다. 왜냐하면 라카토슈는 '과학의 발전에 대한 합리성'을 주장하기 위해서 포퍼로부터 차용한 '방법론적 반증주의'를 내세우기 때문이다. 견고한 핵의 가설은 유지하면서도, 보호대 가설은 실험으로 반박됨으로써 새로운 보호대 가설이 제안된다면, 그러한 방법은 어떤 연구 프로그램을 더욱 완성도 높은 것으로 발전시킬 것이다. 그리고 특정 연구 프로그램은 그것과 경쟁하는 다른 연구 프로그램에 비해서 참신한 예측을 더욱 잘 만들기 때문에 우수한 이론이라고 주장될 수 있다. 그렇다면 뉴턴 역학 아래의 연구 프로그램과 아인슈타인의 상대성이론 아래의 연구 프로그램 중 어느 것이 더 발전된 연구 프로그램인가? 분명히 과학의 발전을 주장하는 라카토슈의 입장에서는 뉴턴 역학의 연구 프로그램보다 아인슈타인의 상대성이론의 연구 프로그램이 더 발전된 것이라고 말할 것이다. 그렇다면 앞서 가정했던 것처럼, 뉴턴 역학의 연구 프로그램과 상대성이론의 연구 프로그램이 서로 다르다고 주장하기 어렵다. 결국 그는 뉴턴 역학의 연구 프로그램의 견고한 핵은 틀린 것으로 판정되었다고 말해야한다. 그러므로 아인슈타인은 뉴턴의 견고한 핵을 처음부터 흔들어댔다고 가정하는 이야기는 라카토슈의 기본 관점 자체도 흔든다. 이러한 배경에서, 우리가 새로운 이론을 제안하기 위해 과연 주변부 보호대만을 수정하여야 하는지, 아니면 중심부의 견고한 핵까지 수정하려 들어야 하는지 라카토슈는 해명하기 어렵다.

그뿐만 아니라 라카토슈의 주장에 대해 후대의 저작들은 다음과 같은 의문을 계속 제기해왔다. 어디까지가 과연 견고한 핵이며, 어디부터 보호대에 해당하는가? 상대적으로 작은 규모의 연구 프로그램을 가정해보자. 그렇다면 새로운 이론의 제안을 위하여 그 연구 프로그램 자체 내에 견고한 핵이라고 말할 부분을 수정하려 시도해야 하는가, 아니면 상대적으로 보호대라 여겨지는 부분을 수정하려 시도해야 하는가?

나아가서 라카토슈는 경쟁하는 두 연구 프로그램 중 어느 것이 더 우세하다고 말할 수 있는가? 앞서 살펴보았듯이, 쿤은 경쟁적인 두 패러다임 중 어느 것이 더 우세한가에 대해 결정적으로 말하기 어렵다고 하였다. 이러한 입장은 상대주의적 관점을 제공하는 것처럼 보이며, 결코 과학이 어떻게 발전하는지 설명하는 의도를 보여주지 못한다. 그러나 라카토슈의 입장은 경쟁하는 두 연구 프로그램 중 어느 것이 더 우세한 연구 프로그램인지 말할 수 있어야 한다. 그것은 어느 연구 프로그램이 발전적인지 아니면 퇴보적인지에 달린 문제이기 때문이다.

122

끝으로, 어떤 이론의 연구 프로그램이 내놓은 예측이 확증되거나 오류로 밝혀지는 문제를 고려해보자. 어느 이론이라도 (그것이 무엇인지 우리가 명시적으로 말하기 어렵더라도) 핵심 가설은 있기 마련이며, 그 핵심 가설로 지지받는 보호대 이론 역시 쉽게 반증되는 것을 허락하지는 않는다. 적어도 한 연구 프로그램을 지지하는 과학자라면, 그리고 그 연구 프로그램 내에서 한 이론이 제안하는 가설을 실험하는 과학자라면 그러하다. 라카토슈의 관점에서 짧게 말하자면, 어느 연구 프로그램을 지지하고 발전시키려는 과학자라면, 결코 그 연구 프로그램의 견고한 핵은 물론 주변부의 이론 역시 쉽게 반증을 허락하려 애써 노력하지 않는다. 그 주변부 이론이 견고한 핵에 의해 지지받는 한에서 그러하다. 라카토슈는 포퍼로부터 과학적 발전 과정을 합리적으로 설명하려 시도하였지만, 반박과 수용의 기준을 제공하지 못한다는 점에서 포퍼와 유사한 궁지에 몰린다.

■ 방법은 없다(파이어아벤트)

지금까지 과학의 방법론을 살펴보았다. 그 주제는 과학자들이 과학을 어떻게 탐구해야 하는지 의문에 대한 대답을 찾는다. 이러한 이야기는 과학 지식이 다른 지식과 차별화된다는 가정에서 시작되었다. 과학 지식과 그렇지 못한 지식은 분명히 다르다는 가정에서, 논리실증주의자들(빈학단의 구성원들)은 과학 지식이 어떻게 특별한 것일 수 있는지를 밝히려 하였다. 앞서 살펴보았듯이 그들이 밝혀준 기준은 세 가지이다.

첫째, 과학은 관찰에 근거하여 성립하며,

둘째, 관찰은 과학 지식의 확실한 기초를 제공하며,

셋째, 그 관찰로부터 귀납추론에 의해 과학의 이론적 지식을 얻어낼 수 있다.

이러한 세 조건을 만족시키는 한에서, 과학 지식은 비과학 지식과 달리 특별히 신뢰할 만하다고 가정되었다. 하지만 지금까지 살펴보았듯이 우리가 그러한 기대를 확신하기 어렵다는 것이 드러났다.

그중에서도 지금 이야기의 관심은 위의 세 번째 기준이었다. 그것이 위의 논의에서 가장 중심이 되었던 이유는, 과학 지식이 어떻게 성장하는지의 주제와 관련되기 때문이다. 만약 과학자들이 관찰로부터 새로운 과학이론을 얻을 수 있다는 것이 정당화된다면, 그것은 곧 과학자들이 과학을 어떻게 연구해야 하는지에 관한 지혜를 알려줄 것 같았다. 그러나 지금까지 살펴보았듯이, 우리는 그러한 낙관적 전망을 기대하기 어려워 보인다. 그렇다면 그 정당화에 대한 탐구를 촉발하였던 배경 믿음, 즉 과학과 비과학이 구분된다는 가정은 어떻게 되는가? 이제부터 우리는 그러한 가정 자체를 버려야 하는가? 직설적으로 말해서 과학이 뭔가 특별한 지식이라는 우리의 일반적 가정 자체가 틀린 것인가? 이러한 의문에 대해서 '그렇다'고 대답하는 학자로 파이어아벤트가 있다.

폴 파이어아벤트(Paul Feyerabend, 1924-1994)는 논리실증주의 발생지인 오스트리아 출신이다. 그는 일신상의 안전을 목적으로 영국으로 도피하였고, 그곳에서 공부하였다. 그리고 당시 미국 캘리포니아 버클리 대학에 있던 포퍼와 교류하고, 라카토슈와도 서로 교류하며 영향을 주고받았다. 그렇지만 그의 철학은 그들의 관점에 대립적이다. 그는 저서 『방법에 반대하여: 무정부 지식이론의 개요 (*Against Method: Outline of an Anarchistic Theory of Knowledge*)』 (1975)에서 스스로 다음과 같이 질문하고 대답한다. 과학의 탐구에 어떤 원리적 방법이 있는가? 그렇지 않다. 그러므로 "어떻게 해도 좋다." 그가 이렇게 주장한 것은 다만 귀납추론의 정당성이 어렵다는 앞선 연구자들의 연구 결과 때문만은 아니다. 그가 스스로 분석한 과학의 역사를 보면 그렇다는 주장이다. 실제 과학의 진보는 논리실증주의, 반증주의, 연구 프로그램 등의 주장처럼 이루어지지 않는다. 그가 파악하는 실제 여러 과학 발전의 사례들은, 그것도 전형적인 과학 발전이라고 그들이 들었던 사례들조차 그렇지 않았다. 앞선 여러 학자들처럼 파이어아벤트 역시 과학의 역사에서 사례들을 탐색해보았지만, 그 결과는 아주 달랐다. 그의 주장에 따르면, 과학의 탐구 방법과 관련하여 우리가 어떤 원리적 방법을 제안할 가능성은 없다. 왜 그렇다는 것인지 구체적 사례로 접근해보자.

지금까지 과학사 연구에서 흔히 주장되었던 것으로, 갈릴레이 시대의 과학 연구는 과거와 뚜렷이 구분되는 특성을 가졌으며, 그것은 실험적 방법이다. 관찰 및 실험으로 탐구하는 방법은 당시까지 부정될 수 없는 권위로 인정되어온 아리스토텔레스의 과학관을 흔들었다. 그 대표적 사례로, 갈릴레이의 낙하운동 실험과 망원경으로 천체를 관찰하는 실험이 있었고, 토리첼리의 수은 기둥에 의한 공기압 측정이 있었다. 또한 하비의 혈액순환 관찰 및 해부 실험이 있었다. 그러한 실험적 방법은 과학의 연구사에서 혁명적 변화의 시기를 가져왔다고 일반적으로 이해된다.

그러나 파이어아벤트의 관점에 따르면, 그러한 일반적 이해는 모두 올바르지 않다. 관찰에 의한 과학의 진보와 과학의 방법이 실제로 갈릴레이의 과학적 혁신을 만들어낸 것이 아니다. 갈릴레이의 연구를 관찰 방법으로 조명하려는 시각은 오히려 그의 연구를 제대로 이해하지 못하게 만든다. 왜냐하면 갈릴레이 본인은 관찰과 실험적 연구보다 오히려 이성적 통찰을 중요하게 여겼기 때문이다. 파이어아벤트가 인용하는 갈릴레이의 글에 따르면, "지구가 운동한다는 피타고라스의 견해를 따르는 사람들은 … 순수한 지성의 힘으로 [그렇게 한 것이며] … 감각 경험이 … [그들의 생각을] 반대함에도 … 이성의 가르침을 따랐다." 갈릴레이가 감각적 관찰을 극복하여 이성적으로 사고해야 한다고 말했던 이유는 무엇이었을까?

만약 피사의 사탑에서 돌을 떨어뜨린다면 우리는 명백히 돌이 탑 바로 아래로 떨어지는 것을 관찰한다. 이러한 관찰로부터 지금까지 인류는 '지구가 움직이지 않는다'고 믿어왔다. 그렇지만 갈릴레이는 다르게 생각했다. 우리가 만약 일정한 속도로 움직이고 있는 배의 선실 안에서 물건을 떨어뜨린다면, 그것이 수직으로 떨어지는 것을 관찰하기 때문이다. 그러한 관찰로부터 우리가 '배가 움직이고 있지 않다'고 결론 내리는 것은, 오직 직접적인 관찰에만 의존한 판단 때문이다. 마찬가지로 우리가 지구라는 배에 타고서 만약 물체를 떨어뜨린다면, 그 물체가 수직으로 낙하하는 것을 관찰하더라도, 그런 관찰로부터 '지구라는 배가 움직이지 않는다'고 결론을 내리는 것은 옳지 않다. 이러한 측면에서 관찰은 우리를 현혹한다. 따라서 과학자에게 관찰보다 이성적으로 사고할 줄 아는 통찰력이 더욱 중요하다.

더구나 파이어아벤트의 분석에 따르면, 갈릴레이는 망원경에 대한 적절한 이론적 근거를 갖지 못했으며, 따라서 망원경의 관찰만으로 자신의 주장을 거부하는 과학자들의 의견에 적절히 대응하지 못했다. 게다가 망원경으로 하늘을 관찰하는 경우 여러 가지 광학적 간섭현상이 나타난다. 더구나 당시의 망원경 성능으로는 그리 명확히 보이지도 않았으며, 날씨에 따라서 달의 현상적 모습이 그리 선명하지도 않았다. 이러한 측면을 고려할 때, 갈릴레이가 관찰을 중요한 탐구 방법으로 삼았다고 이해하는 것은 옳지 않다.

그렇다면 갈릴레이의 성공을 어떤 요인으로 설명해야 할까? 어떤 요인에 의해서 그의 탐구는 혁명적일 수 있었는가? 갈릴레이가 망원경으로 달을 관측한 것이 훗날 많은 사람에게 설득력을 준 것은 무슨 이유 때문인가? 그것은 과학의 탐구 방식과는 무관한 다른 요인에 의해서이다. 당시 대부분 저작이 라틴어로 저술되었던 것과 달리, 갈릴레이는 대중들이 읽기 쉬운 이탈리아어로 저술했다. 그리고 그는 전통적 관점을 가지고 자신에 저항하는 세력에 호소하기보다, 오히려 전통적 관점에 저항감을 가진 사람들에게 호소하는 책략을 발휘했다. 한마디로 갈릴레이는 자신의 이론을 전파하는 좋은 책략을 가지고 있었다.

지금까지 이야기로 볼 때, 파이어아벤트의 입장에서 다음과 같은 주장이 가능하다. 과학의 실험적 방법론을 주장하는 철학자들, 논리 실증주의자(카르납), 반증주의자(포퍼), 연구 프로그램 주창자(라카토슈) 등은 실험적 방법이 어떻게 과학에 기여할 수 있었는지를 설명하려 하지만, 실제 과학의 발달사는 그들의 어느 방법론과도 거리가 있다. 다시 말해서, 실제 과학사의 사례들은 관찰과 실험에 의한 과학의 방법론을 지지하지 않는다. 이런 이야기를 듣는다면 누군가는 자연스럽게 다음과 같은 의문을 제기할 수 있다. 그렇다면 파이어아벤트는 쿤의 입장에 대해서 어떻게 생각할까?

＊　＊　＊

앞서 살펴보았듯이, 쿤에 따르면, 과학이론의 발전을 위해 과학
자가 취해야 할 태도는 현재 유력한 패러다임 내의 활동을 유지하
는 태도(수렴적 사고)이거나 그 패러다임을 벗어나도록 하는 태도
(발산적 사고)여야 한다.

하지만 사실상 그런 이야기는 하나 마나 한 이야기가 아닌가? 누
구라도 현재 유력한 이론을 인정한다면, 그것을 전제하고 자신의
연구를 진행할 것이다. 그리고 그렇지 않다면, 그 이론을 교체할 새
로운 이론을 탐색해볼 것이기 때문이다. 우리에게 정작 중요한 이
야기는 변칙 사례에도 불구하고 우리가 어느 경계까지 유력한 이론
을 유지해야 하며, 어느 한계에서는 오히려 그 유력한 이론을 포기
해야 하는지 등을 설명해줄 '기준'에 관한 것이다. 그 기준이 있어
야 과학자들은 그것을 따를 것인지, 아니면 따르지 말아야 할 것인
지를 결정할 수 있다. 나아가서 그러한 쿤의 제안은, 포퍼의 관점에
서 보면, 사실상 오류 가능성을 외면하는 지침이다. 이런 측면에서
도 쿤의 제안은 유용해 보이지 않는다.

파이어아벤트는 기본적으로 과학과 비과학의 구분 자체에 문제
가 있음을 고려한다. "과학과 비과학 사이의 구별은 인위적일 뿐만
아니라, 지식의 진보에 해롭기까지 하다. 만약 우리가 자연을 이해
하려 한다면, 그리고 만약 우리가 물리적 환경을 정통하려면, 단지
작은 선택이 아니라, '모든' 관념들, '모든' 방법들을 활용해야만 한
다."(*Against Method*, p.306) 나아가서 그러한 구분에 사실상 권력
의 의도, 즉 기득권의 의도가 숨어 있다. 현재 유력한 이론에 따르
지 않는 어떤 제안이 만약 비과학적인 것으로 판정된다면, 그리고
그 판정에 따라서 사회적으로 새로운 제안이 어렵거나 매장되기 쉽

다면, 새로운 이론의 도전은 거의 불가능하다. 과학의 발전사에서 다양한 사회적 요소들이 사실상 과학의 발전을 가로막았다. 예를 들어, 과거 17세기 이전까지 기독교는 과학의 발전에 억압적인 역할을 해왔다. 그런데 그와 유사한 억압이 과학 사회 자체 내에서도 일어날 수 있다. 유력한 이론으로 과학자 사회 공동체가 인정하는 이론들에 대해 그것이 틀렸다고 제언한다는 것 자체가 바보스럽게 비칠 수 있기 때문이다.

그가 우려할 만한 사례를 과학사에서 찾아보자. 독일의 수학자이며 과학자인 가우스(Carolus Fridericus Gauss, 1777-1855)는 유클리드 기하학의 다섯 번째 공준인 평행선의 공준이 다른 네 공준으로부터 추론될 수 없다는 것을 발견했지만, 다른 학자들의 비웃음이 두려워 친구에게 보내는 편지에 쓰면서 학자들 사회에 직접 밝히지 못했다. 또한 코페르니쿠스는 자신의 지동설을 죽음의 문턱에서야 책으로 공개할 수 있었다. 그것은 무엇보다 그가 과학자 사회로부터 비웃음을 받을지 모른다는 두려움이 컸기 때문이라는 견해도 있다. 이렇게 쿤이 말하는 과학자 사회의 공동체에 의한 합의란 새로운 이론의 제안자에게 억압적 역할을 할 것이며, 지배적 패러다임이나 유력한 이론에 대한 높은 존경심은 위험한 교조주의를 조성하여, 사실상 새로운 사고의 제안을 막거나 합리적 사고를 억누를 수 있다.

이러한 우려를 고려할 때 파이어아벤트는 과학적 방법의 무정부주의를 제안한다. 과학과 비과학을 구분할 의도에서 어떤 과학적 방법의 지침을 제안하는 것이 자유로운 과학 활동을 억누를 수 있기 때문이다. 그러한 지침은 어떤 의미에서 과학의 제도화를 조장한다. 그리고 그 제도화는 새로운 활동과 새로운 이론의 제안을 막는 권력으로 작용한다. 그러한 제약은 어쩌면 학교교육에서부터 시작될 수 있다. 어려서부터 학교에서 일정한 의도의 틀에 맞춰 필수 과목으로 배워야 하는 과학교육 내용(나아가서 과학의 방법론)은 미래의 과학자인 학생들이 새로운 가능성을 전망하지 못하게 만드는 장막일 수 있다. 이러한 배경에서 그는 그러한 장막을 치지 말아야 한다고 제안한다. "선구자들이 우리를 '유일 진리 종교'의 억압적 굴레에서 벗어나게 해주었듯이, 이데올로기로 고착된 과학의 굴레로부터 이 사회를 벗어나게 해주어야 한다."(p.307)

이제 우리는 파이어아벤트가 왜 과학의 방법론에서 무정부주의를 주장하는지 이해할 수 있다. 그 이해에 따르면, 과학자들이 어떠한 제약도 없이 자유로운 상상력을 발휘할 수 있도록, 어떤 제약을 조성하는 방법론의 기준을 설정하지 말아야 한다. 더구나 앞서 살펴보았듯이 그러한 기준들은 실제 과학의 역사를 돌아볼 때 그리 잘 들어맞지도 않았다. 과학 탐구에서 어떤 제약도 없이, 이제 과학자들은 모든 가능한 상상력을 동원하는 태도를 가질 필요가 있다. 그러한 의도에서 그는 이렇게 말한다.

카르납, 헴펠, 네이글, 포퍼, 심지어 라카토슈 등이 과학을 합리적인 것으로 바꿔놓으려 사용하고 싶어 했던 어떤 방법도 적용될 수 없으며, 적용될 수 있는 유일한 방법인 논박은 그 힘을 상실했다. 이제 남은 것은 미학적 판단, 취향적 판단, 형이상학적 편견, 종교적 열망 등이다. 한마디로 말해서, 남은 것은 우리의 주관적 소망뿐이다. 가장 진보한 일반적 과학은 개인 연구자에게, 더욱 범속한 구역에서 들어서면 상실할 듯 보이는, 자유를 돌려준다. (pp.284-285)

이러한 입장에서 그는 이렇게 주장한다. "과학과 비과학 사이의 구별은 인위적일 뿐만 아니라, 지식의 진보에 해롭기까지 하다. … 과학 연구를 어떻게 해도 된다(Anything goes)." 다시 말해서, 과학자들이 따라야 할 과학적 방법은 존재하지 않으며, 과학자들은 자신들의 주관적 소망에 따라서 아무렇게나 해도 좋다.

* * *

이러한 파이어아벤트의 주장에 대해, 차머스(Alan Chalmers)는 저서 『과학이란 무엇인가(*What is this thing called science?*)』(1999)에서 비판적으로 바라본다. 그의 우선적 비판은 '과학자들 개인이 과학 활동에서 완전한 자유를 갖는다'는 것이 과연 어떤 의미인지를 묻는 질문에서 나온다. 과학자가 과학자 공동체로부터 완벽히 자유로운 상태에서 활동할 수 있기를 기대하는 것은 마치 사회적 활동에서 개인들이 국가의 어떤 간섭도 받지 않는 자유로운 활동을 기대하는 것과 다름없다. 그러한 기대는 국가의 기능적 측면이 무엇인지를 고려할 때, 개인들이 자유롭게 하고 싶은 권한을 무한정 갖게 할 수 있어야 한다고 기대하는 것처럼 비현실적인 유토피아이다. 그러나 이러한 비판에도 불구하고 파이어아벤트가 과학의 방법론에 반대한 이유는 유의미해 보인다고 차머스는 말한다. 차머스는 과학의 보편적 방법론을 탐색하지 말라는 파이어아벤트의 주장을 아래와 같이 긍정적으로 바라본다.

파이어아벤트의 입장에 따르면, 갈릴레이의 과학 활동의 사례에 비추어 그동안 여러 철학자가 밝힌 방법론은 그다지 적절하지 않다. 또한 과학이 따라야 할 표준적, 보편적, 정규적 방법론이 존재한다는 주장도 인정되기 어렵다. 물리학, 심리학, 생물학 등등 다양한 분야들을 단 하나의 일원적 방법에 따라 연구해야 한다고 주장하는 것에 아무래도 무리가 있어 보이기 때문이다. 나아가서 물리학 하나의 분야 내에서조차 그러한 방법이 있다고 기대하기 어렵다. 그것은 물리학이 역사적으로 발전 또는 변화하기 때문이기도 하다. 그러므로 학문 자체가 변화하는 과정에서 앞의 과정과 동일한 방법으로 학문을 탐구해야 할 어떤 이유도 없다. 이러한 측면에서, 과학이 고정된 보편 규칙에 따라서 작동할 것이라는 기대는 현실적이지 못하고, 심지어 유익하지도 않다. 결국 그러한 기대는 과학의 융통성을 막으며 독단을 더욱 강화할 수 있다.

그런데도 차머스는 파이어아벤트의 "어떤 과학의 방법도 없다."라는 주장에 동의하지는 않는다. 그 이유는 다음과 같다. "보편적 방법이 존재할 수 없다."라는 명제로부터 "어떤 방법도 없다."라는 명제가 연역적으로 추론되지 않기 때문이다. 중도적 입장으로, 여러 과학의 분야들마다, 혹은 어떤 분야 내의 다양한 수준마다, 적절한 탐구 방법이 있을 수 있다. 그렇다면 과학과 비과학을 구분하는 기준 역시 여러 가지 수준에서 가능할 수 있다. 그렇게 바라보는 관점에서, 과학은 아무렇게나 해도 좋다는 과학 방법론의 무정부주의 주장을 우리가 반드시 수용해야 할 이유는 없어 보인다.

이러한 차머스의 주장을 우리가 다시 비판적으로 바라보려면, 파이어아벤트와 차머스 두 학자의 주장을 조금 더 구체적으로 검토할 필요가 있다. 앞서 살펴보았듯이, 파이어아벤트에 따르면, 갈릴레이의 성공은 그의 주장이 순수한 관찰로부터 지지받았기 때문만이 아니다. 그의 성공은 전문가 집단이 아닌 대중들을 설득하기 위해서 쉬운 언어로 저술하였고, 전통적 관점에 저항감을 가졌던 사람들을 설득하려는 등의 선전과 책략을 가졌기 때문이다. 그러나 차머스의 주장에 따르면, 갈릴레이의 성공은 그가 바라본 목성의 위성에 대한 관찰을 통해서 자신에게 반대하던 사람들을 설득할 수 있었기 때문이었다. 그는 그러한 망원경이란 새로운 관찰 도구를 활용하여 증거를 제시하는 새로운 과학 방법의 경향을 내세웠다. 그럼으로써 전통적 과학의 표준을 뒤흔드는 새로운 변화를 이끌었다.

이러한 논쟁 중에 우리는 다시 묻지 않을 수 없다. 갈릴레이가 성공할 수 있었던 요인이 사실상 관찰을 중요하게 여겼기 때문인가, 아니면 그보다 사람들을 설득하는 사회적, 심리적 능력이 있었기 때문인가? 앞서 언급했듯이, 많은 과학 역사가들은 전자의 관점으로 보았으며, 파이어아벤트는 후자의 관점으로 보았다. 파이어아벤트가 밝힌 갈릴레이의 말이 사실이라고 받아들인다면, 그의 주장대로 많은 역사가들이 틀렸다고 할 수 있다. 그러나 파이어아벤트의 주장에 동의하기 어려운 측면이 있다. 다음과 같은 갈릴레이의 행보를 볼 때 그러하다. 갈릴레이는 먼 길을 마다하지 않고 관찰 도구인 망원경을 만드는 방법을 배우러 다녀왔으며, 몸소 망원경을 제작하였고, 결국 그 망원경을 통해 천체를 관찰하려 애썼다는 점, 그 관찰이 자신의 주장을 지지하는 증거라고 생각했다는 점, 그리고 자신의 새로운 주장을 설득하기 위해 과학자들을 집으로 초대하여 망원경으로 보도록 권고했던 점 등등은 그가 누구보다도 관찰을 중요하게 여겼으며 그 확실성을 신뢰하였다는 증거가 될 수 있다. 이러한 점에서 비록 갈릴레이가 스스로 관찰보다 이성을 중요하게 여긴다고 말했더라도, 위의 근거에서 우리는 갈릴레이가 누구보다 관찰과 실험을 중요하게 여겼으며, 그 점에서 관찰의 방법에 기대어 학문을 발전시켰다고 주장할 수 있다.

나아가서 차머스는 파이어아벤트와 달리 갈릴레이가 당시 유력했던 이론이나 관점을 변화시킬 수 있었던 합리적 이유가 있다고 주장한다. 갈릴레이가 자신의 경쟁자들을 설득하여 자신의 주장을 설득할 수 있었던 것은, 그와 경쟁자들 사이에 상당한 부분 공유된 이론이 있었기 때문이며, 과학의 탐구 방법론을 공유했기 때문이다. 만약 그들 사이에 공유하는 부분이 전혀 없었다면, 그는 자신에게 반대하는 학자들을 설득하기 어려웠을 것이다. 간단히 말해서, 갈릴레이는 그들과 공유하는 부분에서 출발하여 논증을 펼침으로써 반대자들을 설득할 수 있었다.

　누군가는 이러한 차머스의 주장에 다음과 같이 계속 질문할 수 있다. 갈릴레이가 자신과 상당히 다른 패러다임의 경쟁자들을 어떻게 설득할 수 있었다는 것인가? 정말 쿤의 입장을 고려할 때, 차머스의 주장이 가능할 수 있는 것인가? 쿤의 입장에 따르면, 우리는 패러다임 사이의 '공약 불가능성'으로 인해서 전혀 다른 경쟁 패러다임 내의 경쟁 이론에 대해 거의 설득되기 어렵다. 분명히 쿤의 입장에서 갈릴레이는 뉴턴 패러다임의 이전 과학이론으로 인정된다. 그렇다면 갈릴레이의 주장을 경쟁자들이 이해하기는 쉽지 않았을 것이다. 과연 갈릴레이 이론이 경쟁자들과 공유하는 부분이 상당히 있었을까? 갈릴레이가 살았던 당시에 경쟁자들 또한 뉴턴의 패러다임 일부를 수용하고 있었을까? 만약 그러했다면, 갈릴레이가 과학의 역사에 혁명적 역할을 했던 과학자로 특별히 기록되기는 어려웠을 것 같다. 우리는 이러한 측면들을 어떻게 바라보아야 할까? 차머스의 주장이 설득적이려면, 쿤의 공약 불가능성 주장이 상당히 부정되어야만 한다. 우리는 공약 불가능성을 어떻게 바라보아야 하는가?

　아마도 이러한 질문은 공적 이론이 특정 과학자의 성과에 의해

'얼마나 큰 규모'로 변화되는지에 따라서 다르게 대답될 것 같다. 그러므로 그러한 질문에 대답하려면, 과학의 성과가 우리의 사고 체계를 '얼마나 크게' 바꿔놓는지를 알 수 있어야 한다. 그런데 지금 단계에서 우리가 그러한 질문들에 명확히 대답하기는 어렵다. 왜냐하면 기본적으로 지금까지 논의에서 우리는 이론이 무엇인지, 패러다임이 무엇인지조차도 명확히 이야기하지 못하기 때문이다.

아무튼 파이어아벤트의 말처럼, 과학의 연구 방법론을 탐구하지 말아야 한다면, 그것에 흥미를 느끼고 3년간 철학을 공부해왔던 1988년 무렵, 나는 이제 무엇을 공부해야 할지 잠시 혼란에 빠졌다. 하지만 나는 이내 다음 질문과 함께 나의 철학 여정을 계속할 수 있었다. 과학의 방법론에 관심을 가지는 나는 당연히 과학이 발전한다고 가정한다. 그러므로 나는 파이어아벤트에게 이렇게 묻고 싶다. 지금도 과학은 발전하는 중인데, 그 방법을 알 수 없으며 궁금해하지도 말자는 주장은 학자로서 직무유기가 아닌? 철학적으로 그것을 밝힐 수 없다면, 그 문제를 이제 과학적으로 찾아볼 수 있지 않을까?

철학의 문제를 과학에 의존해서 찾아보려는 입장은 요즘 '철학적 자연주의(philosophical naturalism)'로 불린다. 이러한 철학적 자연주의에 대해 누군가는 이렇게 물을 수 있다. 철학의 문제를 과학적으로 접근한다는 것이 철학의 방법으로서 적절한가? 그런 접근이 적절한지, 그리고 그런 철학적 자연주의는 어떤 근거에서 주장될 수 있는지 등을 이야기하려면, 그 새로운 철학적 접근이 출현한 역사적 배경부터 이야기해보아야 한다. 20세기 과학과 철학의 역사에 무슨 일이 있었는가, 즉 현대 과학의 발달과 철학의 관계에 어떤 일이 있었는가?

6부

현대 과학이 철학을 어떻게 변화시켰는가?

처음부터 철학에 큰 영향을 준 학문은, 이제까지 살펴보았듯이, 수학과 기하학이었다. 그 분야를 공부한 철학자들은 세계의 궁극적 이유를 이해하려 할 때, 그리고 남들에게 설명하려 할 때, 정당화가 필요하다고 생각했다. 그리고 그들이 사용한 정당화 방법은 수학과 기하학의 체계를 모방한 '환원적 설명'이었다. 환원적 설명이 이루어졌을 때, 비로소 그들은 체계적 설명이 이루어졌다고 믿었다. 그들은 왜 그러한 체계적 설명을 필요로 하는가? 플라톤은 완벽한 지식의 원형을 수학과 기하학에서 보았고, 유클리드는 완벽한 환원적 모델을 기하학에서 보여주었다. 데카르트는 철학도 그 기하학 체계를 닮아야 한다고 명확히 인식했다. 뉴턴은 유클리드 기하학 체계를 모방한 역학 이론을 내놓았고, 칸트는 지식의 완전한 체계적 원형에 뉴턴 역학도 포함하여, '선험적 종합판단'이라 불렀다. 러셀과 비트겐슈타인 역시 경험적 지식을 체계적으로 또는 환원적으로 정당화하는 기호논리학을 만들었다. 논리실증주의는 과학의 이론적 지식을 경험으로부터 어떻게 환원적으로 정당화할 수 있을지를 모색하였다. 그 모든 철학에 수학, 유클리드 기하학, 뉴턴 역학이 있었다. 그 분야의 지식이 바로 철학자들이 자신의 이론적 설명에서 모방해야 할 방식이었다.

그런데 만약 그 세 분야, 즉 '수학', '기하학', '뉴턴 물리학' 등의 지식 체계가 사실은 그리 완벽한 체계성을 갖지 못한다고 밝혀진다면, 철학사에 어떤 일이 벌어질까? 철학자들이 추구해온 철학의 방법 및 목표가 흔들리지 않을 수 없게 된다. 그런데 실제로 그런 일이 벌어졌다. 20세기 쿠르트 괴델은 수학의 체계성이 불완전하다는 '불완전성 정리'를 주장했으며, 그보다 앞서 19세기 가우스(Johann Carl Friedrich Gauss, 1777-1855)와 리만(Georg Friedrich Bernhard Riemann, 1826-1866)을 비롯한 수학자와 기하학자들은 유클리드 기하학의 기초 전제를 부정하고서도, 일관성이 있는 새로운 기하학 체계를 구상하였다. 새로운 기하학 체계가 등장하자, 지금까지 직관적으로 명백해 보였던 공간이 사실 (선험적) 진리성을 갖지 못한다는 것이 드러났다. 그런데 비유클리드 기하학 공간이 실제로 존재하기라도 할까? 그 대답은, 20세기 아인슈타인의 상대성이론에 따라 "그렇다"이다. 이러한 새로운 과학적 발견을 통해서, 칸트가 가정했던 선험적 종합판단은 어떻게 되는가?

많은 전통 철학자들이 기대었던 세 분야의 지식이 선험적 진리성을 갖지 못한다는 인식에 따라서, 철학자들은 이제 지식을 체계적으로 설명하거나 정당화하려는 환원적 설명을 그만두어야 하는가? 이제 철학자들은 무엇을 탐구해야 하는가? 2천 년 전통의 철학적 가정을 통째로 뒤집은 세 분야의 20세기 과학혁명을 이해하고 나서, 위 질문에 대답을 찾아보자.

14장

선험적 지식 체계에 회의

더욱 엄밀함을 향한 수학적 발달은 … 그것에 대한 거대한 형식화로 [우리를] 안내하였고, 결국 우리는 몇 개의 기계적 규칙을 이용하여 어떤 정리도 증명할 수 있다고 [믿었다.] 따라서 그러한 공리와 추론 규칙은, 그 체계 내에 형식적으로 표현될 수 있는 어느 수학적 문제를 결정하기에 충분하다고 억측될 수 있었다. 다음을 보면 그렇지 않다는 것이 드러난다. 그 억측과 반대로 … 공리에 기초하여 결정될 수 없는 정수 이론의 문제가 … 있다.[6]

_ 쿠르트 괴델

■ 수학의 혁명(괴델)

이런 이야기의 시작은 다시 오스트리아의 빈학단이다. 빈학단 즉 논리실증주의 구성원 중 수학자인 쿠르트 괴델(Kurt Gödel, 1906-1978)이 있었다. 그 역시 나치스를 피해서 나중에 미국으로 이주하였고, 미국 고등과학연구소의 연구원이 되었다. 그는 당시 그곳의 연구원인 아인슈타인을 만나 함께 산책하고 토론하였다. 그에 관한 이야기는 『괴델과 아인슈타인: 시간이 사라진 세상(*A World without Time: The Forgotten Legacy of Gödel and Einstein*)』(2005)에서 볼 수 있다. 여기에서 그 책의 내용을 요약하지는 않을 것이며, 오직 그가 밝힌 불완전성 정리가 과학철학에 어떤 의미를 주었는지에 관심을 가져보자.

괴델은 오스트리아에서 논리실증주의자였던 지도교수 한스 한 (Hans Hahn)을 따라서 빈학단에 합류하였다. 그는 그러한 계기로 자신이 관심을 가졌던 수리논리학 즉 수학의 기초를 확고하게 하려는 철학적 연구를 시작할 수 있었다. 앞서 이야기했듯이, 프레게, 러셀, 비트겐슈타인 등은, 수학이 엄밀한 체계로 구성되듯이 다른 지식도 엄밀한 수리적 계산 체계로 설명될 수 있다고 가정하였다. 그러한 주제를 비판적으로 의심하는 연구자라면 마땅히 수학 자체의 체계에 관해서도 의심할 수 있다. 괴델은 그러한 의심을 가졌다.

그는 수학에 대한 궁극적 질문으로 이러한 철학적 질문을 했다. 우리가 정말 수학 명제를 참으로 인정할 수 있는가? 어떻게 참이라고 인식할 수 있는가? 이 질문에 대한 대답으로, 그는 1930년에 불완전성 정리로 제1정리를, 그리고 1931년에 제2정리를 내놓았다.

제1정리: 수 이론을 충족시키는 어느 형식적 체계 내에 결정될 수 없는 수식이 적어도 하나 있다. 그 수식은 그 체계 내에서 증명될 수 없으며, 그 식에 대한 부정도 증명될 수 없다.[7]

이 말을 다음과 같이 이해해보자. 어떤 수학적 체계 내에서 어떤 수식을 계산하려면, 그 계산을 위한 기초 명제들을 전제해야 한다. 우리가 앞서 살펴보았듯이, 공리 체계 내의 기초 명제들은 다른 명제들을 계산적으로 추론하기 위한 근거이며 출발점이다. 그런데 그 기초 명제들은 무엇으로부터 계산되거나 혹은 증명되어야 할까? 만약 그 기초 명제들이 가장 기초적인 근거라면, 그보다 더 기초는 없어야 한다. 그렇다면 그 기초 명제들은 어떤 수단으로도 결코 증명되지 못하는 가정들이다. 더구나 그 기초 명제들은 서로를 증명해주지도 못한다.

제2정리: 수 이론을 충족시키는 어느 형식 체계의 일관성(정합성)은 그 체계 내에서 증명될 수 없다.[8]

이 말을 짧고 쉽게 이해해보자. 수학의 공리 체계는 그 자체의 체계 내에서만 어떤 수식도 유도할 수 있다. 따라서 그러한 수식을 이용하여 수학적 체계 자체가 왜 옳은지 설명할 방법이 없다. 그리고 그렇게 수학의 수식 체계가 스스로 참임을 증명할 수 없다면, 그 어떤 지식 체계도 역시 스스로 참임을 증명할 방법은 없다.

위의 두 괴델 정리로부터 이렇게 말할 수 있다. 어떤 참인 지식을 제공하는 공리 체계도 그것이 완전한 체계성을 갖추었다고 증명할 방법이 없다. 이 말이 과학철학의 역사에 왜 중요한가? 앞서 이야기했듯이, 전통적으로 철학자들은 인간이 갖는 완벽한 지식 혹은 지식 체계의 전형이 바로 수학이라고 생각해왔다. 그리고 그러한 생각에서 다른 학문도 엄밀한 체계를 갖게 할 수 있다고 그들은 기대해왔다. 또한 철학자들은 자신들의 연구도 그러한 엄밀하고 완벽한 체계일 수 있다고 기대하였다. 그러나 괴델은 우리가 수학에 대해 가졌던 기대가 잘못이라고 알려주었다. 어떤 체계에 대해서도 완벽히 증명할 방법을 우리는 가질 수 없다. 다시 말해서, 우리가 믿는 어떤 참인 지식에 대해서든 그것이 왜 옳은지(참인지)를 완벽히 정당화할 방법이 존재하지 않는다.

괴델에 앞서, 수학자이며 철학자인 러셀은 수학적 원리를 어떻게 가정하였는가? 1910년 러셀은 수학을 논리학의 공리적 체계로 명확히 설명할 수 있다는 기대에서 화이트헤드와 공동으로 저서 『수학의 원리』를 내놓았다. 그러나 1930년과 1931년 괴델은 불완전성 정리를 통해서 그들의 그러한 노력이 부질없는 일이었다는 것을 보여주었다. 그뿐만 아니라, 불완전성 정리에 따르면, 당시의 논리실증주의 기획, 즉 과학 지식을 명백한 관찰과 논리적 규칙에 따라 엄밀히 체계화하려던 기획이 성공할 수 없음도 원리적으로 드러났다. 결국 어느 철학자의 주장 혹은 가정을 엄밀히 정당화할 수 있다는 철학적 믿음과 기획도 부질없다는 것이 드러났다.

전통적으로 수학의 수식 체계를 모방하여 가장 체계화에 성공했던 분야는, 앞서 살펴보았듯이, 유클리드 기하학과 뉴턴 물리학이었다. 그러므로 불완전성 정리가 시사했던 의미는 무엇보다도 그 두 분야의 연구 기획에도 치명적이다. 그러나 유클리드 기하학 내에서 이미 그러한 문제를 드러내는 성과들이 (괴델과 무관하게) 있었다. 그리고 물리학 분야 내에서도 자체적으로 그 문제점을 드러내었다. 어떻게 그러했는지 살펴보자.

■ 기하학의 혁명(리만)

유클리드 기하학에서 무엇이 문제였는가? 2권 7장에서 살펴보았듯이 유클리드 기하학의 체계는 다음과 같다. 5개의 자명한 공준, 계산 규칙인 5개의 공리, 그리고 기하학 용어들의 정의(definitions) 등으로부터 정리(theorems)가 증명되며, 그 정리로부터 모든 다른 기하학 지식이 증명된다. 거꾸로 말해서, 그런 지식은 정리에 의해서, 그리고 정리는 공준과 공리, 그리고 정의에 의해서 정당화되는 체계이다. 이러한 기하학적 체계의 완결성은 유클리드가 기원전 300년경 내놓은 이래로 누구도 의심하지 않았다.

그것이 의심되지 않았던 이유는 기하학의 구조와 기초 가정들 때문이었다. 유클리드 기하학 내의 다섯 공준은 기하학의 모든 지식이 성립하기 위한 전제들이다. 그 공준들은 가장 단순한 지식이면서, 그 자체로 자명하여 그것의 진리를 증명하기 위한 더 기초적인 명제들은 없다. 다시 말해서, 그 전제들을 부정하는 다른 기하학은 상상조차 가능하지 않아 보였다. 심지어, 우리가 앞에서 살펴보았듯이, 그러한 기하학의 지식이 오류 가능하지 않은 이유에 대해서, 칸트는 시간과 공간이 세계에 현실로 존재하는 것이 아니라 우리의 인식 구조로 존재하기 때문이라고 설명하기도 하였다. 물론 아인슈타인은 이러한 칸트의 설명이 과학을 비현실적으로 만드는 터무니없는 발상이라고 지적했다.

그런데 유클리드 기하학 체계를 더 개선하려는 노력이 실패할 수밖에 없다는 것이 논증적으로 밝혀지면서 문제가 불거져 나왔다. 그 문제는 유클리드 기하학의 다섯 번째 공준인 평행선의 공준과 관련하여 나왔다. 이를 알아보기 위해 우선 제5공준의 내용부터 다시 살펴보자.

제5공준: 한 평면 위에 직선 L과 그 선상에 있지 않은 점 P가 있을 때, 그 평면 위에서 점 P를 지나면서 직선 L에 평행인 직선 L′는 오직 하나만 있을 수 있다.

이것을 간단히 다시 말하면 다음과 같다.

제5공준: 한 평면 위의 두 직선이 평행하다면, 그 두 직선을 연장해도 끝내 서로 만나지 않는다.

일부 수학자들은 이렇게 비교적 긴 문장으로 표현되는 제5공준을 제거할 가능성을 기대하였다. 그들은 다소 길게 설명되는 그 공준을 다른 간결한 네 공준으로부터 증명할 방법을 찾으려 하였다. 만약 그럴 수만 있다면 이 제5공준은 정리의 자리로 옮겨질 것이며, 결국은 네 공준으로부터 모든 기하학 지식이 증명되는 단순화가 이루어질 수 있다. 그러한 기대에 따라서 몇 가지 증명이 (옳다고 가정되어) 실제로 제안되기도 하였다. 그 제안된 사례 중 하나를 살펴보자.

만약 한 평면 위에 직선 L과 곡선 M이 있고, 곡선 M 위의 모든 점이 직선 L과 같은 거리 a로 유지된다면, 곡선 M도 역시 직선이다(그림 3-6).

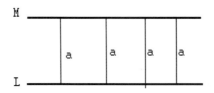

[그림 3-6] 곡선 M 위에 있는 모든 점에서 직선 L까지의 거리는 상수 a이다. 두 직선 M과 L 사이에 일정한 거리 a가 지속적으로 유지된다면, 두 직선은 영원히 만나지 않을 것이다. 그러므로 두 직선 M과 L이 서로 만나지 않는 근거가 증명된다고 가정되었다. 그러나 이러한 증명은 "평행하는 두 직선이 끝내 만나지 않는다."는 명제 자체를 스스로 전제하는 것으로 드러났다.

이렇게 제안된 증명은 얼핏 보기에, 평행한 두 직선이 왜 만날 수 없는지를 잘 증명한 듯 보였다. 하지만 조금 더 면밀히 살펴보면, 자신이 증명하려는 것을 전제하고 있다는 것이 드러난다. '어떤 두 직선 사이에 일정한 거리 a가 유지되는 두 직선'이라는 말은 '서로 만나지 않도록 평행한 두 직선'이라는 의미를 이미 함축하기 때문이다. 그러므로 위의 증명은 평행선의 공준을 진리로 인정하기 이전 또는 그와 같은 의미를 담은 표현의 공준을 진리로 인정하기 이전에는 증명될 수 없다. 다시 말해서 그 가정된 증명은 '순환논증의 오류', 다른 말로 '선결문제 요구의 오류'를 범한다.

그렇다면 평행선 공준은 다른 네 공준으로부터 증명될 수 없는 것인가? 다시 말해서, 평행선 공준은 다른 공준들로부터 독립된 공준인가? 그렇다. 공준인 기초 명제들이 서로 증명 불가하다는, 즉 독립적이라는 이야기를 원리적으로 이해하려면, 그것을 괴델의 불완전성 정리의 함축적 의미와 관련지어 살펴보아야 한다. 앞서 살펴보았듯이, 불완전성 정리에 따르면 어떠한 공리 체계 내의 기초 명제가 참인지 거짓인지를 우리는 증명할 수 없다. 따라서 만약 그 기초 명제를 다른 기초 명제로 바꾸더라도, 그 공리 체계 내의 다른 기초 명제들이 그것의 참/거짓을 말해주지 못한다. 그러므로 그 기초 명제를 다른 것으로 바꾸면, 새로운 공리 체계가 만들어진다. 어떻게 그러할 수 있는가?

평행선의 공준, 즉 "평행한 두 직선을 연장하면 서로 만나지 않는다."라는 명제를 "평행하지 '않은' 두 직선을 연장하여도 서로 만나지 않는다."라는 명제로 바꾸면 어떻게 될까? 사실상 두 명제는 서로 모순 관계에 있다. 그렇지만 이렇게 완전히 모순적으로 보이는 명제로 교체되더라도, 5개의 공준들 자체가 다른 공준들로부터 독립적이라는 점에서, 다른 공준들에 근거하여 그러한 공준을 용인할 수 없다고 부정되지 않는다. 다시 말해서, 다른 공준들, 즉 "두 점 사이의 최단 거리 직선은 오직 하나이다." 혹은 "모든 직각은 서로 같다." 등등이 여전히 일관성을 유지한다. 그런데 그렇게 평행선의 공준을 교체하고서도 기하학이 정말 성립하는가? 그렇다. 평행선의 공준을 교체하고도 전체적으로 논리적 일관성을 갖는 새로운 기하학 체계가 완성될 수 있다. 현재 우리가 알고 있듯이, 그러한 공간은 휘어진 공간이다. 이렇게 평행선의 공준을 다른 공준으로 대체함으로써 비유클리드 기하학이 탄생하게 되었다.

누군가는 이 시점에서 다음과 같은 질문을 당연히 해봐야 한다. 그런데 그러한 기하학의 체계는 상상으로만 가능한 것인가? 그렇지 않다면, 그러한 기하학의 공간이 실제로 존재하는가? 분명 19세기 이전 대부분 수학자는 그러한 공간이 존재할 수 있다고 상상조차 하지 못했다. 왜냐하면 유클리드 기하학 혹은 데카르트 기하학의 체계 내에서 점이란 3차원적 공간에 특정 지점 혹은 위치를 의미했으며, 직선이란 우리의 상식적 의미에서의 곧게 뻗는 직선을 의미했다. 다시 말해서, 유클리드 기하학적 공간이 실제 세계의 공간이라고 가정되었다. 앞서 살펴보았듯이, 뉴턴이 가정했던 절대공간도 그러한 공간이었다. 심지어 칸트가 가정했던 개념적 공간 역시 그러한 공간이었다.

19세기 수학자 가우스는 (괴델의 불완전성 정리가 나오기 이전에) 평행선의 공준을 다른 공준으로 대체하더라도 새롭게 일관성을 갖추는 기하학을 최초로 발견하였다. 그렇지만 그는 다른 학자들로부터 어리석다는 평을 받지 않을까 두려워 그 성과를 발표할 수 없다고 친구에게 쓴 편지에서 고백하였다.9) 아마 누구라도 최초에 어떤 돌발적 발언을 해야 할 경우, 과감히 주장하기 어려울 것이다. 앞서 살펴보았듯이, 과학의 혁명을 일으켰던 코페르니쿠스의 지동설은 쉽게 발표되지 못하고 죽음의 문턱에서 겨우 책자로 인쇄되었다. 그가 그럴 수밖에 없었던 이유를 혹자는 종교의 탄압이 두려웠기 때문이라고 말하지만, 성직자이기도 했던 그가 실제로 그러한 두려움을 가질 이유는 없었을 것이며, 그보다는 어리석은 소리라는 평을 받지 않을까 두려웠기 때문이라는 이야기도 있다. 1854년 가우스의 제자 리만(Georg Friedrich Bernhard Riemann, 1826-1866)은, 다섯 번째 공준이 성립하는 공간은 곡률이 0이고 그것이 성립하지 않는 다양한 곡률의 공간이 가능하다고 하며, 만약 곡률이 1이면 구(sphere, ball)가 된다는 이론적 주장을 내놓았다.

이제 다시 위의 질문으로 돌아가보자. 휘어진 공간의 기하학은 그저 상상만 될 뿐인 공간인가, 아니면 실제 세계의 공간이 그러한 공간으로 되어 있는가? 결론부터 말하자면, 실제 세계의 공간은 비유클리드 기하학의 공간이 옳다. 사실상 세계는 유클리드 공간을 따르는 뉴턴의 절대공간이 아니라, 비유클리드 기하학의 공간이다. 좀 더 정확히 말해서, 유클리드 기하학 공간은 비유클리드 기하학 공간의 특정 사례이다. 이것을 밝힌 인물이 바로 우리가 잘 아는 아인슈타인이다. 이제 아인슈타인이 어떻게 그러한 생각을 하게 되었는지 철학적 의미에서 간략하게 알아보자.

15 장

물리학의 혁명(아인슈타인)

우리가 일상적으로 가정하는 … 기하학의 기초 개념들을 자연
적 대상들과 필히 관련시켜야 한다. 그렇게 관련시키지 못하는
기하학은 물리학자에게 무가치하다.

_ 아인슈타인

■ 천재성과 철학

앨버트 아인슈타인(Albert Einstein, 1879-1955)은 독일에서 출생
하였으며, 그의 부모는 유대인이었다. 그의 아버지는 유대인에게 위
험한 독일의 정치적 상황을 파악하고 이탈리아로 이주하였고, 다시
스위스로 이주하였다. 그런 계기로 아인슈타인은 스위스 취리히 대
학에서 물리학을 공부하고 박사학위를 받았다. 그는 1900년에 스위
스 특허청에 직업을 가졌고, 그런 중에 1905년 특수상대성이론을
발표하였다. 1905년은 물리학에서 '기적의 해'로 불리는데, 그해에
아인슈타인은 과학 분야에 혁신을 일으킨 네 편의 논문, '광전효
과', '브라운 운동', '특수상대성', '질량과 에너지 등식'을 발표했다.
그는 1921년 노벨 물리학상을 수상하였는데, 그것은 특수상대성이

론이 아니라, 광전효과의 법칙을 발견한 성과 때문이었다.

아인슈타인은 처음부터, 뉴턴 역학으로는 '고전 역학의 법칙들'과 '전자기장의 법칙들'을 통합적으로 설명할 수 없다고 생각했으며, 따라서 그 두 종류의 법칙들을 통합적으로 설명할 이론을 구상하게 되었다. 그 결과 그는 1905년 특수상대성이론을 제안하였다. 이후 1915년에는 특수상대성이론을 '중력장'에도 적용할 수 있도록 확장하려는 의도에서 일반상대성이론을 내놓았다. 그는 이어서 통계역학과 양자이론의 문제들을 탐구하였고, 결국 미립자와 분자운동을 다루었다. 그는 또한 빛의 열 속성을 다루면서 빛의 광자이론에 기초를 놓았다. 1917년 그는 일반상대성이론을 우주의 구조 전체에 대한 모델로 구상하기도 하였다.

아인슈타인은 1933년 미국을 방문하였다가 돌아간 이후, 1935년 나치스의 위협을 피해 미국으로 피신하여 1940년 미국 시민이 되었고, 남은 인생을 그곳에서 살았다. 제2차 세계대전이 발발할 무렵, 그는 미국의 대통령 루스벨트에게 독일이 원자폭탄을 개발할 수도 있으며 미국도 상응한 연구를 해야 한다고 충고하였다. 그 충고에 따라서 맨해튼 프로젝트(Manhattan Project), 일명 '원자폭탄 제조 기획'이 진행되었다. 그렇지만 그는 영국의 철학자 버트런드 러셀과 함께 그런 무서운 무기가 전쟁에 사용되는 것에 반대하였다. 그는 프린스턴 고등연구소에서 수학자 괴델과 함께 연구원으로 있었으며, 1955년 4월 17일 프린스턴 병원에서 76세의 나이로 사망하였다.

아인슈타인은 현대 물리학의 아버지라고 불렸고, 20세기 가장 영향력이 있는 물리학자로 평가되어왔다. 특별히 그의 질량-에너지 공식, $E = mc^2$은 금세기 가장 많이 언급된 수식이다. 그는 300편이상의 과학 논문을 발표하였고, 그러한 왕성한 창의적 활동으로 '아인슈타인'이란 이름은 곧 '천재'를 상징하게 되었다.

많은 사람은 궁금해하였다. 그의 천재성은 어디에서 오는가? 그의 교육 배경이 특별했는가, 아니면 그의 선천적 능력이 특별했는가? 만약 선천적 능력이 있어서라고 평가되더라도, 여전히 우리는 궁금해하며 묻지 않을 수 없다. 그러한 선천적 능력이 발휘되기 위한 무엇이 있어야 하지 않겠는가? 누구나 선천적 능력만으로 그 능력을 발휘할 수 있을 것 같지는 않기 때문이다. 그러므로 만약 우리가 창의성을 발휘할 방법을 찾고 싶다면, 우리는 그의 인생 경로를 따라가면서 무엇이 특별했는지를 돌아볼 필요도 있어 보인다. 그리고 실제로 지금까지 그러한 탐색을 포함하는 책들은 시중에 넘쳐난다. 그러나 그러한 접근은 우리에게 단순한 현상만을 바라보게 만들 수 있어, 본질적인 부분을 놓치게 할 수 있다. 그것을 주의하면서 그의 인생을 들여다보자. [참고 1]

* * *

이 책은 과학의 창의적 연구는 철학적 사고 혹은 비판적 사고를 통해서 이루어진다는 것을 주장하고 강조한다. 그러한 주장을 위해서, 앞에서 뉴턴의 철학적 사고를 살펴보았듯이, 아인슈타인이 어떤 철학적 사고에서 창의적으로 상대성이론을 주장할 수 있었는지 살펴보자.

아인슈타인의 주치의 토머스 스톨츠 하비(Thomas Stoltz Harvey)는 아인슈타인이 사망하자 가족들의 허락도 없이 그의 뇌를 적출하여 보관하였다. 그는 훗날 신경과학이 발달하여 그의 천재성이 어디에서 나오는지 신경학적으로 설명하는 날이 올 것을 기대하였다.

이 책은 4권에서 철학적 탐구가 왜 창의성을 발휘하도록 도움이 되는지를 신경학적으로 해명해본다. 그렇지만 여기에서는 우선 아인슈타인이 상대성이론을 구상하면서 어떤 철학적 사색을 하였는지 그의 삶을 살펴보자.

아인슈타인은 당시 스위스 정부의 특별한 연구비 지원을 받지 않았다. 그는 사실상 거의 아무런 연구 지원도 없는 상태에서 독자적으로 대단한 성과를 낼 수 있었다. 그 기적 같은 성과가 어떻게 가능할 수 있었는지에 관한 연구로, 미국의 화학자로서 1986년에 노벨상을 수상한 허슈바흐(Dudley Herschbach, 1932-   )는 「학생 아인슈타인(Einstein as a Student)」(2008)이란 글을 통해서 아래와 같이 말한다.

우선 아인슈타인의 독일에서의 성장기 교육 환경을 보면, 그는 어려서부터 어머니에게 피아노를 배웠고, 아버지와 삼촌과 함께 과학 서적을 읽었다. 1889년 10세에 삼촌으로부터 피타고라스 기하학을 공부했으며, 11세에는 다윈 진화론을 공부했다. 특별히 그는 유대인 대학원생 탈무드(Max Talmud)로부터 6년간 가정교육을 받았다. 그는 그 개인 교사로부터 12세에 유클리드 기하학의 공리 체계를 공부했고, 13세에 칸트를 읽었다. 그 나이에 그러한 가정교육의 기회가 주어진다고 해서 누구나 그것을 이해하고 학습할 수 있는 것은 아니다. 따라서 그가 천재적 소질을 가졌다는 것을 부인하기는 어렵다. 그는 16세 때인 1895년 삼촌에게 자기장에서의 에테르의 상태에 관한 논문을 써서 보여주었다. (그렇다면 그는 어린 나이에 이미 상대성이론을 제안하게 될 근본적인 문제의식을 가졌던 것 같다.) 그의 가족은 독일 시민권을 포기하고 이탈리아로 이주하였고, 이후 다시 스위스로 이주하여, 그는 취리히 근처의 작은 마을

학교(cantonal school)에서 공부했다. 아인슈타인은 그곳에서 그의 교사 중 한 명인 윈텔러(Jost Winteler)를 만나 자유로운 분위기 속에 자연과학 관련 공부를 계속했다.

아인슈타인은 1896년 17세에 고등학교 수학과 물리 교과 교사가 되는 교육 과정을 시작했으며, 1900년에 마쳤다. 그 교육 과정에서 그는 수학과 물리학, 천문학은 물론, 칸트 철학, 괴테의 저작과 세계관, 통계학과 보험, 경제 등 여러 과목을 공부하였으며, 그 외에도 스스로 다양한 공부를 하였다. 그가 공부한 학자들은 키르히호프(Gustav Robert Kirchhoff), 헤르츠, 헬름홀츠, 마흐(Ernst Mach), 볼츠만(Ludwig Boltzmann), 드루데(Paul Karl Ludwig Drude), 맥스웰, 로렌츠 등이다.

졸업 후 그는 대학원에서 공부하면서 1901년부터 특허청 심사원으로서 일할 기회를 기다렸다. 그러던 중 1902년 스위스 베른으로 이사하였고, 그곳에서 인생의 새로운 친구들을 만나게 되었다. 그는 공고문을 붙여 토론 모임을 만들었으며, 그 모임에서 솔로빈(Maurice Solovine), 하비츠(Conrad Habicht) 등을 만났다. 그들은 함께 저녁을 먹으며 읽은 것을 토론하는 모임을 2년 6개월 정도 지속했다. 그 모임을 그들은 '올림피아 학단(The Olympia Academy)'이라 이름 붙이고, 독서 목록을 체계적으로 선택하였다.

솔로빈이 기록한 독서 목록에 따르면, 칼 피어슨(Karl Pearson)의 《과학의 문법(*Grammar of Science*)》, 에른스트 마흐(Ernst Mach)의 《역학(*Mechanics*)》, 존 스튜어트 밀의 《논리학(*Logic*)》, 데이비드 흄의 『인간 본성에 관한 논고(*A Treatise of Human Nature*)』, 스피노자의 『윤리학(*Ethics*)』, 소포클레스의 『안티고네(*Antigone*)』, 헬름홀츠와 앙페르의 《물리학 강의록》 등을 읽었고, 리만(Riemann)

의 《기하학의 기초》, 데데킨트(Dedekind)의 《수의 개념》에 대해서 토론하였다. 그들은 특히 푸앵카레의 『과학과 가설(*Science and Hypothesis*)』을 여러 주 동안 심취하여 탐독하였다.

허슈바흐는 이렇게 아인슈타인의 일생을 돌아보고서, 아인슈타인이 놀라운 창의력을 발휘할 수 있었던 조건을 다음과 같이 밝힌다.

첫째, 아인슈타인은 어린 시절 특별히 과학에 관해 다양한 분야를 함께 독서하고 가르쳐주는 '개인 교사 탈무드'를 만났고, 어머니로부터 음악을 즐겁게 배울 수 있었다. 둘째, 그는 이론물리학자로서 탐구 목표에 대한 확신을 가지는 개인적 소질을 가졌다. 이러한 기질은 권위를 무시함으로써 강화되며, 학술적 경험과 '비판적으로 질문하는 태도'에 의해서 훈련되고, 특허청 사무실에서 연마되었다. 셋째, 당시 그가 참여했던 '학교교육 시스템'이 그의 연구에 필수적이지 않은 여러 자격을 요구하지 않아서, 그는 흥미로운 일에 집중할 수 있었다. 넷째, 그는 자신의 연구를 위해 도움을 주는 '좋은 친구들과 교류하고 토론'할 수 있었다. 다섯째, 그는 '폭넓은 교양교육'을 받을 수 있는 교육 문화적 환경에 놓여 있었다.

아마도 천부적인 재능과 함께 위의 여러 조건들이 아인슈타인에게 창의적 연구를 위한 도움이 되었을 것이다. 그런데 다음과 같은 점이 궁금해진다. 위의 여러 조건들 중 아인슈타인이 창의성을 발휘하는 데 가장 중요한 원동력이 된 것은 무엇일까? 나는 위의 둘째 조건, 즉 '비판적으로 질문하는 태도'가 가장 중요한 것이라고 생각한다.

그가 만들고 활동했던 모임 '올림피아 학단'의 독서 목록을 보면, 아인슈타인은 과학자로서 기초 소양은 물론, 과학을 철학적으로 사고하는 태도, 즉 비판적 사고를 위한 기초 소양을 동시에 키웠다.

구체적으로, 밀의 《논리학》을 통해서 귀납추론과 관련된 공부를 했으며, 따라서 당시 '경험주의' 전통의 과학적 방법론에 관련한 기초 소양을 습득했다. 그리고 흄의 『인간 본성에 관한 논고』를 통해서는 경험주의 철학의 인식론적 배경을 공부했고, 리만의 《기하학의 기초》를 읽고 토론하면서 (우리가 앞에서 살펴본) 지식 체계와 관련한 공부를 했다.

그리고 푸앵카레의 『과학과 가설』을 통해서 당시 과학철학의 쟁점을 공부할 기회를 가졌다. 특별히 그는 푸앵카레가 제시한 미해결의 문제, 브라운 운동과 광전효과에 관해 탐구했으며, 그것이 아인슈타인이 '기적의 해'인 1905년에 발표한 두 개의 논문의 주제가 되었다. 나아가서, 앞으로 살펴보겠지만, 그는 이론물리학자임에도 불구하고 실증주의 경향에 기울었다. 강의록에서 그는, 특수상대성이론이 과학적 문장으로서 의미 있으려면 경험적으로 확인될 수 있어야 한다는 관점을 보여준다. 그런 측면에서, 그는 뉴턴 역학이 전제하는 절대시간과 절대공간의 개념에 대해서, 그리고 칸트가 주장했던 개념적 시간과 공간이 과연 의미가 있는지 비판적 의문을 제기했다.

이러한 이야기를 쉽게 이해할 수 있도록 조금 더 구체적으로 서술해보자. 앞서 우리는 기하학 공간에 초점을 맞춰 이야기하던 중이었다. 그러므로 다음 질문으로 이야기를 시작해보자. 아인슈타인이 특수상대성이론을 탐구하게 된 계기는 무엇인가? 그는 노벨상 수상식에 맞춰 작성한 강의록 「상대성이론의 기초 개념과 문제 (Fundamental ideas and problems of the theory of relativity)」 (1923)[10]의 서두에서, 상대성이론이 다음과 같이 물리학의 철학적 의문에서 촉발되었다고 밝힌다.

오늘날 어떤 의미에서 상대성이론의 부분이 진정한 과학 지식으로 받아들여진다는 것을 고려한다면, 우리는 상대성이론에 담긴 중요한 두 국면에 주목한다. 전체적으로 상대성이론의 발달은 다음 질문, 자연에 물리적으로 선호되는 운동 상태(physically preferred states of motion)가 있을지에 관심을 돌린다(물리적 상대성 문제). 또한 '개념(concept)'과 '구별하기(distinctions)'가 관찰 가능한 사실들로부터 애매하지 않게 할당될 수 있을 정도로 그저 수용 가능하다(개념과 구별이 의미를 가질 조건). 인식론에 어울릴 이러한 기초 공준(postulate)이 근본적으로 중요하다는 것이 드러난다. (p.482)

위의 말을 이해해보자면, 아인슈타인이 상대성이론을 연구한 배경은 다음 두 의문에서 나온다. 첫째, 자연에 물리적으로 선호되는 운동 상태가 존재하는가? 이 질문을 이해하기 쉽게 수정해보자. 서로 다르게 운동하는 물체 사이에 어느 편이 기준이 될 운동 상태라고 우리가 말할 수 있는가? 예를 들어, 기차를 타고 가는 상태와 그것을 바라보며 걷는 사람 사이에 우리는 어느 운동이 물리적으로 기준이 되는 상태라고 말할 수 있는가? 이러한 질문에서 아인슈타인은 '그렇지 못한 것 같다'고 의심한다. 그리고 이러한 질문에서 그가 뉴턴의 절대시간과 절대공간이 과연 존재한다고 말할 수 있는지 의심하고 있었음을 우리는 알아볼 수 있다.

둘째, '개념'이 어떤 경우에 의미 있는가? 뉴턴 역학 내의 물리적 개념들은 의미가 있는가? 그리고 시간과 공간은 명확히 구별되는가? 이러한 질문들은 의미론과 인식론이 관련되는 철학적 질문이다. 이러한 질문은 그가 문제 삼는 개념들, 즉 '절대시간'과 '절대공간'이 사실상 경험적 사실들에 의해 긍정되기 어렵다는 의심에서 나온다. 그는, 데카르트와 달리, 밀의 경험주의 관점에서 '과학은 경험적으로 확인 가능해야 한다'고 생각했다. 그리고 뉴턴이 주장했던 절대공간과 절대시간이 '경험과 무관하다'면 그것은 무의미하다고 여겼다. 나아가서, 만약 그러한 절대시간과 절대공간이 경험적으로 구별되지 않는다면, 그것을 우리가 어떻게 이해해야 하는지 그는 의심했다.

처음부터 이야기했듯이, 서양에서 과학자들이 철학을 연구하게 되는 계기는, 자신들이 연구하는 분야에 대한 반성이었다. 자신의 연구가 과연 옳은지, 옳다면 왜 옳은지, 그리고 어떻게 연구해야 하는지 등에 대한 반성이다. 이런 반성으로 그 과학자는 결국 궁극적 질문을 하게 된다. 그 질문을 하고 탐구하는 순간 그는 철학자가 된다. 그리고 그러한 궁극적 질문으로 그는 결국 창의적 발견을 얻어내었다. 아인슈타인도 그러한 과정을 겪었다.

아인슈타인이 상대성이론을 제안한 철학적 배경은 무엇인가? 아인슈타인은 자신의 상대성이론을 사람들이 쉽게 이해할 수 있도록 저서 『상대성: 특수상대성이론과 일반상대성이론(*Relativity: The Special and the General Theory*)』(1916, 1952, 1961)을 썼는데, 그 책의 서문에서 그는 이렇게 말한다. "나는 이 책을 과학으로서뿐 아니라 철학적 관점에서 상대성이론을 알고 싶어 하는 독자를 위해서 썼다." 이 말에서 알 수 있듯이, 시간과 공간의 '상대성'을 주장하는 상대성이론은 철학적 반성을 통해 유도된 결론이다. 그러한 점에서 아인슈타인은 '자신의 과학을 철학적으로 접근했던 학자'였다. 그는 과학을 '창의적으로' 탐구하기 위해 철학적 반성이 필요하다는 것을 잘 인식하고 있었다. 과학자들이 전통적 권위를 넘어 새로운 이론을 제안하려면, 자신의 연구가 과학의 역사 속에서 어느 위치에 있으며, 무엇을 왜 하는지를 잘 인식해야 한다고 그는 말한다.

이러한 맥락에서 우리는, 과학자들이 그러한 인식을 위해 어떤 철학적 질문을 했는지, 그리고 (과학을 공부한) 철학자들이 그 질문을 왜 했는지 돌아보아야 한다. 그러한 공부는 과학자들이 좋은 질문을 할 수 있는 지혜를 제공해줄 것이기 때문이다. 한마디로 말해서, 창의적 연구를 위해 과학자들은 과학사와 과학철학을 공부할 필요가 있다.

■ 특수상대성이론

이제 그의 상대성이론을 구체적으로 다뤄보자. 아인슈타인의 특수상대성이론은 1600년대 이후 절대적 권위에 있었던 뉴턴 역학을 무너뜨렸다. 앞서 살펴보았듯이, 뉴턴 역학은 철저히 공리 체계로 이루어졌으며, 그 역학 체계가 현실적으로 적용되려면 절대시간과 절대공간을 전제해야 했다. 그런데 아인슈타인은 뉴턴 역학의 공리 체계에서 가장 기초가 되었던 개념인 절대시간과 절대공간을 의심하였다. 다시 말해서, 그는 운동과 관련된 물리적 현상을 탐구할 뉴턴 역학의 기초 개념 그리고 그 체계 자체를 흔들어보았다. 그렇게 하여 그는 새로운 사고 체계, 즉 새로운 패러다임으로 세계를 바라볼 수 있었다.

그렇다면 아인슈타인은 전통적인 시간과 공간의 개념에서 어떤 문제점을 발견했을까? 그 구체적인 이야기로 들어가보자. 그는『상대성: 특수상대성이론과 일반상대성이론』(이후 『상대성이론』으로

약칭)의 개정판 서문에서 다음과 같이 말한다.

> 내가 [상대적 관점에서] 보여주려는 것은 다음과 같다. 공간-시간 이란, 흔히 생각하듯이, 분리되어 존재하는 무엇이 결코 아니며, 그 것들이 물리적 실재인 사실적 사물과 결코 무관하지 않다. 물리적 사물이 **공간 내에**(*in space*) 존재하는 것이 아니라, 그러한 사물이 **공간적으로 연장되어**(*spatially extended*) 있는 것이다. 이러한 방식 으로 '빈 공간(empty space)'이란 개념은 그 의미를 잃는다. 1952년 6월 9일. (p.vii)

이와 같이 아인슈타인은 빈 공간이 있어 그 공간 내에 사물이 존 재하는 것이 아니라, 사물이 공간을 점유하면서 존재하는 것이라고 말한다. 과거 뉴턴은 물론 오늘날 일상적으로도 사람들은 공간을 다음과 같이 이해한다. 이 세계에 비어 있는 공간이 존재하며, 그 공간 내에 사물이 놓인다. 다시 말해서, 유클리드 기하학의 3차원 빈 좌표 공간이 세계에 놓여 있으며, 따라서 우리는 그 공간의 좌 표에 의해서 사물이 놓인 위치를 결정할 수 있다. 그런데 이러한 생각에 무슨 문제가 있는가?

그 문제에 관한 이야기를 아인슈타인은 유클리드 기하학 체계에 대한 설명으로 시작한다. 뉴턴 역학이 가정했던 절대공간은 유클리 드의 기하학 공간에 기초한다. 따라서 유클리드 기하학이 어떤 인 식론적 의미를 갖는지 이해하지 못한다면, 결코 비유클리드 기하학 공간을 주장하는 상대성이론을 이해하지 못한다. 그런 배경에서 아 인슈타인은 기하학 공간의 철학적 의미를 이렇게 이야기한다.

이 책을 읽는 여러분들 대부분은 학생 시절 유클리드 기하학이란 장엄한 건축물에 친숙했을 듯싶다. … 그러한 과거 [학습한] 경험이 있어서, 여러분들은 분명히 그러한 [기하학] 학문 내의 가장 이상한 명제일지라도 그것에 대해 참(true)이 아니라고 말하는 [나와 같은] 사람을 낮춰 볼 수 있다. …

[왜냐하면] 기하학은 특정 개념들, '평면', '점', '직선' 등에 대한 명확한 이해로부터, 그리고 이러한 개념들 덕분에 진리로 받아들이지 않을 수 없는 특정한 단순한 명제(공리)[즉, 공준]에서 출발한다. 그렇게 하여, 우리가 수용하지 않을 수 없다고 느껴지는 정당화, 즉 논리적 [추론] 과정을 거쳐서, 모든 여타의 [기하학적] 명제들, 즉 증명되는 명제들이 이러한 공리들로부터 따라 나온다고 알려져 있다. 그러므로 어느 [기하학] 명제라도 공리들로부터 인정되는 방법으로 유도할 경우, 그것은 [반드시] 참(진리)이다. 따라서 개별 기하학 명제들이 진리인지 아닌지는 그 공리의 '진리' 여부에 달려 있다. [그러나] 오랫동안 알려졌듯이, 그 공리의 진리 여부는 기하학의 증명 방식으로 알 수 없을 뿐 아니라, 그 자체로는 아무런 의미도 없다. 예를 들어, 우리는 "두 점 사이에 오직 직선 하나를 그을 수 있다." 라는 공리[여기 맥락에서 공준][11]가 진리인지를 말할 수 없다. 우리가 말할 수 있는 것이란, 유클리드 기하학이 '직선'을 다루며, 직선은 단지 그것을 지나는 두 점에 의해 결정되는 속성이라는 것뿐이다. '진리'란 개념은 순수 기하학적 언명과 부합하지 않는다. 왜냐하면 '진리'란 단어를 사용할 때, 우리는 결국 실제 사물에 대응하는 것을 가리키려는 습성이 있기 때문이다. 그런데 기하학은 그 안에 경험적인 사물과 관련시킬 어떤 관념(ideas)과도 연관되지 않으며, 단지 그 관념들 사이의 '논리적 연결'과 연관되기 때문이다. (pp.3-4)

앞서 이야기했듯이, 위의 내용은 다음과 같이 이해할 수 있다. 유클리드 기하학의 기초 명제들, 즉 공준들은 우리가 실제 그려보거나 측정해보아 옳은 것으로 드러나지 않는다. 그 명제들이 참인지 여부는 오직 이성적으로 혹은 직관적으로 파악된다고 데카르트를 계승하는 학자들은 가정했다. 기하학의 모든 지식은 그렇게 파악되는 자명한 진리인 5개 공준으로부터, 그리고 엄밀한 논리적 계산 규칙인 5개 공리를 활용하여 연역적으로 추론된다. 그러므로 그 진리는 논리적 필연성을 갖는 것처럼 보였다. 데카르트를 공부했던 뉴턴 역시 어느 지식에 대해서 진리를 주장하기 위해서, 그리고 엄밀한 학문적 체계를 위해서 자신의 학문 체계를 그러한 공리 체계로 구성해야만 했다. 즉, 자명해 보이는 세 운동 법칙으로부터, 그리고 엄밀한 계산 규칙인 부칙들을 활용하여 연역적으로 구성했다. 그리고 그는 자신의 역학적 추론이 참임을 보증하기 위해서 절대공간과 절대시간을 '전제해야' 했다.

아인슈타인은 시간과 공간에 관련하여 어떤 비판적 사고를 하였는가? 그는 당연하게 여기는 기본적 개념 자체에 관한 질문, 즉 비판적 사고 2를 보여준다. 아인슈타인은 이렇게 묻는다. " '위치'와 '공간'이란 단어에 의해서 무엇이 이해되는지 분명하지 않다. … 더구나 '공간 내의' 운동이란 말이 무엇을 의미하는가?"(p.10)

그리고 아인슈타인은 다른 저서 『상대성이란 무엇인가(*The Meaning of Relativity*)』(1922)에서 다음과 같이 질문한다. "시간과 공간에 대해 우리가 품고 있는 관습적 관념은 우리의 경험적 특성과 어떻게 관련될까?" 이 질문에서 그는 일상적으로 우리가 가지는 뉴턴의 관습적 시간과 공간의 관념이 경험적으로 얻어질 수 있는지 묻는다. 우리는 일상적으로 데카르트 좌표계(Cartesian system of coordinates)에 의해서 물리적 공간의 거리를 이해한다. 그리고 그 거리를 좌표계의 세 지점(x, y, z)으로 표시(표현)한다. 그러므로 우리가 만약 두 지점 사이의 거리를 말하려고 한다면, 그 기준 좌표계를 반드시 전제해야만 한다. 그런데 아인슈타인은 그러한 좌표계 공간이 과연 사실적인지 문제를 제기한다.

아인슈타인은 칸트에게까지 비판적 질문을 던진다. 칸트처럼 시간과 공간을 경험을 초월한 것으로 여겨야 할까? 만약 시간과 공간을 그렇게 가정한다면, 그것들이 세계에 존재하는 인식의 대상은 아니다. 그러한 칸트의 생각은 현실을 탐구하는 과학의 영역에서 적절치 못하다. 이러한 의심에서 아인슈타인은 칸트의 생각을 다음과 같이 평가한다. "철학자들은 과학의 통제 아래에 있던 경험주의에서 핵심적인 개념과 관념의 일부를 추출해, 높은 곳을 떠도는 구름처럼 붙잡기 힘든 선험적 영역으로 옮겨놓는다." 물론 우리는 전적으로 감각 경험으로부터 개념(관념)을 논리적으로 유도할 수는 없다. 분명 그것은 어떤 의미에서 인간의 고안물이기 때문이다. 그렇다고 "관념이 우리의 경험을 벗어나 완전한 독립성을 구축한다고 가정하는 것은 옳지 않다. 이는 특히 시간과 공간에 대한 관념에 있어 더욱 그렇다."

이렇게 아인슈타인은 물리학의 기초 개념인 '시간' 및 '공간' 자체가 무엇인지 질문하였다. 그런 의문은 일상적으로 또는 앞서 당연하게 받아들여진 개념에 대한 회의이다. 그런데 일상적 시간과 공간의 개념이 왜 문제 되는가?

다음과 같은 우리의 일상적 상황을 가정해보자. 우리가 기차를 타고 가면서 기차 안에서 손으로 들고 있던 음료수 캔을 놓는다고 가정해보자. 그러면 우리는 그 캔이 바닥을 향해 수직으로 떨어지는 것을 관찰한다. 그렇지만 창밖으로 손을 내밀어 그 캔을 놓을 경우, 그리고 기차 밖에 서 있거나 기차보다 아주 느리게 움직이는 사람이 그것을 본다면, 그 캔이 기차의 방향으로 포물선을 그리며 떨어지는 것을 관찰한다. 만약 우리가 서로 다른 이러한 두 관찰자의 입장이라고 가정한다면, 우리는 어떤 움직임의 관찰을 올바른 운동이라고 여길 것인가? 우리는 일상적으로 '기차에 탄 사람이 움직이는 중'이라고 판단한다. 이러한 소박한 생각은 지표면을 기준으로 할 경우에만 옳다. 만약 우리가 지구 밖의 우주선에서 바라본다면, 혹은 달의 위치에서 관측할 수 있게 된다면, 다른 운동을 관찰할 것이기 때문이다.

이러한 인식에서 아인슈타인은 스스로 묻고 대답한다. "독립적으로 존재하는 운동이 있기라도 한가? 그렇지 않다. 어떤 기준에 비추어 상대적으로 움직이는 운동이 존재할 뿐이다." 그렇다면 이제부터 우리가 운동을 명확히 설명하려면, 물체의 위치가 어떻게 변화하는지를 명확히 설명할 수 있어야 한다.

기초적으로 우리가 일상적으로 생각하는 운동은 지구가 기준이다. 다시 말해서, 지구의 중심을 기점으로 고려된다. 그리고 일상적 운동은 갈릴레이와 뉴턴 역학의 관성의 법칙에 근거하여 계산된다. 그리고 사람들이 고려하는 관성의 법칙이란 지구 중심을 기준점으로 정한다. 이것을 '갈릴레이 좌표계'라고 부른다. 한마디로 갈릴레이-뉴턴의 관성 법칙은 갈릴레이 좌표계에서만 유용하다.

그렇지만 위에서 살펴보았듯이, 서로 다른 등속도로 움직이는 좌표계를 가정한다면(즉, 달리는 기차나 지표면에서처럼), 모든 사물의 운동은 좌표계의 선택에 따라서 다르게 측정된다. 다시 말해서, 운동이란 어떤 좌표계를 기준으로 선택했는지에 따라서 다른 운동으로 파악된다. 이것이 고전적 의미에서 '갈릴레이의 상대성 원리'이다. 그러므로 아인슈타인은 의심하지 않을 수 없다. 물리적으로 어떤 운동 상태가 선호되는 상태라고 할 수 있을까?

* * *

다음으로, 뉴턴(고전) 역학은 당시 물리학계에서 인정되는 광속 불변의 원리와 부합하지 않는 문제가 제기된다. 다시 말해서, 당시 전자기파 관련 분야의 연구 성과에 따르면, 고전 역학은 자연 현상들을 설명하기에 부족하다. 그 점에 대하여 아인슈타인은 『상대성 이론』에서 이렇게 말한다.

비록 고전 역학이 모든 자연 현상을 이론적으로 충분히 설명하지 못하더라도 고전 역학이 '진리'에 가깝다는 것을 받아들여야만 한다. 고전 역학이 천체의 실제 운동을 거의 정확하게 설명하기 때문이다. 따라서 상대성 원리는 그러한 '역학' 분야에서 상당히 정확하게 적용되어야 한다. 그러나 그러한 넓은 일반성의 원리가 특정 현상의 영역에서 그렇게 정확히 적용되면서도, 다른 영역에서는 타당하지 않다는 것은 '선험적으로(*a priori*)' 매우 납득하기 어렵다. (pp.16-17)

아인슈타인은 이제 빛의 운동과 관련된 문제를 생각해본다. 지구의 공전 속도는 대략 초속 30킬로미터이다. 따라서 우리는 태양 주위를 공전하는 지구를 초속 30킬로미터로 달리는 기차에 비유할 수 있다. 그 위에서 움직이는 빛은 초속 30만 킬로미터로 나아간다. 이 경우 지구가 움직이는 방향으로 빛을 발광시킨다면, 지구의 밖에서 바라보는 빛의 상대 속도는 얼마여야 하는가? 고전 역학의 개념에 따르면 300,030킬로미터의 상대 속도여야 한다. 그런데 프랑스의 수학자이며 이론물리학자이고 과학철학자인 앙리 푸앵카레(Henri Poincaré, 1854-1912)와 네덜란드의 천문학자 드 시터(De Sitter, 1872-1934)를 비롯한 여러 학자들의 연구에 따르면, 빛의 속도는 빛을 내는 물체의 운동 속도와 무관하게 언제나 초속 30만 킬로미터이다. 그러한 광속은 빛을 내는 물체의 운동 방향이나 속도와 무관하게 언제나 같은 속도를 유지한다. 이것이 '광속불변의 원리'이다.

그런데 빛의 속도가 일정하다는 것은 갈릴레이 상대성 원리에 다음과 같은 문제를 발생시킨다. 그 상대성 원리에 따라 달리는 기차에서 던져진 공의 속도는 기차의 속도에 공의 속도를 더한 속도여야 한다. 이런 원리에 따라 지구에서 발광한 빛의 속도는 달리는 지구의 방향에 따라서 달라져야 한다. 그런데 지구에서 발광한 빛의 속도는 지구의 속도와 상관없이 일정한 속도이다. 그러므로 갈릴레이의 상대성 원리와 광속불변의 원리는 서로 모순된다. 그런데 그 둘은 사실상 우리가 부정할 수 없는 것들이기도 하다. 이러한 모순을 아인슈타인은 아래와 같이 말한다.

이러한 딜레마의 관점에서 보면, 상대성 원리를 포기하든지, 아니면 진공에서 빛의 단순한 전파 법칙을 포기하든지 다른 방안이 없다. … 움직이는 물체와 연관된 전자기학과 광학 현상들에 대한 로렌츠(H. A. Lorentz)의 신기원을 여는 이론적 탐구에 따르면, 이러한 영역에 대한 경험이 결국은, 진공에서 빛의 속도가 일정하다는 법칙이 필연적 결론이라는, 전자기학 현상의 이론을 이끈다. 따라서 탁월한 이론물리학자라면, 상대성 원리에 모순되는 어떤 경험적 데이터가 발견되지 않았다는 사실에도 불구하고, 상대성이론을 거절할 듯싶다. … 물리적 시간과 공간의 개념에 대한 분석에 따르면, 명백히 … 상대성 원리와 빛 전파의 법칙[즉, 광속불변의 원리] 사이에 적어도 양립 불가능성이 없는 것은 아니다. 나는 이 이론을 나중에 다루게 될, 확장된 이론[일반상대성이론]과 구분하기 위해서 '특수상대성이론'이라 부른다. (pp.23-24)

아인슈타인은 그러한 모순을 해결하기 위하여 새로운 계산법을 모색하였다. 움직이는 물체와 관련된 전자기학과 광학 현상에 대해 새로운 계산법을 이미 내놓았던 학자로 로렌츠(Hendrik Antoon Lorentz, 1853-1928)가 있었다. 아인슈타인은 그의 계산법을 채용하여 둘 사이의 모순 문제를 해결하려 시도했으며, 그 결과가 바로 특수상대성이론의 수식이다. 이 이론은 서로 다르게 등속운동하는 좌표계의 상대적 운동 현상과 광속의 불변성 사이의 모순을 해결하는 수식의 제안이다. 공간의 상대성이 그러한 문제를 갖는다면, 시간에 대해서 아인슈타인은 어떠한 문제를 인식했는가?

* * *

일상적으로 그리고 뉴턴의 절대시간의 개념에 따르면, 우리의 주관적 느낌과 상관없이 일정하게 흘러가는 시간이 존재한다. 그리고 뉴턴은 물론 일상적으로 우리 모두는, 그러한 절대시간의 흐름에 따라서 일정 시간 동안 사물이 얼마나 움직였는지를 계산한 공간의 거리 이동이 현실적으로 옳다고 믿는다. 그러한 믿음에서 뉴턴은 절대시간을 전제했다. 그런데 일정하게 흐르는 시간의 개념에서, 우리는 일상적으로 동시에 확인할 수 없는 두 사건의 동시성을 말하는 경우를 가정해볼 수 있다. 예를 들어, 지금 내가 이러한 글을 쓰는 동안, 같은 시간에 먼 곳의 내 친구는 어떤 일을 하고 있을 것이다. 일상적으로 이렇게 생각하는 것이 문제될 것은 없다. 그러나 아인슈타인은 빛의 운동과 관련한 시간의 상대성에 대해서 아래와 같은 의문을 갖는다. '동시'라는 개념이 무슨 의미인가? 동시라는 것을 물리적으로 혹은 실험적으로 어떻게 보여줄 수 있는가? 만약 동시라는 개념을 실제로 확인해줄 수 없다면, 그런 개념은 물리학에서 아무런 의미도 없을 것이다.

아인슈타인은 경험주의 관점에서 그런 의문을 가졌다. 물리학자라면 동시성을 실험적으로 확인해줄 방법을 가져야 하며, 시간의 동시성을 실험적으로 규정할 수 있어야 한다. 직접 볼 수 없는 두 지역의 사건에 대해서 동시에 발생했다고 말하려 할 때, 우리가 그것을 말할 실험적 근거는 무엇인가? 누구라도 시계에 의존해서 그 시각을 측정해야 한다. 그렇지만 이것은 두 시계가 동일한 속도로 동작한다는 가정을 전제한다. 그런데 그런 것은 어떻게 보증되는가? 다른 시계에 기준해서인가? 그리고 그 기준의 시계는 또 다른 시계에 의존해서 보증되는가? 이렇게 시계로 동시성을 규정하려는 것은 끝없는 무한 퇴행 혹은 순환의 문제에 빠진다.

우리는 실험적으로 동시성을 어떻게 측정할 수 있을까? 지구에서 화성과 금성으로 각각 우주 탐사선을 보낸다고 가정해보자. 그리고 그 탐사선들이 지구로 빛 신호를 보내는 경우를 가정해보자. 그 각각의 탐사선이 지구로 보내는 빛이 지구 관측소에 동시에 도착한다면, 우리는 그것을 보고 탐사선이 동시에 신호를 보냈다고 말할 수 있을까? 그럴 수는 없다. 서로 다른 거리에서 서로 다르게 움직이는 우주선으로부터 지구로 보내는 신호의 도착 시점만으로, 각각의 우주선에서 동시에 신호를 보냈는지를 관측자가 알 수 없기 때문이다. 더구나 지구가 공전 속도 초속 30킬로미터로 움직이는 중이며, 각각의 우주선들 역시 각기 다른 방향으로 움직이는 중이다.

물론 그럴 경우라도 우리는 뉴턴의 절대공간을 고려하여, 빛의 속도에 지구와 우주선들의 속도를 더하거나 빼는 계산으로 두 우주선에서 동시에 빛 신호를 보냈는지 알 수 있다. 그런데 서로 다른 위치에 있는 두 관찰자, 예를 들어, 목성 주변의 우주선과 지구 관측소의 두 관찰자는 각각 다르게 관찰한다. 다시 말해서, 금성과 화성 근처의 두 탐사 우주선에서 각각 보내는 빛 신호가 지구의 관측소에서 동시에 도착하더라도, 목성 근처의 우주선에서는 그와 다르게 관측된다. 그러므로 우리는 절대적 동시성을 알 수 없다. 이 말이 어떤 의미인가? 시간이란 공간에 상대적이며, 공간으로부터 독립적이지 않다.

물론, 뉴턴의 절대시간을 지지하는 관점에서, 우리는 절대적으로 흐르는 시간이 존재한다고 여전히 믿는다. 그런데 이런 기대조차 버려야 한다는 문제가 발생한다. 앞서 말했듯이, 빛의 속도에 지구의 속도를 더하더라도, 빛의 속도는 언제나 일정하다는 광속불변의 원리 때문이다. 그러므로 사실상 지구의 속도에 광속을 더하거나 빼는 방식으로 우리는 동시성을 알 수도 없다. 이제 우리는 지구 중심의 기준 좌표계를 버리고, 위의 모순을 극복하고 경험적으로 시간과 공간을 어떻게 측정할 수 있을까? 다시 말해서, 어떠한 기준 좌표계와 무관하게 시간과 공간 사이의 관계를 설명할 방법은 없는가? 이러한 의문에서 아인슈타인은 "어떤 기준 좌표계에서 다른 기준 좌표계로 변경될 경우, 어떤 사건의 시간-공간을 변환해줄 명확한 변환식"(p.35)을 생각했다. 그러한 수식이 특수상대성이론이다. 아인슈타인은 그 변환식을 찾기 위해 수고할 필요는 없었다. 지구의 중심에서 광속으로 움직이는 공간 좌표계와 그와 비슷한 다른 등속운동하는 공간 좌표계 어느 쪽에서도 위에서 지적한 모순 없이 시간과 공간을 변환시켜줄 수식이 이미 있었기 때문이다. 그것은 '로렌츠 변환식'이다.

* * *

[그림 3-7]과 같이 지구의 공간 좌표계를 K로, 그리고 그 좌표계에 상대적으로 등속도 v로 움직이는 우주선 내의 공간 좌표계를 K′로 표시한다면, 로렌츠 변환식(Lorentz transformation)은 아래와 같다. (여기에서 이 수식의 유도 과정은 생략한다.)

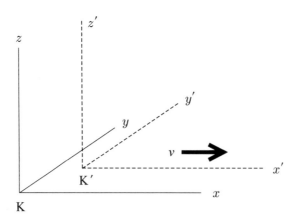

[그림 3-7] 지구의 공간 좌표계를 K로, 그리고 지구와 상대적 등속도 v로 이동하는 우주선 내의 공간 좌표계를 K′로 표시하였다.

$$x' = \frac{x - vt}{\sqrt{1 - \dfrac{v^2}{c^2}}}, \quad y' = y, \quad z' = z, \quad t' = \frac{t - \dfrac{v}{c^2}x}{\sqrt{1 - \dfrac{v^2}{c^2}}}$$

위의 변환식에 따르면, 좌표계 K와 K′ 모두에서 (진공에서의) 광속불변의 원리가 충족된다. 그럼으로써 앞에서 지적되었던 모순이 모두 해결되는 수식이다.

이때 서로 다른 좌표계가 빛의 속도로 움직인다고 가정해보자. 그러면 광속에 의해 움직인 공간적 거리는 '거리 = 광속 × 시간' 수식으로 계산된다.

$$x = ct \quad - (1)$$

따라서 위의 로렌츠 변환식에 수식 (1)을 대입하면 다음 식을 얻는다.

$$x' = \frac{(c - v)t}{\sqrt{1 - \dfrac{v^2}{c^2}}} \quad , \quad t' = \frac{(1 - \dfrac{v}{c})t}{\sqrt{1 - \dfrac{v^2}{c^2}}}$$

이 관계식에서 t 를 t' 로 대체하면 다음 식을 얻는다.

$$x' = ct' \quad - (2)$$

이제 수식 (1)과 수식 (2) 모두에서, 즉 지구의 기준 좌표계 K와 우주선의 기준 좌표계 K′ 어느 편에서도 빛의 속도 c는 동일하게 적용된다. 그럴 수밖에 없는 것은 로렌츠 변환식 자체가 이러한 결과를 보여주도록 의도적으로 유도한 수식이기 때문이다.

로렌츠 변환식이 어떤 것을 보여주는지 조금 더 구체적으로 알아보자. v의 속도로 이동하는 기준 좌표계 K′에서 만약 공간의 길이가 1이라면($x′ = 1$), 그 길이는 기준 좌표계 K에서 어떻게 계산되고 측정될까? 아래와 같이 계산된다.

$$x = \sqrt{1 - \frac{v^2}{c^2}}$$

이 수식에서 다음 의미를 알 수 있다. 기준 좌표계 K′의 속도 v가 증가하여 광속 c에 가까워질수록, $\frac{v^2}{c^2}$의 계산 값인 1에 가까워진다. 따라서 전체적으로 길이 x는 0에 가까워진다. 다시 말해서, 광속에 가깝게 움직이는 기준 좌표계에서 공간적 길이는 상대 속도에 의해 공간적 수축이 일어난다. 계산적으로 그렇게 말할 수 있다. 광속에서 어떤 공간의 길이도 0이 된다. 그렇지만 우리가 일상적으로 생활하는 사물들의 운동은 광속보다 아주 느린 속도이다. 다시 말해서, $\frac{v^2}{c^2}$의 계산 값은 0에 가깝다. 따라서 일상적으로 공간적 길이 x는 ($x′ = 1$과 마찬가지로) 그대로 1이다. (특수상대성이론에서 광속 c는 속도의 한계이다. 현실적으로 어떤 것도 광속과 동등하거나 광속보다 빠를 수 없다. 그것은 처음부터 로렌츠 변환식이 광속을 한계로 설정하고 유도했기 때문이다.)

170

그렇다면 v 속도로 이동하는 기준 좌표계 K′에서 만약 시간의 길이가 1이라면($t' = 1$), 그 시간의 길이는 기준 좌표계 K에서 아래와 같이 계산된다.

$$t = \frac{1}{\sqrt{1 - \dfrac{v^2}{c^2}}}$$

이 수식에서 다음 의미를 알아볼 수 있다. 기준 좌표계 K′의 속도 v가 증가하여 광속 c에 가까워질수록, $\dfrac{v^2}{c^2}$의 계산 값이 1에 가까워진다. 따라서 위의 수식에서 분모는 0에 가까워지므로, 전체적으로 시간은 무한대에 가까워진다. 따라서 광속에 근접한 속도로 움직이는 기준 좌표계에서 시간은 느리게 흐를 것이며, (계산적으로) 그 속도가 광속에 이르면 시간이 정지한다. 물론 우리가 생활하는 일상적 기준 좌표계에서 그 속도는 광속보다 턱없이 느리므로 시간은 그대로 1이다.

이렇게 로렌츠 변환식은 갈릴레이 상대성과 함께 광속불변의 원리를 모두 만족시키는 수식이다. 여기에서 잠시 이런 의심을 할 수 있다. 이렇게 아인슈타인의 특수상대성이론은 그 양쪽을 조화시키기 위한 변환식에 불과하므로, 사실상 실제 세계가 그러한 수식의 계산대로 존재할까? 그러나 이런 의문이 불필요한 이유는 처음부터 갈릴레이 상대성이론이 현실이며, 광속불변의 원리 또한 현실이기에 양자를 조화시키는 변환식을 얻었으므로, 특수상대성이론이 옳은지 의심하는 것은 순서가 틀렸다고 볼 수 있다. 이미 현실을 고려한 변환식이기 때문이다. 그러므로 아인슈타인은 자신의 이론을 검증하는 실험 연구가 없는 상태에서도 감히 자신의 이론이 옳다고 주장하였다.

이제 우리는 이렇게 말할 수 있다. 뉴턴 역학의 절대시간과 절대공간의 개념은 일상적 생활에서 문제가 없지만, 광속과 같이 빠른 기준 좌표계에서 옳지 않다. 이 세계의 공간과 시간은 서로 상대적 관계 속에 있으며, 일정 간격의 눈금으로 표시되는 데카르트 공간과 같은 절대적 공간이 존재하지 않는다.

이제 특수상대성이론에 따라서 물체의 운동에너지도 새롭게 바라볼 이유가 있다. 뉴턴의 고전 역학에서 운동에너지는 다음 수식으로 계산된다.

$$운동에너지 \quad E = \frac{1}{2}mv^2$$

그렇지만 상대성이론에서 v의 속도로 등속운동하는 기준 좌표계에서 운동에너지는 다음 수식으로 계산된다.

$$운동에너지 \quad E = \frac{mc^2}{\sqrt{1 - \dfrac{v^2}{c^2}}}$$

이 수식에서 다음 의미를 알아볼 수 있다. 기준 좌표계 K'의 속도 v가 광속 c에 가까워지면, 분모의 값이 0에 가까워지므로 전체 운동에너지의 크기는 무한대에 가깝게 된다. 이것을 반대로 말하면, 어떤 질량을 광속에 가깝게 운동하도록 만들려면, 무한에 가까운

에너지가 필요하다. 이런 의미에서 아인슈타인은 이렇게 말한다. "따라서 속도를 증가시키기 위해 아무리 큰 에너지를 사용한다고 하더라도 움직이는 물체의 속도는 빛의 속도 c보다 작을 수밖에 없다." 이런 배경에서 생각해보면, 인간이 시간을 거스를 수 있는 타임머신을 제작할 수 있을 거란 기대는 뭘 모르는 만화 작가들이 지어내는 허구이다. 그리고 앞서 언급했듯이, 위의 수식, 즉 빛의 속도로 움직이는 좌표계에서 얻어지는 수식, $E = mc^2$은 현대에 가장 많이 언급되는 과학 공식이다. 이 공식은 다음과 같이 변환된다.

$$m = \frac{E}{c^2}$$

이 수식의 의미에서 알 수 있듯이, 질량(m)은 에너지(E)이며 에너지는 질량이다. 뉴턴 역학에서처럼 질량은 물질이 갖는 불변의 속성이 아니며, 에너지로 변환될 수 있다. 그러므로 질량을 에너지로 변환하는 것이 원리적으로 가능하다. 다시 말해서, 물질의 질량이 감소하면서, 질량은 에너지로 변환될 수 있다. 이러한 수식이 바로 원자력 에너지가 만들어질 원리이다.

그러므로 특수상대성이론의 의미에서, 고전 역학이 가정했던 '구분하기', 즉 '질량'과 '에너지' 사이의 개념적 구분은 적용되지 않는다. 과거 과학 용어의 구분이 현대에 적용되지 않는다. (이러한 사례는, 과거 과학의 배경에서 '존재하는 무엇을 가리킨다'고 가정되었던 개념이 새로운 과학이론에 의해 수정되거나 존재하지 않는 것으로 밝혀질 수 있음을 보여준다. 한마디로, 새로운 과학이론은 옛 이론의 존재를 수정 및 제거할 수 있다. 이 주제는 16장, 17장, 그리고 4권의 23장에서 중요하게 다시 다뤄진다.)

위와 같은 이해에서, 우리는 특수상대성이론의 의미를 다음과 같이 다시 물을 수 있다. 앞서 이야기했듯이, 아인슈타인은 자신의 특수상대성이론이 경험적 검증에 문제가 없다고 생각했다. 그렇지만 우리는 위의 수식이 실제로 관측되고 실험적으로 검증될 수 있는지 여전히 물을 수는 있다. 이러한 가정적 질문에 아인슈타인은 『상대성이론』에서 간접적으로 아래와 같이 대답하였다.

체계적 이론의 관점에서 보면, 우리는 경험과학의 진화 과정을 계속 이어지는 귀납적 과정이라고 추정할 수 있다. 이론들은 진화하며, 수많은 개별 관찰문장들에 의해서 경험 법칙의 형식으로 간결하게 표현되며, 나아가서 일반 법칙들은 그 경험 법칙들에 대조하여 확신된다. 이런 방식으로, 과학의 발전은 분류 목록을 축적하는 것에 비유된다. 본질적으로 그것은 순수한 실험적 기획이다.

그러나 이러한 관점은 결코 실제 [과학의 발달] 과정 전체를 포괄하지 못한다. 왜냐하면 이런 관점은 정확한 과학의 발전 [과정]에서 직관과 연역적 사고에 의한 중요한 역할을 간과하기 때문이다. 과학이 초보 단계를 넘어서기만 하면, 곧바로 이론적 진보는 더 이상 단지 [관찰문장의] 배열 과정에 의해서만 성취되지 않는다. 그보다 연구자는, 경험적 데이터에 안내되어, 사고 체계를 발전시키며, 그 체계는 일반적으로 공리라고 불리는 적은 수의 기초 가정들로부터 논리적으로 세워진다. 우리는 그러한 사고 체계를 '이론'이라 말한다. 이론은 자신의 정당성을 많은 수의 관찰과 관련된다는 사실에서 찾으며, 바로 이것이 이론의 '진리'가 있는 곳이다. (pp.141-142)

위와 같이, 아인슈타인은 당시 지배적인 과학철학 쟁점의 핵심을 꿰고 있었고, 자신이 어떤 철학적 관점에서 어떻게 비판적으로 사고해야 하는지를 이해하고 있었다. 그는 철학의 인식론과 논리학에 능통한 '철학하는 과학자'였다. 아마도 이 책의 앞에서 다루었던 논리실증주의자의 철학적 의도를 공부하지 않았다면, 독자는 위의 아인슈타인 문장들을 읽으면서 줄마다 멈추고 천장을 올려보고 고개를 갸우뚱해야 했을 것이다.

　위의 이야기에서 아인슈타인이 바라보는 과학철학의 관점이 드러난다. 조금 쉽게 이해하도록 그의 문장을 풀어보자. 과학은 경험에 기초하여 '귀납적'으로 연구하는 분야이긴 하지만, 그러한 경험으로부터 '연역적'으로 체계적 확장과 발전을 이룬다. 특수상대성이론이 옳다는 것은 전자기의 현상에 대한 맥스웰-로렌츠 이론에서 이미 이론적으로 드러났으며, 따라서 전자기 이론을 지지하는 모든 경험적 사실이 특수상대성이론을 지지한다.

　또한 [그림 3-8]에서 보여주듯이, 1887년 있었던 마이컬슨과 몰리(Albert Abraham Michelson and Edward Morley)의 실험 역시 특수상대성이론을 지지한다. 그들의 실험은 본래 뉴턴 역학의 관점에서 지구의 운동 방향에 따라 '광속이 변화한다'는 가정을 관찰하기 위한 실험이었다. 그 실험이 이루어질 당시까지 과학자들은 태양으로부터 지구로 파동인 빛이 전달되기 위해, 그 전달 매질인 에테르가 존재한다고 가정했다. 그리고 그들은 지구가 그 에테르의 흐름을 가로질러 공전하므로 지구의 공전 방향에 따라서 빛 속도에 변화가 관측될 것이라 가정하고 실험해보았다. 하지만 그들은 그 실험에서 아무런 변화도 관측하지 못했다. 그 이유가 알려지지 않은 채, 실험은 실패로 인정되었다.

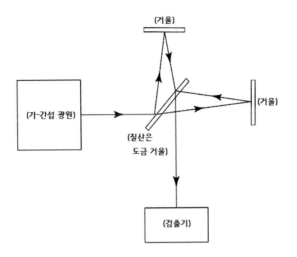

[그림 3-8] 마이컬슨과 몰리(Michelson and Morley)의 실험. 왼쪽 광원에서 빛
이 출발하여 반투명 거울을 통과시키면, 반사된 빛이 위와 오른쪽 거울로 진행하
고 다시 반사된다. 그 빛은 다시 반투명 거울에 의해서 검출기에 도달한다. 이런
간단한 장치가 에테르의 흐름에 놓인다고 가정하고, 지구가 임의 방향으로 에테
르 흐름 속에서 움직인다고 가정했을 때, 이 장치 자체를 회전시키면 아마도 에
테르 흐름의 방향이 바뀌게 되며, 따라서 검출기에 빛의 파장에 의한 간섭무늬
변화가 일어날 것으로 예측되었다. 그러나 실제 이 실험에서 전혀 그런 변화가
확인되지 않는다. 다시 말해서, 지구가 에테르의 흐름에서 공전한다는 가정을 확
인시켜줄 증거가 나타나지 않았다.

    그 실험이 실패할 수밖에 없었던 이유는 광속불변의 원리와 아인
슈타인의 특수상대성이론을 통해 설명되고 이해될 수 있었다. 또한
빛은 파동이기도 하지만 에테르 없이도 전달될 수 있는 입자이기도
하다는 것이 드러났다. 쿤이 말했듯이, 새로운 패러다임의 정상과학
은 이전 패러다임의 이론이 왜 부분적으로 옳은지는 물론, 그 이론
이 왜 대부분 실패했는지도 포괄적으로 설명해주기 때문이다.

지금까지 아인슈타인의 '특수상대성이론'(1905)의 수식을 통해서 알아보았듯이, 시간과 공간이 상대적으로 수축 또는 팽창할 수 있으며, 따라서 휘어진 비유클리드 기하학적 공간이 실제로 존재하는 공간임이 드러난다. 그러한 비유클리트 기하학적 공간은 뉴턴의 절대시간 및 절대공간이란 전제에서 이해된 세계와 다른 기하학적 공간이다. 그러므로 우리는 괴델의 불완전성 정리의 관점에서, 그리고 위의 아인슈타인의 인용에서 보았듯이, 이렇게 말할 수 있다. 어떤 학문의 체계에서 전제인 공준이 바뀌면, 그 학문의 체계 전체가 새롭게 세워질 수 있다.

■ 일반상대성이론

특수상대성이론은 모든 기준 좌표계가 등속·등방 운동, 즉 동일 방향의 상대적으로 다른 등속의 직선 이동을 고려한 변환식이다. 그렇다면 아인슈타인으로서 다음에 당연히 다음과 같은 의문을 가져야 했다. 그러한 운동 조건이 아닌 경우에는 어떻게 되는가? 즉, 기준 좌표계 K′가 등속운동이 아닌 가속운동이라면, 혹은 그 좌표계가 회전운동하는 경우라면, 시간과 공간의 변환식은 어떻게 될까? 이러한 문제에서 나오는 변환식이 아인슈타인이 2015년 발표한 '일반상대성이론'이다. 그가 일반상대성이론을 제안할 수 있었던 것은 그 이전에 그 이론의 기초가 될 수학적 도구가 마련되어 있었기 때문이다. 그것을 마련한 사람이 바로 민코프스키(Hermann Minkowski, 1864-1909)이다. 그의 변환식을 간략히 요약해보자.

우리가 앞에서 알아보았듯이, 공간과 시간은 서로 상대적이다.

따라서 시간과 공간을 하나의 연결체 혹은 연속체로 보고, 앞으로 '시·공간'이란 용어를 사용하기로 하자. 이러한 배경에서 민코프스키는 시·공간을 통합적으로 계산하는 수식을 만들었다. 그는 이 세계를 3차원 공간과 1차원 시간으로 보지 않으며, 통합적으로 4차원으로 바라본다. 즉, 공간 좌표 x, y, z와 시간 좌표 t를 하나로 통합한다. 이것이 민코프스키가 의도한 '4차원의 시·공간'이다.

이제 갈릴레이 기준 좌표계의 3차원의 공간과 1차원의 시간을 민코프스키의 4차원 시·공간으로 변환한다고 가정할 때, 일정 시·공간의 차이에는 다음과 같은 등식이 성립해야 한다. (갈릴레이 기준 좌표계 내의) 각 좌표마다의 거리와 시간의 차이 표현을 dx, dy, dz, dt라고 한다면, 이제 (4차원 시·공간 연결체 내의) 각 좌표의 거리에 대한 표현을 dx_1, dx_2, dx_3, dx_4 등으로 바꿔보자. 그러면 갈릴레이 기준 좌표계에서 두 지점의 시·공간 사이의 '거리' ds 와 4차원 시·공간 연속체 내의 거리의 관계는 각각 다음과 같이 표현된다.

$$ds^2 = dx^2 + dy^2 + dz^2 - c^2dt^2$$
$$ds^2 = dx_1^2 + dx_2^2 + dx_3^2 + dx_4^2$$

(여기에서 공간 및 시간의 간격을 제곱으로 표현하는 것은, 피타고라스 정리에 따라서 직각삼각형의 빗변의 길이와 다른 두 변의 상관관계의 표현이다. 이것을 4차원 모두에 적용한 것이다. 중학교 교육을 받았다면 누구라도 이 정도는 이해할 수 있다. 피타고라스 정리에 따라서 이렇게 1차원은 2차원으로 변환될 수 있다. 같은 방식을 확장하면 2차원은 3차원으로, 그리고 4차원은 물론 아주 많은

다차원으로 변환 가능하며, 거꾸로 높은 다차원은 낮은 차원으로 축소될 수도 있다. 이런 이야기는 뒤에서 뇌의 신경계를 해석하는 데에 유용하게 활용되며, 4권 20장에서 다뤄진다.)

위 수식과 같이, 민코프스키의 시·공간은 4차원 연속체이다. 여기에서 핵심은 시간적 요소가 공간적 요소로 바꿔 표현될 수 있다는 점에 있다. 이러한 4차원 시·공간 연속체의 수식을 로렌츠 변환과 같은 방식으로 적용하면, 두 기준 좌표계가 서로 다르게 가속운동하거나 원운동하는 경우, 상대적 시·공간이 어떻게 변환되는지 계산 가능한 수식을 얻을 수 있다. 이제 가속운동하는 좌표계에 대해서 생각해보자.

그런데 그러한 생각에 앞서 잠시 '가속도'가 무엇인지 알아보자. 그리고 가속도를 정확하게 인식하기 위해, '질량'과 '무게'의 개념적 차이 혹은 '구별 짓기'부터 알아보자. 뉴턴 역학의 관점에서 '질량'과 '무게'는 명확히 구별된다. '질량'이란 물질이 갖는 고유한 속성이며, '무게'란 지구의 중력에 의해, 즉 지구의 인력에 이끌려 아래로 당겨지는 정도이다. 쉽게 설명하자면, 우리가 시장에서 10킬로그램 무게의 쌀 한 가마니를 구입하여 스프링 저울로 측정한다면, 그것은 지구의 인력(중력)으로 눌리는 스프링의 길이에 따른 측정치이다. 만약 우주 비행사가 그것을 달로 옮겨서 다시 스프링 저울로 측정한다면, 스프링이 줄어드는 정도는 상대적으로 작다. 지구보다 작은 중력이 작용하는 달 표면에서 같은 스프링은 덜 눌리기 때문이다. 그렇지만 천칭과 같이 지렛대의 원리를 이용한 저울을 이용한다면, 지구와 달에서 동일한 양으로 측정된다. 이것이 질량이다. 이렇게 고전 역학에 따르면 무게와 질량은 명확히 구별된다.

그리고 질량과 무게는 다음과 같은 상황에서도 명확히 구별된다.

무게는 지구의 중력에 의해 수직 방향으로 이끌리는 정도이다. 그렇지만 그 방향과 무관하게 수평으로 물체를 움직일 경우, 예를 들어, 레일 위에 놓인 화물차가 0의 마찰 저항으로 움직일 경우, 우리는 어느 정도 힘을 사용해야 한다. 무거운 짐을 많이 실은 화물차일수록 움직이기 위해 더 큰 힘을 가해야만 한다. 그리고 그 화물차를 정지 상태에서 속도를 증가시킬 경우, 뉴턴 역학에서 힘과 질량 그리고 가속도의 관계는 아래와 같다.

$F($힘$) = m($관성질량$) \times a($가속도$)$

반면에 그 화물차가 경사면에 정지하려 하면 어떻게 되겠는가? 역시 화물차가 경사면 아래로 중력에 이끌려 내려가려는 것을 저지하기 위해 힘이 요구된다. 만약 경사면에 아무런 저지도 하지 않은 채 화물차를 놓아둔다면, 그것은 아래 방향으로 굴러 내려가며 점차 속도를 증가시킬 것이다. 그러한 가속도를 일으키는 것이 바로 중력이다. 지구의 중력은 물체에 직접적인 어떠한 접촉이나 끈의 연결 없이 주변의 물체를 중심으로 끌어당긴다. 이것이 어떻게 가능한가? 뉴턴은 그저 공간을 가로질러 힘이 작용한다고 말할 뿐, 그 이유를 설명하지 못했다. 그런데 현대 전자기 이론에 따르면, 자석이 물체를 물리적으로 끌어당길 수 있는 것은 그 주위에 '자기장(magnetic field)'을 만들기 때문이다. 마찬가지로 중력에 대해서도 그렇게 설명할 수 있다. 그러한 힘이 작용하는 하나의 공간적 장이 있기 때문이다. 그렇게 지구가 주위에 중력장을 형성하여 주변의 물체를 끌어당긴다고 가정하면, 중력의 힘은 다음과 같은 수식으로 표현된다.

(중력의 힘) = (중력질량) × (중력장의 세기)

위의 두 식으로부터 '가속도'는 아래와 같은 수식으로 표현된다.

$$(가속도) = \frac{(중력질량)}{(관성질량)} \times (중력장의\ 세기)$$

그런데 무게와 질량, 즉 중력질량과 관성질량이 명확히 구별되는 것인가? 만약 우리가 등속으로 움직이는 기차 내부에서 눈을 감고 의자에 앉아 있다면, 기차가 움직이고 있다는 것을 (위아래의 진동 이외에) 알 방법이 없다. 그것은 우리의 등이 눌리는 것을 느끼지 못하기 때문이다. 만약 우리가 공중에서 낙하한다면 (그리고 공기 저항이 없다고 가정한다면) 낙하하는 동안 우리는 등에 무엇이 눌리는 느낌은 전혀 갖지 못한다. 이 상태는 가속이 없는 정지 상태 혹은 등속운동 상태의 기차에 앉아 있는 것과 동일한 느낌이다. 따라서 앞서 특수상대성이론에서 살펴보았듯이, 정지 상태와 등속운동 상태는 동일하다. 그러므로 우리가 상대적으로 어느 것이 정지 상태라고 말할 기준을 갖지 못한다. 반면에 우리는 눈을 감고서도 기차의 속도가 증가하는 것을 느낄 수 있다. 그것은 의자에 등이 눌리는 느낌으로 알 수 있다. 마찬가지로 엘리베이터에 타고 눈을 감아도 올라가거나 내려가는 속도 변화를 느낄 수 있다. 이러한 근거에서 관성질량과 중력질량은 동일한 성질이다. 그리고 우리가 지구 위에서 경험하듯이 위의 수식 내에 관성질량에 대한 중력질량의 비는 모든 물체에서 동일하게 적용된다. 따라서 관성질량과 중력질량의 단위를 적당히 선택하면 그 비율을 1로 만들 수 있다.

따라서 다음과 같은 법칙을 얻게 된다. "어느 물체의 중력질량과 그 관성질량은 동일하다." 그렇다면 위의 수식에서 가속도는 곧 중력장의 세기이다. 그러므로 이러한 물체의 동일한 특성은 상황에 따라 '관성'으로 또는 '무게'로 나타난다. 결론적으로, '관성'과 '무게'는 명확히 구별되지 않는다. 따라서 이렇게 말할 수 있다. 중력장이 조성하는 '중력의 좌표계'는 '가속도 상태의 좌표계'와 동일하다. 반대로 말해서 가속도 상태의 좌표계는 중력 상태의 좌표계와 동일하다.

뉴턴 역학의 세 법칙 중 첫째 것은 '관성의 법칙'이다. 그것에 따르면, 외부의 힘이 작용하지 않는다면 물체는 정지하거나 직선 등속운동을 한다. 고전적 상대성 원리에 따라서, 즉 상대 속도의 관점에서, 사실상 정지 상태나 직선 등속운동은 동일한 상태이다. 그 기준 좌표계 내에서 우리는 운동을 느끼지 못한다. 그러므로 고전 역학과 특수상대성이론은 관성계의 기준 좌표계에 대해서만 적용된다. 그렇다면 그런 기준 좌표계를 벗어나는 운동에서는 어떤 법칙이 적용되어야 하는가? 다시 말해서, 비관성계 좌표, 즉 가속도 운동하거나 혹은 (중력장이 작용하는) 시·공간 내의 운동이 어떤 법칙으로 설명될 수 있는가?

일찍이 가우스(Johann Carl Friedrich Gauss, 1777-1855)가 이 문제를 설명해줄 기하학을 마련해놓았다. [그림 3-9]의 (a)에서 좌표계는 곡선 u와 곡선 v로 구성된 2차원 곡면을 보여준다. 그 곡면 상태에서 일정 지점에서 다른 지점까지의 거리는 그림 (b)에서처럼 다음과 같은 함수적 관계가 형성된다. $ds^2 = du^2 + dv^2$. 그런데 만약 이것을 단지 두 차원 간의 관계가 아니라 시·공간 4차원 연속체일 경우로 가정하면, 다음과 같은 수식 관계를 이루게 된다.

$$ds^2 = dx_1{}^2 + dx_2{}^2 + dx_3{}^2 + dx_4{}^2$$

(이 수식에서 x_1, x_2, x_3, x_4 등은 각각 어떤 명확한 물리적 의미를 지니지 않으며 단지 4차원을 임의로 표시할 목적에서 사용된다.)

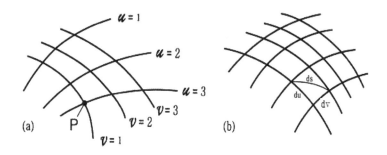

[그림 3-9] (a) 가우스의 2차원적 곡면을 보여주는 그림. (b) 두 지점 사이의 거리는 피타고라스 정리에 따라서 계산된다는 것을 보여주는 그림

이제 우리가 가우스 공간의 좌표계를 이용하여 일반상대성이론을 이해해야 하는 만큼, 여기에서는 앞선 기준 좌표계 K와 K′ 등에 대해서가 아니라, 가우스 좌표계에서 모든 운동 법칙이 동일하게 적용된다고 말해야 한다.

가우스 좌표계에서는 가속도에 의한 비관성계 공간의 원리가 중력장에 의한 비유클리드 기하학적 공간의 원리와 일치한다. 중력장의 세기가 클수록 가속도가 큰 기하학적 공간이라고 말할 수 있으며, 또한 공간적 휘어짐이 크다고 말할 수 있다. 중력장이 약할 경우 거의 유클리드 기하학 공간이 형성된다. 반면에 중력장이 강할 경우 곡률이 커지는 비유클리드 기하학 공간이 형성된다. 이러한 관점은 어떤 장점이 있는가? 뉴턴 역학은 중력의 법칙을 다음과 같은 공식으로 가정한다.

$$G = \frac{n \times m}{r^2}$$

이 수식에서 "중력의 힘은 거리의 제곱에 반비례한다."라고 표현된다. 그런데 왜 그러한가? 뉴턴은 그냥 그렇다고 가정하였다. 그러나 일반상대성이론에 따르면 '중력장'은 '가속도'와 동일한 개념이며, 그것은 가우스 좌표계의 곡률을 증가시킨다. 따라서 거리와 중력의 관계가 설명된다. 즉, 강한 중력에 대해서 행성의 운동이 어떻게 운동하는지가 설명된다. 『상대성이론』에서 아인슈타인은 이렇게 말한다.

수성 궤도에 상응하는 타원은 태양에 고정되어 있지 않다. 이 타원 궤도는 … 한 세기 당 43초씩 회전한다. … 고전 역학의 관점에서, 이 효과는, 거의 신뢰하기 어려운데도, 오직 이 문제를 해결할 목적으로 고안된 가정[즉, 보조 가설]에서만 설명될 수 있다.
일반상대성이론에 따르면, 태양 주위를 회전운동하는 모든 행성의 타원 궤도는 위의 설명 방식으로, 반드시 회전해야 한다. 즉, 수성을 제외한 다른 모든 행성의 경우, 그런 회전이 현시대에 관측 가능한 정밀도로 탐지될 수 없을 정도로 아주 작지만, 수성의 경우에 이 회전은 한 세기에 43초여야 하며, 그것은 관찰과 엄밀히 일치한다. (p.115)

마찬가지로 일반상대성이론의 전제에서 빛이 강한 중력에서 휘어지는 이유가 설명된다. 가우스 좌표계에서 최단 거리는 측지선 (geodetic line)이다. 다시 말해서 강한 중력장에서 직선이란 동일한 중력이 작용하는 위치를 연결한 곡선이다. 이것을 빛의 직선운동과 관련해서 설명하자면, 빛은 직진하는데, 다만 강한 중력장에서 나아가는 빛은 측지선을 따라 직진한다. 따라서 마치 빛이 중력에 이끌려 휘어지는 것처럼 보일 수 있다. 이런 배경에서 아인슈타인은 이렇게 말한다.

일반상대성이론으로부터 관찰에 의해 시험될 두 가지 추론이 있다. 즉, 빛이 태양의 중력장에 의해서 휜다는 것, 그리고 큰 별에서 우리에게 도달하는 광선의 스펙트럼선은, 그것을 실험적으로 (동일한 원자에서) 유사한 방식으로 발생된 광선과 비교해서, 변위 (displacement)가 있다. 일반상대성이론에서 얻은 이 추론은 모두 관측에서 확인되었다. (p.116)

일반상대성이론의 의미는 한마디로 이렇게 요약된다. [그림 3-10]과 같이, "일반상대성이론에 따르면, 공간의 기하학적 속성은 물질로부터 독립적으로 존재하지 않으며, 물질에 의해 결정된다." 따라서 이렇게 말할 수 있다. "일반상대성이론은 중력의 효과와 관성의 효과 사이의 구분을 없앤다."12) 나아가서, 물질의 밀도에 의해 형성되는 우주의 공간을 고려할 때, 우주의 모습은 구형이나 타원형과 같은 것이며, 우주는, (상식적 수준에서) 칸트가 기대했던 것처럼 무한하지 않으며, 필연적으로 유한하다.

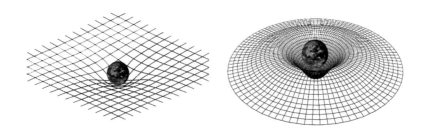

[그림 3-10] 중력에 의한 시·공간 연속체의 수축·팽창을 보여주는 가상적 그림

* * *

지금까지 살펴보았듯이, 전통적으로 과학다움을 가장 잘 보여준다고 믿어왔던 세 학문 분야들, 즉 수학, 기하학, 물리학 등의 지식에서 학문적 혁명이 일어났다. 그러한 세 분야의 과학혁명은, 철학자들이 인정하고 싶든 않든, 그들의 근본 가정을 뒤집어놓았다. 전통적으로 과학자들과 철학자들은, 그런 분야에서의 지식은 선험적으로 '자명한' 진리의 전제들로부터 연역적으로 추론되는 진리라고 믿어왔다. 이제 그런 믿음이 뒤집힌 것이다. 이로써 플라톤과 데카르트를 비롯한 과거 철학자들, 특별히 칸트가 우러러보았던 훌륭한 지식의 모습이 그 기대와 다르다는 것이 드러났다. 그렇다면 그 과학혁명은, 여전히 전통적 입장을 따르고 싶어 하는 철학자들에게 구체적으로 어떤 깨우침을 주었을까?

사실 여전히 전통적 믿음에 매달리는 철학자들이 적지 않으며, 그들은 자신들에게 어떤 실망이 왜 생겼는지조차 인식하지 못한다. 그런 무지는 그들이 그러한 과학혁명을 아직 모르고 있거나, 의도적으로 외면하기 때문이다. 그들은 자신들의 기초 가정 및 믿음이 기대와 다르다는 것이 드러날까 두려운 것일까? 어쩌면 그들의 두려움은 갈릴레이의 혁명적 발견에서 바티칸이 가졌던 두려움과 비슷한 심리 증상일 수 있다. 이제 그러한 과학혁명이 이후 어떤 철학적 의미를 던져주었는지 정리해보자.

첫째, 그러한 과학혁명에 따라서 우리는 데카르트 기계론을 더는 신뢰하거나 추종하기 어렵게 되었다. 우리가 기계론의 환원주의를 심리적으로 여전히 믿더라도, 이제는 분명히 그런 믿음을 버려야 한다. 논리적으로 구성한 과학 및 학문의 어떤 체계라도 근본적으로 완결성을 갖지 못하기 때문이다.

둘째, 결정적으로 칸트가 보았던 '선험적 종합판단'의 지식은 더는 인정되기 어려워졌다. 인간은 선험적으로, 즉 이성적 사고만으로 (틀릴 수 없는) 필연적 진리를 확장할 수 없다. 그리고 어느 지식이 선험적으로 연구된다는 이유로 그것이 필연적 참일 수 있다고 더는 기대할 수 없다.

셋째, 경험주의 철학자들이 귀납추론을 정당화하려던 기대와 노력이 부질없다는 것이 드러났다. 경험주의를 주장했던 여러 학자들, 특히 논리실증주의자들은 우리가 경험 및 관찰로부터 보편 개념 혹은 일반화를 어떻게 정당화시킬 수 있을지 고심하였다. 그러나 그러한 정당화는 엄밀한 이성적 연역 체계화를 통해서 얻으려 했다는 측면에서 실패될 수밖에 없는 것이었다. (왜 그러한지 좀 더 자세한 설명은 17장의 콰인의 이야기에서 살펴보겠다.)

이렇게 세 분야에서 일어났던 과학혁명의 의미를 정리하면서, 다음 질문을 하게 된다. 그렇다면 이제 우리는 과학 연구를 통해서 진리에 도달할 수 없다는 것인가? 철학은 어떠한가? 역시 진리에

도달할 수 없는가? 만약 그러하다면, 앞으로 과학자와 철학자는 무엇을 어디까지 기대하고 연구해야 하는가? 이러한 질문과 대답을 시도하였던 '과학하는 철학자'로 미국의 프래그머티즘 철학자들이 특별하다.

오늘날 한국에서 과학의 창의성을 위해 인문학적 상상력 혹은 인문학적 소양이 필요하다고 많은 사람들이 말하곤 한다. 그런데 그러면서도 구체적으로 어떤 인문학적 소양이 필요하다는 것인지 거의 말이 없다. 한국에서 인문학에 관심이 높아진 것은 좋은 일이지만, 그러한 관심은 약간 엉뚱한 길로 들어서고 말았다. 그러한 관심은, 애플 회사의 창업자 스티브 잡스가 "애플의 아이디어는 기술(technology)과 교양(liberal art)의 교차로에서 나온다."라고 말한 것을, 누군가 "애플의 아이디어는 기술과 인문학의 교차로에서 나온다."라고 번역함으로써 발생하였다. 미국에서 일컬어지는 교양 교육은 한국에서 가리키는 인문학만이 아니라 과학기술 교육을 포함한다.

16 장

철학의 혁명, 프래그머티즘

순수한 논리적 추론이 [철학 연구의] 전부가 아니다. … 발견을
위한 첫 단계는, 당신이 이미 아는 것이 만족스럽지 않음을 인
식하는 데에 있다.

_ 퍼스

    현대 과학의 혁명적 성과에 따라 새로운 철학은 1870년대 미국
에서 '프래그머티즘(pragmatism)'으로 나타났다. '프래그머티즘'은
한국에서 일반적으로 '실용주의'로 번역된다. 아마도 일본에서 먼
저 한자어로 그렇게 번역되었을 것이다. 그런데 그 번역어가 프래
그머티즘의 정확한 의미를 전달하기에 너무 부족하여 오해를 키울
여지가 있다. 어떻게 그러한가?

    위키백과에서는 프래그머티즘을 다음과 같이 소개하고 있다. 프
래그머티즘의 발생은 지금까지 살펴보았던 근대 과학적 사고와 미
국 청교도 신념을 조화시키려는 학자들의 모임 '형이상학 클럽
(metaphysical club)'에서 시작되었다. 그 모임에서 철학 분야는 물
론, 자연과학, 법학, 역사학, 신학, 심리학 등 여러 분야의 사람들은
미국에 필요한 새로운 가치를 찾으려 하였다. 그들은 당시 유행하

던 유럽 철학을 공부한 배경을 가지고 있었으며, 특별히 독일 관념론을 공부하였다. 그러나 그들은 그것이 자신들의 사회를 위한 좋은 사상이라고 생각하지 않았다. 그들은 관념철학이 실질적으로 유용하지 않다고 생각하였고, 그보다 오히려 영국 경험론 및 과학주의에 가깝게 다가서려 하였다.

미국의 프래그머티즘 철학자 윌리엄 제임스는 새로운 진리론 즉 '프래그머티즘 진리론'을 정립하였다. 그에 따르면, 우리 관념의 참/거짓은 '실생활에서' 어떠한 실천적 효과를 가지는지에 따라서 결정되어야 한다. 어떤 관념 혹은 생각의 진리 여부는 그것이 실제 삶에 유효하다고 확인되는지, 혹은 삶을 유용하게 안내하는지에 달려 있다.

실용주의 철학자 존 듀이에 따르면, 우리의 모든 관념 혹은 철학적 사상은 현실 문제를 해결하기 위한 도구이다. 인간 역시 자연환경에서 살아가는 동물이다. 그리고 그 환경을 극복하기 위한 인간의 위대한 창조물이 바로 과학이며 철학 사상이다. 그러한 지성을 통해 우리는 미래를 예측하고 행동할 수 있어서, 생활에 적응하여 살아갈 수 있다. 그러므로 과학이론과 사상은 모두 인간의 미래 삶에 유용한 일종의 도구이다. 그리고 그러한 도구가 실질적 유용성을 지니는지는 실험적으로 확인할 수 있다. 이러한 배경에서 프래그머티즘은 '도구주의(instrumentalism)' 혹은 '실험주의(experimentalism)'로도 불린다. 또한 프래그머티즘은 실생활에 얼마나 유용한지 혹은 얼마나 유익한지를 고려하는 '공리주의'처럼 이해되기도 한다.

이렇게 위키백과에서 제공하는 프래그머티즘에 관한 설명은 그것을 '실용주의'로 번역하는 것이 정당한 것처럼 보이게 만든다. 그리고 그러한 프래그머티즘의 철학 사상은 엄밀한 철학적 논증이나 깊은 철학적 성찰을 보여주지 못하는 것처럼 이해될 수 있다. 한마디로 경솔한 철학 사상처럼 보일 수 있다. 그러나 앞으로 살펴보겠지만, 프래그머티즘을 그렇게 가볍게 보는 것은 오해이며, 그것의 철학적 깊이와 진지함을 보지 못하게 만든다. 그러한 측면에서 이 책은 영어 그대로 '프래그머티즘'으로 부르겠다.13)

프래그머티즘 철학은 미국인의 삶의 가치관과 사유 방식을 안내하며, 따라서 그들의 사고방식과 문제 해결 방법을 안내한다. 한마디로 프래그머티즘은 미국인의 문화, 경제 등을 지배한다. 더구나 그 사상은 지금 21세기 세계 철학의 흐름을 주도한다. 그러한 현실을 고려해볼 때, 한국인도 프래그머티즘에 가까이 다가가서 알아볼 필요가 있다. 그러므로 프래그머티즘이 어떠한 전통 철학에 대한 어떤 반성에서 나왔는지, 특히 과학에 대한 어떤 철학적 성찰에서 나왔는지도 알아보자. 미국 프래그머티즘의 선구자 철학자들로는 찰스 샌더스 퍼스(Charles Sanders Peirce, 1839-1914), 윌리엄 제임스(William James, 1842-1910), 존 듀이(John Dewey, 1859-1952), 데이비드 루이스(David Kellogg Lewis, 1941-2001) 등을 꼽을 수 있다. 그리고 그 사상을 더욱 발전시킨 철학자로 윌러드 밴 오먼 콰인(Willard Van Orman Quine, 1908-2000)이 있고, 이후 새롭게 발전시킨 철학자로 힐러리 퍼트남(Hilary Whitehall Putnam 1926-2016), 리처드 로티(Richard McKay Rorty 1931-2007) 등이 있다. 이 책은 과학과 철학의 관계를 살펴보려는 의도를 가지므로, 프래그머티즘의 창시자인 퍼스, 그리고 선구자로 제임스, 듀이 등을 알아본 후, 다음 장에서 그 사상을 인식론적으로 성숙시킨 콰인을 알아보자.

■ 새로운 철학(퍼스)

미국의 프래그머티즘의 시작은 조금 시대를 거슬러 올라가 1800년대 후반부터 이야기해야 한다. 프래그머티즘의 창시자 찰스 샌더스 퍼스(Charles Sanders Peirce, 1839-1914)는 미국 매사추세츠 주의 케임브리지 지역 출신이다. 그의 부친 벤저민 퍼스(Benjamin Peirce)는 하버드 대학의 천문학 및 수학 교수였다. 찰스 퍼스는 프래그머티즘 철학의 창시자이지만, 철학 외에 다양한 분야를 공부했으며 다양한 분야의 전문가로 활동한 이력도 있다. 그는 출판을 의도하고 저술하였지만, 그의 저작은 그의 사후에 하버드 대학이 원고를 정리함으로써 출판될 수 있었다. 저스터스 부클러(Justus Buchler, 1914-1991)는 퍼스의 원고를 선별적으로 요약하여 《퍼스의 철학적 글(Philosophical Writings of Peirce)》(1955)을 펴냈다. 그 책에서 퍼스는 훗날 출판될 것을 염두에 두고 자신을 이렇게 소개한다.

퍼스는 하버드에서 화학을 전공하였지만, 수학, 중력, 과학, 천문, 기타 분야에 종사하였다. 그는 1859년부터 미국해안측량국에서 일하였으며, 1867년 미국 예술 및 과학 아카데미의 연구원으로 선출되어 일식을 관측하러 유럽에 여러 번 다녀왔고, 1869년 이후 하버드 천문관측소에서 별과 은하수를 연구했다. 1877년에 국립과학 아카데미의 연구원이 되었고, 1879년에는 존스홉킨스 대학 철학과에서 논리학을 강의하기 시작했다. 그러한 다양한 경력의 배경에서 그가 밝히는 프래그머티즘을 주장한 동기 혹은 계기가 무엇인지 궁금해진다.[14)]

그가 '프래그머티즘'이란 철학을 제안한 것은 당시 지배적이었던 전통 철학에 대한 반성과 비판적 태도에서 비롯되었다. 전통적으로 철학은 과학과 그 탐구 목적이 다르며, 따라서 과학과 다른 태도와 방식으로 연구되어야 한다는 믿음이 있었다. 특히 칸트가 '자연적 태도'와 '철학적 태도'를 명확히 구분한 이후 철학자들은 철학의 연구 방법은 '반성 혹은 성찰', 즉 선험적 탐구여야 한다고 믿어왔다. 그런 영향으로 대부분의 철학자는 철학 연구에서 경험과학을 끌어들일 필요가 없다는 생각에 사로잡혔다. 그러나 퍼스는 그러한 태도에 정면으로 맞선다. 그의 입장에 따르면, 그런 태도는 실질적으로 효과적인 철학의 목적을 달성하는 데 도움이 되지 못한다. 더 정확히 말해서, 원리적으로 그 목적을 달성할 수 없다. 그의 그러한 생각은, 좋은 판단에 이르려면 "순수한 논리적 추론이 [철학 연구의] 전부가 아니다."라는 인식에서 나온다.

그의 철학적(과학철학적) 탐구 태도는 (철학을 포함하여) 다양한 분야의 과학 연구 방법에 대한 반성에서 나왔다. 그는 주로 '과학의 연구 방법'에 관해 40여 년간 연구했다. 물리학과 화학 등의 발달사를 공부하면서, 초기에 그는 '가장 엄밀한 과학의 방법'을 찾고 싶어 했다. 처음에 그는 전통 과학철학자들처럼 과학의 엄밀한 탐구 방법으로 기계론적 구성과 논리실증주의의 방법에서 답을 찾을 수 있다고 기대하기도 하였다.

그러한 기대에서 그는 많은 시간을 중세 사상 공부에도 투자하였고, 그리스, 영국, 독일, 프랑스 등의 철학 저작들도 공부하였다. 특별히 그는 논리학 공부를 열심히 하였다. 그러한 이유에서 그는 스스로 연역논리와 귀납논리를 체계화시켜보기도 하였고, 자신의 형이상학적 체계도 세워보았다. 또한 독일 철학자들이 생각하는 방식에 심취하기도 하였다. 그러나 그는 그러한 연구에서 새로운 깨달음을 얻지는 못했다. 그 철학자들은 마치 신학 세미나에서나 있을 법한 '오류 가능하지 않은 진리'를 붙들고 씨름하였기 때문이다. 그가 보기에 "과거의 형이상학 논증들은 모두 헛소리였다." 심지어 그는 칸트의 『순수이성비판』을 하루 2시간씩 3년 동안 공부하고, 그것을 비판적으로 검토해보았다. 그는 영국 철학도 공부했으나, 그 발상이 빈약하고 조야하다고 보았다. '관념의 연합'이라는 로크와 흄의 교설이 나름 정교한 철학적 성과물이었지만, 그러한 감각주의 (sensationalism)가 철학적 기초를 명확히 제공하지는 못하기 때문이다. 또한 퍼스는 진화론을 받아들였지만, 당시의 진화론에 기초한 철학자들에게서도 거의 배울 것은 없었다.

다만 그는 스코틀랜드 출신의 스콜라 철학자 둔스 스코투스 (Duns Scotus, 1265/66-1308)의 저작에서 강한 영향을 받았으며, 그로부터 물리학과 철학이 조화를 이루도록 해야 한다는 확신을 얻었다. 그나마 그가 좋아하는 영국 사상가는 존 스튜어트 밀(John Stuart Mill, 1806-1873)이었다. 전통적인 여러 사상가로부터 그가 찾고 싶어 했던 것은 이러했다. "내가 할 수 있는 최선은, 매우 높은 가능성으로, 일반적으로 과학적 사고의 성장과 일치하는, 그리고 미래의 관찰자들에 의해 검증되고 논박될 수 있는, 하나의 가설을 제안하는 것이다."(*Philosophical Writings of Peirce*, p.2) 이렇게 프래그머티즘 사상은 과학에 대한 철학적 성찰에서 나왔다.

* * *

퍼스가 자신의 철학을 전통의 것과 구분하여 '프래그머티즘'이라 이름 붙였던 것은, 그가 전통의 철학적 태도를 반대했기 때문이다. 그는 구체적으로 전통 철학의 무엇에 반대하였는가? 전통적으로 철학자들은 진리를 추구해왔으며, 진리란 시간적으로 그리고 공간적으로 불변의 지식을 의미했다. 그러나 그가 보기에 그러한 가정 자체가 과학의 발달 혹은 과학의 진보라는 측면에서 부정된다. 앞으로도 과학이 진보한다고 추정해볼 때, 누구도 현재의 과학 지식을 그러한 진리로 장담할 수 없다. 사실 이런 생각에 현대 대부분의 일반인조차 동의할 것이다. 다만 고색창연한 철학자들만이 지금도 과거의 가정에서 불변의 진리를 찾아야 한다고 고집한다. 그러므로 퍼스가 내세우는 사상은 다른 이름으로, '오류가능주의(fallibilism)'이다. 그의 입장에 따르면, 우리가 새로운 발견으로 나가는 첫걸음은 자기 생각이 오류일 수 있다는 회의적 혹은 비판적 사고를 통해 촉발된다. "발견을 위한 첫 단계는, 당신이 이미 아는 것이 만족스럽지 않음을 인식하는 데에 있다." 사실 이런 인식은 전통 철학자들이 가졌던 비판적 태도이며, 이런 태도는 발견을 유도하는 질문을 낳았다. 그렇지만 퍼스가 보기에, 당시까지 실제 철학을 탐구하는 대부분 철학자는 그것을 스스로 부정하고 있었다.

이러한 퍼스의 입장은 칸트에 대한 비판적 검토에서 나온다. 앞서 알아보았듯이, 칸트는 '내성적 반성 혹은 성찰'만으로 절대 확실성에 이를 수 있다고 전제하며, 따라서 철학은 반성적 연구여야 한다고 주장했다. 그러나 퍼스의 입장에 따르면, 우리의 내적 세계에 대한 모든 지식과 추론은 외부 세계에서 습득한 가설적 추론에 의존한다. 그러므로 우리가 내성적 성찰에 따른 논리적 사고만으로 절대 진리에 이를 수 있다는 신념이란 헛된 기대와 믿음이며, 내성적 성찰에서 우리가 신뢰할 만한 것을 얻기란 어렵다.

또한 칸트는 우리가 내성적 성찰을 '직관적으로' 할 수 있다고 보았다. 그러나 퍼스에 따르면, 우리의 모든 심적 활동은 추론적이며, 어떤 직관도 앞선 인지에 의존하는 논리적 추론으로 결정된다. 그러므로 우리의 직관적 능력 역시 그다지 기대할 만한 것이 못 된다. 또한 칸트에 따르면, 우리는 지적 한계를 가져서 세계의 절대적 실재에 접근할 수 없으며, 시공간이란 감성(감각)의 형식을 넘어서는 어떤 것들도 알 수 없다. 퍼스는 이러한 칸트의 생각에도 반대한다. 퍼스에 따르면, 처음부터 그렇게 절대적 확실성이나 절대적 존재에 접근할 수 있다거나 없다는 식으로 가정하는 것은 학문적 탐구자가 가질 자세가 아니다. 그런 만큼 그는 그러한 확실성과 존재를 탐구하려 하지 않는다. 그런 점에서 칸트식 탐구란 처음부터 불필요한 이야기일 뿐이다.

퍼스가 이렇게 철학의 순수한 내적 성찰 및 논리적 사고와 직관의 힘을 회의적으로 바라보는 것은 앞선 철학자들의 사상에 대한 비판적 사고에서 비롯되었으며, 과학사를 연구한 결과이다. 그는 중세 이후의 무수한 논리학 혹은 추론에 관한 저술을 검토해보았다. 그런데 그런 저술이 담고 있는 추론의 기초 원리들이란 이성적으로 혹은 권위에 호소한 주장들일 뿐이었다. 그가 보기에 이성에 근거한다는 것 역시 궁극적으로 권위에 근거하는 것이다. 그의 연구에 따르면 일찍이 이러한 철학적 태도를 경계해야 한다는 학자들이 있었다.

13세기 중엽 과학자이자 철학자이고 종교인(수도사)인 로저 베이컨(Roger Bacon, 1219/1220-1292)에 따르면, 추론을 연구함에 있어 종교적 개념 혹은 권위는 진리 탐구에 장애일 뿐이다. 그로부터 4세기 후, (이 책 2권에서 알아보았듯이) 과학자이자 철학자인 프랜시스 베이컨(Francis Bacon, 1561-1626)은 『신기관』에서 경험을 통한 검증을 강조하였다. 그러면서 그는 네 가지 우상에 따른 오류를 범하지 말라는 지침을 남겼다. 그중 '극장의 우상'을 갖지 말라는, 즉 '권위에 호소하는 오류'를 범하지 말라는 지침이 있었다. 또한 영국의 생리학자 하비(William Harvey, 1578-1657) 역시 과학자들이 권위보다 경험적으로 연구할 것을 충고하였다. 케플러는 기존의 학설에 반대하는 증거들을 모으고, 당시의 권위적 학설이 틀릴 수 있다는 의심에서 새로운 가설로 천체의 타원 궤도를 제안하였다. 그의 가설은 기존의 학설 입장에서 비합리적이며 비논리적인 추론으로 보일 수 있었지만, 훗날 결국 옳았음이 드러났다. 라부아지에 역시 독서하고 기도하는 방식이 아니라, 실제 실험 도구를 만들어 보고 조작해보는 실험적 방식으로 추론하려 하였다. 퍼스의 시대에, 독일의 물리학자이며 수학자인 루돌프 클라우지우스(Rudolf Julius Emanuel Clausius, 1822-1888)는 실험적 연구를 통해서 '열역학 제1법칙'과 '제2법칙'을 발견하고 '엔트로피' 개념을 내놓았으며, 스코틀랜드의 수리물리학자인 맥스웰은 기체 분자가 임의 환경에서 어떤 속도를 가지는지를 '확률적으로' 예측하였고, 기체의 열역학적 특성을 추론하였다. 그리고 찰스 다윈(Charles Robert Darwin, 1809-1882)은 생물학에 통계적 방법을 적용하였고, 진화 연구에서 '권위에 의한 이성적 추론'을 멀리하였다. 퍼스는 그러한 과학자들을 열거하면서, 철학적으로 무엇을 말하고 싶어 했는가? 그리고 자신의 철학을 어떻게 탐구해야 한다고 생각했는가?

퍼스에 따르면, 우리가 추론하는 목적은 '이미 아는 것'으로부터 '아직 모르는 무언가'를 발견하기 위함이다. 그렇게 발견하려면, 우리의 추론에서 참인 전제로부터 참인 결론을 유도해야 한다. 그러므로 추론의 타당성(validity) 문제는 순수한 논리적 사유나 순수한 반성적 성찰만의 문제가 아니며, 우리는 추론함에 있어서 사실(경험)에 의존해야 한다. 물론 우리는 매우 논리적인 동물이긴 하다. 그렇지만 우리는 완벽한 논리를 수행하지 못한다. 진화의 자연선택이 인간에게 오류 없는 완벽한 추론 능력을 부여해주지 않았으며, 그래야 할 합리적 이유도 없기 때문이다. 흄이 이야기했듯이, 임의 전제로부터 어떤 결론을 추론하는 것은, 그것이 관습적이든 경험적이든, 마음의 '습관'에 의한 것일 뿐이다.

그러므로 퍼스는 '지식(knowledge)'을 말하기보다 '믿음(belief)'을 말한다. 우리의 실천적 행동이란 불변의 '지식'으로부터 나오지 않으며, 틀릴 가능성의 '믿음'에서 나온다. 우리는 어떤 '믿음'에서, 무엇을 하려 '열망'하고, '행동'한다. 그러므로 믿음이란 우리의 행동을 결정해주는 습관과 같다. 그리고 우리가 만약 무엇에 믿음을 갖지 못할 경우, 그것을 의심하게 되어, 그것을 탐구할 계기를 가진다. 그것은 의심이 우리를 불안하게 만들기 때문이다. 철학자들이 지금까지 가졌던 회의적 태도가 어떻게든 창의성을 유도하는가? 그는 대답한다. "의심을 일으키는 것이 … 탐구를 유도한다."(p.10)

그러면 틀릴 가능성을 의심하면서도 우리가 어떤 믿음을 갖는 것 혹은 가질 수 있는 것을 그는 어떻게 설명할까? 그에 따르면 우리가 어떤 믿음에 정착하는 방식은 다음 네 가지로 분류된다. 첫째, '고집의 방식', 둘째, '권위의 방식', 셋째, '선험적 방식', 넷째, '과학의 방식'이다. 앞의 세 가지 믿음의 방식은 모두 우리의 실천에 도움이 되지 않으며, 오히려 우리를 압박하는 방식이다. 반면에 과학의 방식은 우리가 실재(reality)란 개념을 가정하게 만든다. 그럼으로써 우리가 경험하고, 그 경험에 따라서 자율적으로 추론하도록 유도한다. 따라서 우리는 모든 분야에서 그리고 모든 측면에서 과학적으로 사고해야 한다. 철학에서조차 그러해야 한다.

* * *

　그렇게 퍼스는 과학에 대한 탐색을 통해서 철학을 어떻게 연구해야 하는지를 고려하였다. 철학이 과학에 관한 연구이기 때문이다. 앞서 1권에서 알아보았듯이, 전통적으로 철학의 명칭인 '형이상학' 즉 '메타피직(Metaphysics)'이란 '자연학을 넘어선 탐구'라는 의미이며, 철학은 '과학 위에서 과학을 원리적으로 연구하는 분야'를 의미해왔다. 그러므로 철학자들은 과학보다 차원이 높은 '메타 수준'의 연구라고 당연히 가정해왔으며, 그러한 철학을 (우쭐거림의 의미를 담아서) '제1철학'이라고 칭했다. 그러나 퍼스는 말한다. "어떤 제1철학도 없다." 이 말은 철학이 모든 다른 과학 혹은 학문 위에 있지 않다는 의미이다. 전통적으로 철학자들은, 철학은 과학과 달리 오류 가능하지 않은 선험적 진리를 탐구하지만, 경험과학은 과학사 연구가 말해주듯이 오류 가능하다고 믿었다. 그러나 이제 그렇지 않다고 인식되는 만큼, 철학자들도 겸허한 자세로 탐구하는 태도를 가질 필요가 있다. 이러한 관점에서 퍼스는 철학을 과학적으로 사고하자고 주장한다. 그러한 주장은, 칸트는 물론 칸트 철학 태도를 계승하는 대부분의 철학자의 연구 태도를 정면으로 부정한다. 그 새로운 철학적 태도는 철학 연구에 경험과학의 증거를 끌어들이자고 주장하기 때문이다. 이런 새로운 철학 태도는 '자연주의 철학(naturalistic philosophy)' 혹은 '철학적 자연주의(philosophical naturalism)'라고 불린다.

　또한 퍼스는 세상 사람들을 셋으로 나누면서 과학적 인간을 추켜올린다. 그의 분류에 따르면, 첫째로, 새로운 느낌을 창의적으로 표현하려는 '예술가'가 있고, 둘째로, 실질적 이득을 중요하게 여기는 '사업가'가 있으며, 셋째로, 이성을 중요하게 여기며 규칙을 찾는 사람이 있다. 그중 셋째 부류의 인간이 만약 배움과 교육에 관심을 기울이면서도 자신이 완전하지 않다고 인식한다면, 자기 조절에 관심을 기울이기 마련이다. 바로 그런 사람이 자연과학에 관심을 갖는다.

퍼스가 이렇게 셋으로 사람들을 나누는 것은, 피타고라스가 경기장의 사람들을 세 부류로 나누었다는 이야기와 겹쳐진다. 지금의 이익이나 명예보다 세상의 원리를 알고 싶어 하며, 그 자체를 즐기는 자가 바로 '지혜를 사랑하는 사람'이란 의미에서 '철학자(philosopher)'이다.

퍼스의 입장에 따르면, 배움을 사랑하는 사람은 과학적인 사람이며, 그런 사람은 더욱 가치 있는 앎을 추구하기 위해 비판적으로 사고한다. 만약 배움에 열정을 불태우고, 자기 생각을 실험 결과와 비교하면서 수정할 준비가 되어 있다면, 그는 '과학적 인간'이다. 그러므로 "진정으로 과학적인 사람은 지금의 이익보다, 자연을 알고 싶어 한다."

과학적인 사람을 퍼스는 아래와 같이 예찬한다. "열성적으로 진리를 알고 싶은 사람이라면, 그의 우선적 목적은 그러한 진리가 무엇일지부터 상상해야 한다."(p.43) 물론 자연을 바라보면서도 과학적 연구에 전혀 쓸모없는 상상을 하는 사람이 있을 수 있다. 그것은 "단지 소득을 얻을 기회를 꿈꾸는 상상이 그러하다. 과학적 상상이란 설명과 법칙을 꿈꾼다. … 과학적인 사람은 … 진리를 사랑하는 사람이며, 따라서 그런 사람은 정직하지 않을 수 없는, 공정한 사람이다. … 전체적으로 과학적인 사람은 지금까지 최고의 사람이었다. 따라서 마땅히 젊은이가 과학적인 사람으로 발전하려 한다면, 좋은 태도를 갖춘 사람이어야 한다."(pp.43-44) (여기에서 그가 말하려는 진리는 전통적 의미의 진리가 아니라 프래그머티즘의 진리이다.)

그의 주장에 따르면, 이러한 과학적인 사람이 자연의 원리를 알려고 하지만, 궁극적으로 자연을 이해하려면 철학자가 되어야 한다. "인간이 우주에 관해 물어야 할 제1의 질문은 마땅히 가장 일반적이고 추상적인 물음이다. … 그러한 질문은 대답하기 가장 어려운 질문이다. … 이러한 문제로 나는 내 철학을 하게 되었다."(p.45) 퍼스는 모든 과학 중 가장 추상적인 분야는 수학이라고 말한다. 수학은 순수한 가설적 질문들을 다루기 때문이다. 그런데 그러한 추상적 수학에 대해서도 더욱 궁극적인 질문이 있다. 그것이 철학적 질문이다. 그가 고심했던 수학에서, 더 정확히 말해서, 기하학에서 궁극의 철학적 질문은 '평행선의 공준'과 관련한다.

앞서 2권에서 살펴보았듯이, 유클리드 기하학은 자명하다고 가정되는 다섯 공준으로부터 연역적으로 구성하는 체계이다. 그런데 퍼스가 보기에 유클리드 기하학의 다섯 번째 평행선의 공준은 결코 관찰로부터 유도되지 않는다. 따라서 검증되지 않은 가정이다. 그러므로 그러한 가정으로부터 유도되는 모든 유클리드 기하학의 지식은 결코 진리라고 인정될 수 없다. 앞서 살펴보았듯이, 당시 가우스를 비롯한 일부 학자들을 통해서 알려진 평행선 공준의 철학적 문제를 퍼스는 이해하였다. 가우스처럼 퍼스도 측량 업무에 종사한 경력이 있다. 그 일에서 그들은 휘어진 지구 표면을 측정하고 그것을 평면의 종이에 옮기다 보면, 종이 위에 그려진 지형이 실제와 일치할 수 없다는 것을 잘 인식하기 마련이다. 그런 인식은 그들에게 유클리드 기하학 공간을 비판적으로 검토하게 만든다. 퍼스가 보기에 많은 수학자들은 이전까지 유클리드 기하학 공준의 진리 여부를 의심하지 않았다. 그 점에서 철학자들도 같았다. 그러므로 수학에서의 초기 성공은 '긍정적 과학 연구'라는 잘못된 형이상학의 길로 안내했다. 왜냐하면 수학에서의 성공으로 인하여, 수학에 관심을 둔 철학자들은 경험 없이도 성찰만으로 진리를 얻을 수 있다고 확신했기 때문이다.

그로 인해서 철학자들은 내적 성찰의 힘을 확신하였고, 그로 인한 추론의 결과를 절대적으로 확신하였으며, '선험적 이성(a priori reason)'과 '양심적 신념(conscience)'을 혼동하게 되었다. 그런 사람들은 순수성과 고결함의 문제를 합리화하기 시작했으며, 순수성과 완전무결함이 경험과학에 어울리지 않는 것으로 보기 시작했다. 더욱 나쁜 것은, 그런 사람들은, 행동을 안내해주는 경험과학은 더는 순수 학문이 아니며 실천적 목적을 위한 도구에 불과하다고 폄훼하였고, 개연적 추론을 낳을 뿐이라고 경멸했다. 그리고 그들은 '행동(실천)에 적용되는' 명제를 모두 '근거 없는' 것으로 취급하였다.

이러한 퍼스의 지적으로 추정해보자면, 바로 그러한 맥락에서 오늘날까지 철학자 중 경험과학에 근거한 철학적 논의를 경멸하거나 낮춰보는 경향이 적지 않다. 그런 경향은 철학자의 눈을 멀게 만들기 쉽다. 우리는 특별하고 복잡한 분야에서 문제 해결을 위한 추론을 해야 할 경우, 경험 많은 전문가에게 의존한다. 우리가 그렇다는 것은 추론이 순수 논리적(선험적)일 수 없다는 것을 함의한다. 그것은, 내성적 성찰에만 의존해서 철학을 연구하자는 철학자들이 결코 세계의 진리에 접근할 수 없다는 것을 의미한다.

반면에, 퍼스에 따르면, 과학 정신은 언제나 자신의 수많은 믿음을, 그것이 경험에 어긋나는 것들이라면, 내버릴 준비가 되어 있다.

배움에 대한 열망은 자신이 이미 아는 것들을 완벽히 신뢰하지 않도록 자극한다. 그러므로 '긍정적인 과학 정신'은, 오직 경험에 근거하면서도 경험이 절대적 확실성, 엄밀성, 필연성, 보편성 등을 제공하지 않는다고 믿게 만든다. 실제로 지금까지 과학은, 그것이 어떤 권위적 지침에 따른 연구 결과일 경우, 흔히 무너지고 말았다. 앞서 살펴보았듯이, 특히 귀납추론을 엄밀히 정당화할 수 있다는 모든 철학적 노력은 막다른 골목에 이르고 말았다.

그것은 진화론에 비추어보더라도 인정된다. 퍼스에 따르면, "진화론은 일반적으로 역사에 대해, 특별히 과학사에 밝은 빛을 비춘다. … 반면에 일반적으로 역사의 진화, 특별히 과학의 진화도 진화론에 밝은 빛을 비춘다."(pp.48-49) 그가 파악하는 대표적인 진화론은 세 가지이다. 첫째는 '다윈 진화론'이며, 둘째는 '라마르크 진화론'이고, 셋째는 환경의 급작스러운 변화에 따른 적자생존으로 일어나는 진화를 주장하는 '대변혁 진화론'이다. 그가 보기에 라마르크 진화론은 아주 조금씩 연속적인 개체의 변이에 따른 진화를 주장한다. 그리고 그런 개체 변이는 개체들의 개별 노력으로 가능하다. 그러나 그러한 진화론은 과학이 진보하는 방식을 설명해주지 못한다. 왜냐하면 과학은 도약하는 방식으로 발전하기 때문이다. 과학의 도약은 새로운 발견이 이루어짐으로써, 그리고 관찰을 새롭게 추론함으로써 이루어진다. 그리고 과학의 새로운 추론 방식은 새로운 관찰 수단인 과학기술의 발달로 이루어지기도 한다. 그 새로운 추론 방식은 지금까지 알 수 없었던 사실들 사이의 관계를 파악할 새로운 수단을 제공한다. 이렇게 과학의 도약을 이야기하는 퍼스의 주장은, 우리에게 앞서 다루었던 쿤의 '패러다임 전환' 개념을 떠올리게 한다.

그러한 도약 과정의 과학 진화를 생물학에서 찾아볼 수 있다. 예를 들어 파스퇴르(Louis Pasteur, 1822-1895)는 처음으로 광학현미경을 화학에 적용한 사람이었다. 그는 타르타르산 결정체의 좌우 방향이 편광판의 회전 방향에 따라서 다르게 나타난다는 성질을, 미생물을 현미경으로 관찰하는 연구에 활용하였다. 아직 미생물이 존재한다고 믿어지지 않던 시기에 그는 전통적 믿음을 뒤집을 가정을 하였다. 당시 의학계와 생물학계는 프랑스의 생리학자 클로드 베르나르(Claude Bernard, 1813-1878)의 확신에 따라, "질병은 어떤 존재에 의해서가 아니라, 증상들이 모인 때문이다."라고 믿었다. 이런 확신은 당시의 생물학 및 의학 연구의 방향을 가로막았던 순수한 형이상학이 되었다. 그렇지만 파스퇴르는 어느 사물들이 화학적으로 작용함으로써 그것들이 광학적 특성을 보여줄 수 있다는 가정에서, 당시 빈약한 현미경으로 살아 있는 유기체(미생물)를 알아보는 실험을 하였다. 그렇게 "파스퇴르는 새로운 관찰 방법을 만들었고, 그것이 바로 과학이 진화하는 방식이다."(p.52)

　　지금까지 퍼스의 프래그머티즘 이야기를 듣고서, 혹시 누군가 과학적 사고를 예찬하는 사람이라도 이렇게 물을 수 있다. 우리가 과학이 알려주는 것을 언제나 신뢰할 수 있는가? 과학이 진리를 알려준다는 이야기인가? 이런 질문에서 더 나아가, 혹시 '진리'에 매달리는 철학자라면 이렇게 질문할 수도 있다. 진리에 관심을 가지는 분야는 오직 철학뿐이며, 과학은 결코 진리에 관심 두지 않는다. 그런데 왜 우리가 과학적 사고를 크게 신뢰해야 하는가? 이러한 예상된 질문에 퍼스는 과학을 겸손하게 바라보자고 말한다.

　　과학을 그 결과로만 아는 사람들은, 다시 말해서 생생한 탐구 과정으로서 전체를 알지 못하는 사람들은, 우주가 과학이 알려주는 특징들로 온전히 설명된다는 생각을 가지기 쉽다. … 그러나 실제로 뉴턴 이래로 발견된 모든 것들에도 불구하고, [뉴턴 자신은] 이렇게 말했다. 우리는 해변에서 예쁜 조약돌을 집어 든 어린아이 같으며, 대양 전체는 우리 앞에 (영원한 진리로서) 실질적으로 탐구되지 않은 채 놓여 있다. (p.53)

퍼스는 계속해서 진정한 과학 연구자라면 가졌을 법한 겸손한 태도에 대해서 말한다. "활동적 과학자는 거칠고 신뢰하기 어려운 가설들을 제안하고, 그것을 일시적으로 고려한다. 왜 그러한가? 그것은 단지 어느 과학적 명제라도 논박될 수 있으며, 이내 사라질 수 있기 때문이다."(p.54) "과학의 가설은 사실에 비추어 '검증(verification)'될 수도 있지만, '반박(refutation)'될 수도 있다." 이러한 퍼스의 이야기는 마치 그보다 후대에 등장한 칼 포퍼의 '반증주의' 입장을 떠올리게 만든다.

그뿐만 아니라 퍼스는 우리에게 그보다 후대에 등장하는 파이어아벤트의 '과학의 방법에 반대하는' 입장을 떠올리게 만들기도 한다. 퍼스는 창의적 과학을 위해서 탐구 방법을 가로막지 말라고 한다. 그러면서 그는 지식의 발전을 가로막는 네 가지 태도를 지적한다.

첫째, '절대적으로 확신하는 태도'이다. 그런 태도에서 당시 학계에서는 유클리드 기하학을 절대적 진리처럼 가르치기도 하였다.

둘째, '이런저런 것을 절대로 알 수 없다는, 혹은 무엇이 절대로 발견될 수 없다는 태도'이다. 그런 태도는 자유로운 과학의 탐구를 방해한다. (최근에도 이원론의 관점에서 대부분 철학자는 '마음'을

'뇌'로 설명하려는 탐구는 절대로 불가능하다는 태도를 보여주며, 환원주의에 격렬히 반대한다. 그러면서도 그들은 스스로가 뇌과학과 인공지능의 연구를 가로막고 서 있는 것조차 인식하지 못한다. 이런 이야기는 4권 23장에서 검토해보자.)

셋째, '이런저런 과학의 요소가 기초적, 궁극적, 독립적 요소라고 주장하는 태도'이다. 이런 태도는 근본적으로 '다른 무엇에도 의존하지 않는 지식이 있다'는 생각에서 나온다. 그러나 퍼스에 따르면, 지식 중 어느 것도 독립적이지 않다. (이런 퍼스의 입장은 뒤의 콰인의 '그물망 의미론'에서 더욱 명확히 드러나고, 강조된다.)

넷째, '이런저런 법칙이나 진리가 최후의 완벽한 형식화라고 주장하는 태도'이다. (오늘날 이런 주장은 살아남기 어렵다. 그런데도 철학은 그러한 형식화를 지향해야 한다고 암묵적으로 가정하는 철학자들의 태도를 찾아보는 것은 그리 어렵지 않다. 현대에도 위와 같이 가정하는 철학 분야로 분석철학, 현상학 등이 있다.)

이렇게 그는 창의적 과학 방법론에도 관심을 가졌으며, 따라서 창의성을 유도하는 논리적 추론의 형식이 무엇일지를 탐구하였다. 그 탐구에서 그는 과학자들이 활용하는 논리적 추론의 방식으로 '연역추론'과 '귀납추론' 이외에 '가추추론(abduction)'이 있음을 천명하고 규정하였다. 그의 가추법 혹은 가추추론은 과학철학에서 중요하게 거론되는 주제 중 하나이다.

여기에서 간략히 이야기하자면, 특정 분야의 전문 과학자들은 흔히 새롭고 특이한 관찰을 처음 경험하면서도, 바로 그것을 설명해줄 가설을 떠올릴 수 있다. 예를 들어, 뉴턴이 『광학』에서 보여주는 과학의 방법 및 절차는, 앞에서 알아보았듯이, 분석, 종합, 실험 등의 세 단계였다. 뉴턴은 처음 분석 단계에서부터 광선이 프리즘을 통과하여 여러 색깔로 분산하는 관찰을 하면서 그 현상의 '원리'를 가정한다. 그리고 종합의 단계에서 그 원리를 실험할 '실험 가설'을 세웠다. 이 사례에서 보면 과학자들은 관찰을 누적함으로써 귀납적으로 가설을 세운다기보다, 첫 관찰 혹은 몇 번의 관찰 경험만으로 이미 가설을 세운다. 그러한 발견을 유도하는 추론은 귀납추론이나 연역추론이 아니다. 퍼스에 따르면 그것이 가추추론이다. 그리고 그러한 추론의 형식이 창의성을 발휘하는 과정에 적용된다. 그러나 그것이 어떻게 그렇다는 것인지, 과학자가 어떻게 가설을 세울 수 있다는 것인지, 그로서는 설명할 수 없었다. 그리고 이후 어떤 과학 철학자도 해명을 내놓지 못했다. 따라서 가추추론에 대해서는 여기에서 이 정도로만 이야기하고 넘어가자. (가추추론이 어떻게 가능한지를 4권 22장의 현대 뇌신경학과 인공신경망 AI의 배경에서, 그리고 퍼스의 관점에서, 즉 '철학적 주제를 과학적으로' 해명해보자.)

퍼스는 기본적으로 실증적 혹은 실험적 연구 방법을 중시하는 과학적 방법으로 얻어지는 ('지식'이 아니라) '신념'(혹은 믿음)이 공개적으로 지지받을 수 있다는 측면에서, 경험과학 방법을 우리가 가장 신뢰해야 할 것으로 생각했다. "우리가 무엇을 신뢰할 것인지의 '양심적 신념'은 다른 지식과 마찬가지로 경험으로 창조되어왔다."(p.47) 그렇지만 앞서 살펴보았듯이, 많은 현대 유럽 철학자들의 확신에 따르면, 과학자들은 애매하거나 명확하지 않은 언어를 사용할 수 있으므로, 철학은 그러한 용어 혹은 개념들을 논리적으로 분석하고 명확히 드러내는 역할을 담당해야 한다. 그렇지만 퍼스가 보기에, 우리는 언어의 개념을 기호로 표시하며, 그것에 한계가 있다. 그러한 인식에서 그는 그 한계를 극복할 표기법의 개발에 매달렸고, 그것이 바로 퍼스가 창안한 '기호학(semiotics)'이다.

지금까지 퍼스가 왜 전통 철학의 경향에 반대하면서 프래그머티즘을 제안하게 되었는지 살펴보았다. 그는 우리의 지혜가 진화 혹은 진보한다는 측면에서, 더욱 신뢰할 만한 지혜, 즉 더욱 유용한 지혜를 추구해야 한다고 생각했다. 그런 의미에서 그는 프래그머티즘을 제안했다. 이렇게 우리가 프래그머티즘의 의도를 이해해보지만, 누군가는 여전히 그 사상의 가벼움이나 철학답지 못한 태도를 지적하려고 물을 수 있다. 진리라는 것이 유용성에 달려 있는가? 누군가에게 유용하다는 것이 참이라고 말할 수 있는가? 그러한 질문에 대답해줄 철학자로, 퍼스와 함께 토론 모임 '형이상학 클럽'의 회원이었던 윌리엄 제임스가 있다.

■ 믿음의 진리(제임스)

윌리엄 제임스(William James, 1842-1910)는 의학을 공부한 심리학자이며 철학자이다. 미국 뉴욕에서 태어난 그는 유럽의 여러 나라 사상에 영향을 받았다. 그것은 그가 신체적으로 허약했으며, 신경쇠약이나 우울증 같은 심리적 증세로 고생하였던 것과 관련이 있다. 1864년에 그는 하버드 의대에 들어갔으나, 학업을 잠시 중단하였는데, 아마존 지역 연구 탐험에 참여하고 싶어서였다. 그렇지만 그는 몸이 허약하여 탐험을 일찍 포기해야 했고, 치료를 위해 독일로 갔다. 그렇게 가게 된 유럽에서 그는 심리학과 철학에 관심을 가졌다. 유럽의 심리학자들이 자신들의 분야를 철학적으로 돌아보았듯이, 제임스 역시 그들의 심리학을 공부하면서 자연스럽게 자연철학에 입문하게 되었다.

이후 제임스는 1869년 하버드에서 의학박사를 취득하고, 1873년부터 하버드에서 강의하였다. 처음에는 생리학과 해부학을 강의하였으며, 1875년 이후 심리학을 가르치면서 1876년 심리학 조교수가 되었다. 이후 1881년 철학 조교수가 되었고, 1885년 철학 정교수가 되었다. 1889년에는 심리학 학과장을 하였고, 1897년에 다시 철학과로 돌아왔다. 그리고 1907년 정년 이후 철학과 명예교수가 되었다.

그렇게 제임스는 의학, 생리학, 생물학 등을 공부하고 가르치면서, 심리학이 과학으로 확립되던 시기에 인간 '마음'을 '과학적으로' 연구하려 하였다. 그는 독일의 생리물리학자 헬름홀츠(Hermann Helmhlotz)와 프랑스의 신경학자이며 심리학자인 피에르 자네(Pierre Janet)의 연구를 하버드의 '과학적 심리학' 과정에 도입했다. 1875-1876년에 그는 '실험심리학(experimental psychology)'이란 새로운 학문 영역을 개척하고, 발전시켰다. 그런 공로로 그는 '미국 심리학의 아버지'로 불린다.

그는 다방면에 관심을 가져서 다양한 주제, 즉 철학의 인식론, 교육, 형이상학, 심리학, 종교, 신비주의 등을 다루는 저술을 남겼다. 그중 『심리학 원리(*The Principles of Psychology*)』(1890)는 심리학의 혁신적 저서로 알려져 있으며, 《원초적 경험주의 소론(*Essays in Radical Empiricism*)》(1912)은 철학의 인식론에 관한 저서이다. 그는 하버드에서 은퇴하고 나서 『실용주의(*Pragmatism*)』(1907), 《다원주의적 우주(*A Pluralistic Universe*)》(1909), 『진리의 의미(*The Meaning of Truth*)』 등을 저술하였다. 이후 심장병이 악화하는 가운데에서도 《철학의 몇 가지 문제(*Some Problems in Philosophy*)》(1979)를 저술하였는데, 이 책은 그의 사후에 출판되었다.

이제 프래그머티즘의 진리 이론에 저항하는 앞의 질문에 제임스가 어떻게 대답하는지 알아보자. 제임스는 의학을 공부한 심리학자로서, 과학적 심리학의 배경에서 철학의 진리 이론을 이야기한다. 그의 관점에서 어떤 개념 혹은 이론이 옳다는 '신념'은 그것을 믿는 자들의 '심리 상태'이다. 결국 철학자들의 진리에 대한 신념 역시 하나의 심리적 현상이다. 이러한 관점에서 그는 철학자들의 탐구를 어떻게 바라보았는가?

　제임스는 저서 『실용주의』15)에서 철학자들이 추구하는 합리성을 심리학 측면에서 바라본다. 그의 입장에 따르면, 철학자들은 전통적으로 '합리성' 혹은 '합리적 이해 또는 설명'을 탐구 목표로 삼아왔다. 그러한 철학자들은 지금까지 이해하지 못해서 발생하는 혼란스러움과 난처한 심리적 상태를 겪으며, 그것을 나름 합리적으로 이해할 경우, 비로소 안도감과 즐거움을 얻는다. 철학자들은 전통적으로 그러한 지적 안도감이나 즐거움을 철학적 이해와 설명에서 얻는다. 그리고 그들은 그러한 이해와 설명을 철학적 정당화 혹은 정식화를 통해서 성취해왔다.

　철학적 정당화 혹은 정식화를 통해서 철학자들이 추구하는 것은 이론적 단순화이다. 그들은 전통적으로 복잡해 보이는 것들을 단순한 것으로 환원하는 방법으로 그 목적을 성취하였다. 결국 그들은 모든 분야의 모든 것들에 보편적으로 적용되는 원리를 찾는다. 마치 과학자가 지구와 달의 관계를 지구와 사과의 관계와 같다고 보려 했듯이, 혹은 호흡과 연소가 동일 현상이라고 보려 했듯이, 자연의 모든 원리를 통합적으로 설명할 원리를 제시하고 싶어 한다. 예를 들어 철학자들은 논리를 탐구하면서 어느 학문 분야의 연구자라도 따라야 할 논리적 규칙이 무엇인지를 탐구하며, 인식론을 탐구하면서 지식 일반이 어떤 본성을 가지는지를 탐구한다. 그러하듯이 과학자와 철학자가 추구하는 목표와 방법은 매우 유사하다.

많은 다양한 것들을 통일하는 방법으로 철학자들이 취하는 전략은, 세계를 본질적 성질 혹은 종류에 따라 '분류'하고, 그것들의 관계와 작용을 '법칙'으로 분류하는 방식이다. 그러므로 완결되었다고 신뢰받는 어느 철학 '이론'이란 완결된 '분류'에 불과하며, 따라서 그것은 언제나 '추상적' 분류일 수밖에 없다. 왜냐하면 분류란 개체들이 가지는 모든 특성 혹은 특징들이 고려된 것이 아니며, 특정 관점에서의 분류이기 때문이다. 예를 들어 아리스토텔레스가 존재하는 것들의 궁극적 분류 기준으로 10가지 범주 체계를 내놓았듯이, 혹은 칸트가 인식의 궁극적 분류 기준으로 12가지 범주 체계를 내놓았듯이, 그들이 구분하는 분류란 실제 자체가 아니다. 그러한 분류를 위해서 철학자들은 세계의 '실제' 사물들이 '실제로' 가지는 무수한 속성들과 인간 인식의 무한한 지적 탐구 영역을 "다루지 않고 내버려두며 … 하나의 관점에서 설명할 뿐이다." 결국 철학자들의 단순한 분류는 가능한 한 최선의 철학 이론일지라도, 진리와는 거리가 먼 "가장 비참하고 부적절한 대안이기 쉽다." 오히려 철학자들이 무시하는 구체적인 것들이 유효하고 실제적일 수 있다. "어떤 단순성을 포용하더라도 세계는 대단히 복합적 사태이기" 때문이다. 이렇게 전통 철학의 탐구 태도를 회의하는 입장에서, 제임스는 전통 철학이 모든 것들에 적용되는 합리적 근거를 찾으려는 태도 자체가 합리적이지 못하다고 아래와 같이 말한다.

헤겔의 영웅적 노력을 실패로 간주하는 사람들에게, … 건강한 사람들의 눈에 철학자는 기껏해야 학식 있는 바보일 뿐이다. … 철

212

학적 체계화는 매우 중요한 성취이지만, … 그것은 실제로 보편성을 결여하며, 소수의 사람에게 몇 번만 소용될 수 있을 뿐이다. … 그들에게는 능동적 충동을 일깨우거나 다른 미학적 요구를 좀 더 충족시키는 것이 보다 합리적 개념으로 간주될 것이고, 당연히 우세하게 될 것이다. (『실용주의』, 21-25쪽)

제임스의 주장에 따르면, 철학자는 보편성보다 차별화에 관심을 가져야 하며, 실제로는 합리성보다 모순성과 돌발적 현상 혹은 파편화를 선호해야 한다. 그럼으로써 철학은 보편성을 넘어 구체성과 실질적 유용함을 찾을 수 있고, 비로소 미래의 발견을 고려할 수 있다. 이제 철학은 확실성에서 편안함을 얻으려 하기보다 호기심에서 새로움을 발견하려 해야 한다. 그러므로 앞으로 철학자들은 합리적 설명의 안락함보다, 비합리적으로 보이는 것들이 어떻게 '실질적 생존'에 유리할 수 있을지를 '행위의 결과'를 통해서 찾으려는 지혜를 가질 필요가 있다.16)

이러한 제임스의 의도를 통해서, 우리는 프래그머티즘이 왜 합리성에서 '실질적 결과'를 중요하게 여기는지를 이해해볼 수 있다. 이렇게 이성적 혹은 논리적 합리성보다 실질적 결과를 확인하고서 실질적 설명의 참/거짓을 판정하자는 제임스의 주장은, 다만 '유용성'에만 의존해서 판단하자는 것은 아닌 것 같다. 제임스가 제안하는 진리론은 진리대응설과 진리정합설 모두를 통합하는 실천적 혹은 실질적 진리 이론으로서 프래그머티즘이다. 이러한 이야기는 우리를 약간 혼란스럽게 만들 수 있다. 그러므로 제임스가 제시하는 예를 통해 프래그머티즘의 진리 이론을 검토해보자.

* * *

그가 어느 날 친구들과 숲속으로 캠핑을 갔다. 숲속을 걷던 중 다람쥐가 놀라서 나무 위로 올라가고, 사람이 바라볼 수 없는 나무 둥지 반대쪽에 매달렸다. 그래서 누군가 그 다람쥐를 보려고 나무 둥지를 돌았다. 그러자 다람쥐는 다시 그 사람의 눈에 띄지 않는 반대쪽으로 계속 돌았다. 그런 광경을 보고 동행한 친구들 사이에 토론이 벌어졌다. 그 토론의 주제는, 그 친구가 다람쥐 주위를 돌았는지, 아니면 다람쥐 주위를 돌지 못한 것인지에 관한 의문이었다. 그 의문에 대해 친구들 사이에 의견이 엇갈렸다. 그 토론 주제에 대한 제임스의 생각은 이렇다. 보는 관점에 따라서 두 주장 모두 옳을 수 있다. 한 관점에서, 나무 둥지를 두고서 다람쥐와 관찰자가 서로 마주 보며 돌았다고 보는 측면에서, 그 사람은 다람쥐 둘레를 돌지 못했다. 그렇지만 다른 관점에서, 나무 둥지에 붙어 있는 다람쥐 밖으로 그 사람이 돌았다는 측면에서는, 그 사람이 다람쥐 주위를 돌았다. 그렇다면 우리는 최종으로 무엇을 옳은 것이라고 판결해야 하겠는가? 그것은 어느 편의 주장이 실질적 문제 해결에 얼마나 유용한지를 고려하면 된다. 만약 관찰자가 다람쥐를 잡기 위해서 나무 둘레에 그물을 두르려 한다면, 그는 다람쥐 주위를 돌았다고 말할 수 있다. 그렇지만 다람쥐를 단지 바라보는 즐거움을 위해서 다람쥐 주위를 보려는 목적에서라면, 그는 그 다람쥐를 돌지 못하였고, 보지 못한 것이다.

이러한 프래그머티즘의 진리 이론에 대해서 제임스는 이렇게 인정한다. "누군가에겐, 어느 관념을 믿는 것이 우리의 삶에 이로운 한에서만 '참이다'라는 말이 얼마나 이상하게 들릴지를 나는 잘 안다."(281쪽) 그런데도 그가 프래그머티즘의 새로운 진리 이론을 이야기하려 했던 이유는 다음과 같다. 만약 우리가 자기 생각을 참이라고 인정하지만 그것이 우리에게 실질적으로 선(good)이 되지 못한다면, 혹은 자기 생각을 참이라고 인정함에도 실질적으로 우리 삶에 유용하지 못하다면, 진리를 추구해야 할 목적을 돌아보게 된다. 그러므로 누군가의 생각을 단지 '진리는 신성하다'거나 '진리를 추구해야 한다'는 명분에서 지지해야 한다고 고집하는 것은, 결코 우리의 지혜를 발전시키는 원칙이 아니다. 우리가 '더 나은 것' 혹은 '더 신뢰할 만한 것'을 추구하는 것이 '참인 것'과 구분되고 분리되어야 한다는 생각은 현명치 못하다. 실제 삶에서는 물론 학문의 탐구에서도 구체적 현실의 적용에 유용하지 않은 것을 참이라고 받아들이는 것은 지혜가 아니다.

이러한 이유에서 제임스에게, '그것이 참이기 때문에 유용하다'라는 주장과 '그것이 유용하기 때문에 참이다'라는 두 주장은 정확히 일치한다(293쪽). 그러한 입장에서 참인 믿음이란 믿는 자의 유용성을 '입증'해주는 믿음이다. 그런 측면에서 프래그머티즘의 진리론은 경험주의를 옹호하는 진리대응설을 지지한다. 세계를 더욱 객관적으로 파악하기 위해서 우리가 경험에 의한 의존을 멈추는 것은 현명하지 않다. 이런 측면에서 프래그머티즘의 진리론은 전통 경험주의를 반대함에도, 실질적으로 더욱 원초적 경험주의(radical empiricism)를 주장한다. 그러면서도 그 진리론은 또한 어떤 생각 혹은 진술이 실제와 대응하는 정도에 따라서 단순한 참/거짓 이분법으로 단정할 것을 주장하지 않는다. 그보다, 그 입증 혹은 인정은 이미 인정되는 다른 생각 혹은 믿음들과 얼마나 조리에 맞는지 혹은 정합적인지 '정도'에 따라서 더욱 혹은 덜 신뢰하거나 지지해야 한다고 주장한다. 이러한 측면에서 프래그머티즘의 진리론은 진리

정합설의 입장도 지지한다. 따라서 그 진리론은 전통의 두 진리 이론들에 대한 수정 및 보완이며 종합이지, 결코 전통의 이론들에 대한 극단적 무시하기 혹은 반대하기는 아니다.

또한 제임스는 심리학을 연구한 철학자로서 이렇게 생각한다. 누군가 무엇을 진리라고 주장한다면, 그 주장은 그가 그것을 믿는 '믿음'의 현상이다. 그러므로 우리는 세계의 진리 자체가 존재한다고 말하기보다, 사람들이 그것을 주장하는 '믿음의 기능'이 존재한다고 말해야 한다. 왜냐하면 세계에 존재하는 사실은 '참'일 수 없기 때문이다. 사실이란 단지 그 자체의 존재일 뿐이다. 어느 사실이 사람들에게 '미래의 행동'을 위한 믿음으로 신뢰받을 경우, 그것은 '참인 믿음'이 된다. 그렇다면 프래그머티즘의 진리론이, 사람마다 다르게 믿어지는 믿음들을 진리로 인정하려는 측면에서, '진리상대론'에 빠지는 것은 아닐까? 그렇지는 않다. 앞서 이야기했듯이, 진리대응설과 진리정합설 모두를 지지하는 측면에서, 그리고 원초적 경험주의를 주장하는 측면에서, 프래그머티즘의 진리론은 '인식론적 실재론(epistemological realism)'을 지지하기 때문이다. 그리고 '참' 혹은 '진리', 그리고 '실재'란, 어떤 생각이 우리의 삶에 어떻게 기능하는지 혹은 결과하는지 시험을 통해서 (간주관적이란 의미에서) 객관적으로 드러날 것이기 때문이다.

그렇다면 제임스의 '경험적 확인'이란 논리실증주의가 주장했던 '실험적 입증'과 어떤 측면에서 차이가 있을까? 앞서 살펴보았듯이, 논리실증주의는 경험적 증거가 가설을 어떻게 '정당화'하는지에 관심을 가졌다. 그렇지만 제임스는 그들의 가정, 즉 '참인 지식은 정당화된 믿음이어야 한다'는 신념을 지지하지 않는다. 어떤 검증도 절대적 진리를 보증해주지 않으며, 언젠가 그 믿음은 다른 실험에서 '수정'되거나 '버려질' 수 있기 때문이다. 이러한 측면이 전통 경험주의 진리론과 프래그머티즘의 진리론 사이의 차이점이다. 이러한 차이는 프래그머티즘 철학자들이 일관되게 유지하던 입장으로, 창시자인 퍼스에서 제임스를 거쳐서, 다음에 살펴볼 듀이에게로 전달된다. (그리고 다음에 이야기할 콰인도 유지하였다. 그리고 4권에서 이야기할 처칠랜드 부부 역시 그 입장을 지지한다.)

■ 민주시민 교육(듀이)

존 듀이(John Dewey, 1859-1952)는 미국의 철학자이자 심리학자이며, 지질학자이고 교육 개혁가이다. 그는 프래그머티즘 철학자로서, 인식론, 형이상학, 미학, 예술, 논리학, 사회이론, 윤리학 등 다양한 주제의 저술을 남겼다. 특별히 그가 앞의 두 프래그머티즘 철학자와 다른 점은 민주주의 정치제도에 상당한 관심이 있었다는 것이다. 그가 보기에 민주주의에서 중요한 두 요소는 '학교'와 '시민사회'이다. 그는 그 두 요소를 통해 시민, 전문가, 정치인 등 여러 계층의 지성들이 소통한다면, 더 나은 공공의 의견을 만들어나갈 수 있다고 전망하였다.

듀이는 미국 버몬트 주에서 태어나 버몬트 대학을 졸업하고, 대학원 시절 존스홉킨스 대학에서 퍼스를 만났다. 졸업 후 그는 고등학교 교사와 초등학교 교사 생활을 잠시 하였지만, 다시 학업으로 돌아와 존스홉킨스 대학에서 박사학위를 받았다. 1884년 미시간 대학 교수를 거쳐 1894년 시카고 대학 교수가 되었고, 그곳에서 저서 『학교와 사회(*The School and Society*)』(1899)를 썼다. 1899년 미국심리학회 학회장에 선출되었고, 1905년에는 미국철학회 학회장이 되었다. 그리고 1930년 컬럼비아 대학 철학교수가 되었다. 그러한 학문의 여정에서 그는 700여 편의 논문과 140여 편의 기고문, 그리고 40여 권의 저서를 썼다. 대표적인 저서로 『민주주의와 교육(*Democracy and Education*)』(1916), 《인간 본성과 품행(*Human Nature and Conduct*)》(1922), 《공화국과 그 문제들(*The Public and its Problems*)》(1927), 형이상학 저서 『경험과 자연(*Experience and Nature*)』(1925), 미학 저서 『경험으로서의 예술(*Art as Experience*)』(1934), 종교 연구서 《일반적 믿음(*A Common Faith*)》(1934), 논리학 저서 《논리학: 탐구 이론(*Logic: The Theory of Inquiry*)》(1938), 정치적 저서 《자유와 문화(*Freedom and Culture*)》(1939), 《알기와 알려진 것(*Knowing and the Known*)》(1949) 등이 있다.

위와 같은 듀이의 경력과 연구에 비추어, 그의 주요 관심은 동시적으로 교육, 심리학, 철학 등에 걸쳐 있다. 그에게 심리학과 철학은 교육을 위한 근거였다. 다시 말해서, 그는 심리학과 프래그머티즘 철학에 기초하여 교육이론을 세웠다. 그렇게 그는 세 분야를 통합적으로 사고하였다. 앞서 살펴보았듯이, 프래그머티즘 철학은 영원한 참의 진리를 가정하거나 추구하기보다, 이전보다 나은 혹은 유용한 지식 혹은 믿음을 추구한다. 그렇다면 그러한 연구로 밝혀낸 지식 혹은 믿음에 근거하여 교육은 사람들의 성향을 어떻게 변화시키고 성숙시킬 수 있는가? 그의 심리학 관점에 따르면, 우리의 행동은 단순히 자극에 따른 반응하기가 아니다. 자극 혹은 경험은 우리의 기억을 강화할 수 있기 때문이다. 감각 경험은 사람들의 반응 혹은 행동 패턴을 조율하게 해준다. (이런 듀이의 관점은 4권 20장에서 이야기할 헤브의 학습이론이나 인공신경망의 강화학습과도 부합한다.)

프래그머티즘 철학의 교육자로서 듀이는 사회적 공동체 역시 '더 나은 믿음' 혹은 '실질적 유효성'을 탐색해야 한다고 생각했다. 그러한 탐색은 우리가 사회적으로 더 나은 삶을 추구하게 해줄 지혜를 제공해주기 때문이다. 우리는 그러한 지혜를 '철학의 비판적 사고'를 통해서 얻을 수 있다. 비판적 사고를 통해서 우리는 현재의 문제를 발견하고, 과거의 관습적 오류에서 벗어날 수 있다. 그러므로 비판적 사고를 허용하는 것이 사회 공동체의 발전에 필수적이다. 민주주의는 그러한 비판적 사고를 허용하며, 따라서 사회를 발전시킬 좋은 정치 형태이다.

한때 듀이는 중국을 방문하였는데, 그곳에서 그는 정부 혹은 부패한 기득권에 반대하는 시위를 목격하였다. 그리고 그는 예정에 없던 기간 동안 그곳에서 머무르며, 언론에 글을 투고하고 시위를 격려하였다. 그가 보기에 민주주의 제도 아래 사는 국민이라고 해서 누구나 비판적 사고를 잘하지는 못한다. 일찍이 플라톤이 경고하였듯이, 민주주의는 군중을, 심리적 혹은 감정적 여론몰이를 하는 소수에 의해, 잘못된 사회적 운명으로 안내할 수 있기 때문이다. 그렇게 되지 않으려면 시민에게 비판적 사고를 길러주는 교육이 어려서부터 학교교육에서 장려되어야 한다. 한마디로 어린 학생들에게 철학교육 혹은 철학적으로 사고하는 훈련이 필요하다. (이러한 교육은 지금 한국에서 필요한 교육이다.)

나아가서 듀이에게 민주주의는 다만 사회적 발전 혹은 진보를 위한 정치제도일 뿐만 아니라, 윤리적 이념이기도 하다. 민주주의 사회가 소수의 선동에 휘둘리지 않으려면, 구성원들의 적극적 참여는 물론, 각자 비판적 사고를 통해 현명한 지혜를 발견할 수 있어야 한다. 그러한 진보적 민주주의는, 마치 어느 과학 분야의 학회라도 비판적 논의를 통해서 운영되듯이, 과학적 방법으로 실현되어야 한다. 과학의 진보는 낡은 지식을 파괴하고 새로운 지식을 세움으로써 성취되어왔다. 그러한 프래그머티즘 원리인 '오류가능주의'에 따라서, 각종 학회의 구성원들은 자신들이 굳게 믿어온 지식 혹은 의견을 새로운 증거에 따라서 수정하고 제거하기도 한다. 그렇게 민주주의도 '자기 비판적 공동체'에 의해, 그리고 '증거'에 의해 믿음을 수정하는 방식으로 진보할 수 있다. 나아가서 그러한 민주주의 의사결정 모델은 모든 분야에 적용되어야 한다. 그러한 의사결정 방법을 통해 인류가 진보할 수 있기 때문이다.

듀이에게 교육이란 사회적 변화와 사회적 개혁을 이끌어줄 사회 제도이며 도구이다. 그러므로 교육의 목적은 이미 밝혀진 혹은 결정된 지식을 전달하는 것에 그쳐서는 안 된다. 미래에 펼쳐질 세계를 지금 우리가 확정적으로 단정하기 어렵기 때문이다. 그런 만큼, 지금 교육은 학생들 스스로 잠재능력을 키워나가는 것을 목표로 삼아야 한다.

학생들은 미래 민주주의 시민이다. 미래 시민은 미래 사회에서 정치적으로 각자의 권리를 주장하는 것만으론 부족하다. 그들은 비판적으로 사고하여 사회를 개혁할 능력까지 갖추어야 한다. 그러한 비판적 사고는 자신들이 확신하고 있었던 기초 가정을 흔드는 철학적 회의하기이다. 그것을 잘할 수 있으려면, 과거 철학자들이 어떤 지혜를 내놓았고 그 지혜에 어떤 결함이 있었는지 알 필요가 있다. 같은 실수를 반복하지 않기 위해서이다. 그러므로 시민들의 비판적 사고력을 기르기 위해 철학교육이 필수적이다.

(비판적 사고는 동양의 문화권에서 주목받지 못했으며, 비판적

사고를 갖는지가 동양과 서양의 학문 역사를 다르게 만들었다. 비판적 사고를 길러온 서양 철학이 왜 동양 철학과 크게 다른지를 우리는 생각해볼 필요가 있다. 이러한 이해는 화려한 고대 문명을 주도하였던 동양이 왜 근대와 현대에 와서 서양의 발달한 학문에 의존할 수밖에 없게 되었는지, 그 이유를 설명해준다. 비판적 정신이 없는 권위적 사회에서, 더구나 기득권을 위해 비판 정신을 말살하는 사회에서, 진보는 일어나기 어렵다.)

* * *

이상으로 새로운 철학, 프래그머티즘이 어떤 배경에서 나왔고, 어떤 관점을 가졌는지 알아보았다. 프래그머티즘 철학자들은 19세기와 20세기에 급속히 발전하는 과학을 바라보면서, 유럽의 전통 철학자들이 탐구해온 목표가 실질적이지 못하며 현실적이지도 못하다고 인식하였다. 그들은 과학을 공부하고, 특히 당시 발전하는 심리학을 공부한 배경에서 그렇게 인식할 수 있었다. 그러한 인식에서 그들은 철학의 목표가 절대적 진리의 탐색에서 벗어나야 한다고 생각했다.

그렇지만 지금까지 이야기를 들으면서 누군가는 앞서 던졌던 질문을 다시 할 수 있다. 수학, 기하학, 물리학 등 세 분야의 과학혁명이 우리에게 던져준 철학적 함축에 따르면, 인류는 과학으로 절대 진리에 도달할 수 없다. 만약 그렇다면, 과학을 반성하는 학문으로서 진리 탐구를 목표로 했던 철학은 앞으로 어떤 목표를 가져야 하는가?

이런 질문을 하는 일부 사람들은 다음과 같이 말할 수 있다. "과학이 모든 것을 밝혀줄 것이라고 이제 기대할 수 없다. 그러므로 우리 인류는 많은 문제를 경험과학으로 해결하려는 생각을 버려야한다." 혹시 누군가는 위와 같은 신념에서 이렇게 말하는 이도 있을 것이다. "과학이 스스로 한계를 드러냈으며, 예상했듯이 이제 과학의 무능함을 넘어 신비적 믿음에 의지해야 할 시대가 되었다." 이렇게까지는 아니더라도, 흔히 인문학자들은 강연에서 다음과 같이 주장하기도 한다. "경험과학은 진리를 밝힐 수 없는 한계가 있으며, 철학은 경험에 의존하기보다 선험적으로 연구되어야 한다."

그러나 만약 누구라도 프래그머티즘의 진리론으로부터 위와 같은 결론을 추론하려 든다면, 나는 전혀 동의하기 어렵다. 프래그머티즘은, 우리가 순수한 이성적 논리만으로 영원한 보편적 진리를 얻을 수 있다고 기대하지 말아야 한다는 인식에서 나오기 때문이다. 그리고 우리가 만약 영원한 절대적 진리를 얻겠다는 목표를 내려놓기만 한다면, 우리는 오히려 프래그머티즘 진리론의 배경에서 학문적 탐구 목표를 더욱 확대할 수 있기 때문이다.

이제 철학은 전통적 목표의 구속에서 벗어나 창의적으로 탐구하려면, 다소 오류의 위험성을 무릅쓰는 모험적이며 실험적인 탐색에 나설 필요가 있다. 그러자면 어떤 생각이 더 옳은지를 '경험에 앞서' 지나치게 확신하지 않는 태도가 필요하며, 선험적 방법보다 '경험적으로' 탐색하려는 태도가 권장된다. 다시 말해서, 이제 우리는 팔짱 끼고 편안한 의자에 앉아서 사색만으로 세상을 설명해줄 지혜를 얻을 것이라 기대하는 것은 현명치 않다. 오히려 소매를 걷어 올리고 바지를 접어 올려 과감히 냇물에 들어서서, 반짝이는 새로운 지혜를 더듬어 찾아보아야 한다.

이러한 설득에도 불구하고 프래그머티즘 진리론을 정면으로 반대하는 철학적 입장으로 '현상학'이 있다. 현상학(phenomenalism)

은 후설(Edmund Husserl, 1859-1938)이 창안하였다. 그는 존 듀이와 같은 해에 출생하였고 동시대를 살았다. 후설은 학문을 시작하면서 처음에 '수' 개념을 심리학적으로 분석함으로써, 수학의 기초를 심리학으로 정립하려는 논문을 1887년에 발표하였다. 그러한 심리학적 접근(혹은 경험주의적 접근)은 당시 유행하던 학문 연구 동향이었다. 그 무렵 파블로프(Ivan Pavlov, 1849-1936)는 1902년 개를 이용한 실험에서, 학습을 일종의 조건반사 작용으로 가정하고 연구하였다. 그러한 연구를 보고 당시 적지 않은 학자들은 정신현상을 생리학적 작용으로 설명할 수 있다고 과도하게 기대하였다. 그러나 당시의 실험적 연구는 다양한 정신현상을 설명하기에 턱없이 미흡하였고, 앞으로 나아가지 못했다.

후설 역시 심리학적 접근으로 자신의 학문에서 만족스러운 성과를 얻을 수 없다고 보았다. 따라서 그는 수학과 논리학의 형식적 관계를 밝히려는 연구 계획으로 방향을 돌렸다.[17] 이후 그는 수학을 공부한 배경에서 철학을 연구하였다. 그 역시 과거 플라톤과 데카르트가 그러했듯이, 수학적 지식과 같은 논리적 진리 혹은 선험적 진리의 지식을 전제하였다. 그의 입장에 따르면, 논리적 지식은 어떤 사실적 증거로부터도 논박될 수 없으며, 따라서 사실과 무관하게 독립적으로 연구되는 분야이다. 그러한 고려에서 그는 철학이 선험적 진리를 제시하는 엄밀한 학문으로 확립될 수 있다고 가정하였다. 반면에 그는 심리학에 근거하는 경험적 철학은 결코 진리에 이를 수 없다고 보았다. 이러한 배경에서 그는 철학이 선험적으로 연구되어야 한다고 주장했다.

이 시점에서 혼란스러운 위의 이야기에 다시 묻지 않을 수 없다. 이제 철학은 어떤 탐구 목표와 방법을 가져야 할까? 전통적으로 철학은 규범성과 정당성을 찾는 탐구 목표를 가졌으며, 그 목표에 이르는 길은 오직 선험적 연구라고 믿어졌다. 그런데 프래그머티즘에 따르면, 철학의 목표는 과학 연구가 실제로 어떻게 이루어지는지를 밝히는 것에 있으며, 그것을 경험적으로 연구해야 한다. 이러한 두 입장 사이에 우리는 어느 편의 손을 들어주어야 할까? 철학을 경험적으로 연구하거나, 과학의 연구 성과를 고려한 입장은 철학의 '자연주의'라고 불린다. 철학의 자연주의를 명확히 주장한 실용주의 철학자로 콰인이 있다. 그는 어떠한 근거 혹은 배경에서 그런 주장을 했을까?

17 장

자연주의 철학(콰인)

인식론은 과학의 기초와 관련된다. 넓게 보아서, 인식론은 과학
의 부분으로 수학의 기초 연구를 포함한다.

_ 콰인

■ 전통 철학의 두 독단

콰인(Willard Van Orman Quine, 1908-2000)은 미국 오하이오
주 태생으로, 최근까지 생존했던 철학자이다. 1932년 그는 하버드
에서 철학 박사학위를 받았고, 이후 유럽의 여러 학자를 만나 교류
할 기회가 있었다. 그는 하버드 출신으로서 프래그머티즘 철학을
계승한 철학자이며, 프래그머티즘의 선구자들처럼 유럽 철학을 깊
이 공부하였다. 특별히 그는 카르납을 포함한 빈학단 구성원들을
만나 교류하였다. 제2차 세계대전 중 미 해군에 입대하여 암호 해
독 임무를 맡기도 하였다. 그리고 그는 하버드 대학 교수로 재직하
면서 현대의 굵직한 철학자들, 데이빗슨(Donald Herbert Davidson,
1917-2003), 루이스(David Kellogg Lewis, 1941-2001), 데닛(Daniel

Dennett, 1942-), 하만(Gilbert Harman, 1938-) 등을 가르쳤다.

콰인은 프래그머티즘의 기본 정신을 계승하는 철학자이지만, 프레게와 러셀의 계보를 잇는 분석철학의 맥락에서 현대 기호논리학을 기반으로 철학을 탐구하기도 하였다. 특별히 그는 논리학, 언어철학, 인식론, 과학철학 등에 관심을 기울였으며, 20세기 가장 탁월한 철학자라 불릴 만하다. 그렇게 그는 분석철학 전통에서 철학을 탐구했음에도 불구하고, 철학이 단지 '개념 분석'에만 매달리는 것으로는 부족하다고 생각했고, 그런 분석철학의 한계를 분석철학 방법으로 논파하였다. 그는 당시 지배적이었던 분석철학 전통에 대단히 도전적인 연구 성과를 내놓았다.

특별히 그는 논문 「경험주의의 두 도그마(Two Dogmas of Empiricism)」(1951)에서 경험주의, 특히 (앞서 언급했던 논리실증주의자) 카르납 철학의 문제와 한계를 지적하면서도, 전통 철학 전체의 기초 가정을 송두리째 흔들어놓았다. 그는 전통 철학자들이 신뢰해 온 선험적 혹은 분석적 탐구로 진리를 얻을 수 없다는 것을 언어분석의 방식으로, 즉 분석철학 방법으로 보여주었다. 그 연구는 더욱 발전되어, 그는 저서 『말과 대상(*Word and Object*)』(1960)에서 '번역불확정성(번역미결정성, indeterminacy of translation)'이란 논제를 내놓았다. 이 논제는 현대 철학 사회에 큰 파장을 일으켰다.

또한 그는 인식론에도 새로운 전망을 제시했는데, 특별히 논문 「자연화된 인식론(Epistemology Naturalized)」(1969)[18]에서, 앞서 알아보았던 괴델의 연구 성과를 끌어들여 전통 철학이 추구하였던 규범적 정당화의 탐구가 성공할 수 없다는 한계를 지적하였다. 전통적으로 철학은 '제1철학이어야 한다'는 신념이 있었고, 그 신념에 따르면 철학은 여타 학문의 표준을 설정하고 정당성을 확립시켜주는 학문이다. 따라서 철학 연구는 여타 학문 혹은 자연과학에 기대지 말아야 한다. 그러나 콰인은 철학 연구의 발전을 위해서 경험과학의 탐구를 끌어들여야 한다고 주장했다. 나아가서 그는 철학을 과학화해야 한다고까지 주장하였다. 이 주장 역시 많은 철학자들에게 논쟁거리가 되었다. 콰인의 이러한 관점을 구체적으로 살펴보기에 앞서 잠시 그의 철학이 나온 배경부터 알아보자. 아래와 같이 현대 과학의 혁명적 발전은 철학에서 큰 관점의 변화를 일으켰다.

* * *

앞서 이야기했듯이, 철학이 추구했던 목적 중 중요한 부분이 '확실성의 추구'와 관련되며, 철학의 방법론 중 중요한 부분이 '정당화의 추구'와 관련된다. 그러나 지금까지 살펴보았듯이 우리는 그러한 전통적 탐구 목표 자체가 성취 가능한지 의심하지 않을 수 없게 되었다. 철학자들이 그러한 탐구를 추구하도록 믿음을 주었던 학문의 분야들이 바로 수학, 기하학, 뉴턴 물리학이었다. 그런데 그러한 믿음을 무너뜨린 세 분야 학문의 혁명적 변화는 전통 철학적 기대를 흔들고 말았다. 그 이유를 콰인은 「자연화된 인식론」에서 이렇게 말한다. "괴델의 연구로부터 아는바, … 어떤 일관된 공준 체계로도 수학을 설명할 수 없다. … 수학의 기초에서 환원은 … 철학적 환상으로 남게 되었으며, … 수학적 확실성이 어떻게 가능한지도 보여주지 못한다."(p.70)

언제나 철학은 과학을 탐구하며 솟아오르는 의문에서 학문의 원리적 탐구를 해왔다. 이제 그 과학이 달라짐에 따라서 철학 자체에도 새로운 변화가 뒤따르지 않을 수 없게 되었다. 따라서 '과학하는 철학자'라면 전통 철학의 목표와 방법을 의심하지 않을 수 없다. 이제 우리는 앞으로 철학이 '무엇'을 '어떻게' 해야 하는지를 새롭게 전망하게 된다.

전통적으로 거의 모든 철학자, 데카르트는 물론, 로크, 흄, 칸트, 러셀, 그리고 논리실증주의자까지 학문적 지식을 크게 둘로 구분하였다. 그것은 '논리적 지식'과 '경험적 지식'이다. 그 구분법에 따르면, 수학, 기하학, 뉴턴 물리학은 경험을 벗어나 순수하게 논리적으로 탐구되는 분야이며, 반면에 그 외의 분야들은 감각 경험에 의해 탐구되는 분야이다. 하지만 20세기 과학은 순수한 논리적 이성의 탐구 영역으로 가정되었던 기하학을 경험과 관련시켜야 한다는 것을 고려하였다. 아인슈타인은 『상대성이란 무엇인가(*The Meaning of Relativity*)』(1922)에서 아래와 같이 말한다.

유클리드 기하학의 … 좌표계, 즉 데카르트 좌표계의 … 기하학 전체는 '거리' 개념에 근거한다. 그 기하학은 '실제' 사물들과 관련되며, 그 정리들은 그 사물들의 '운동'과 관련한 진술들로, 그 진술들은 참 혹은 거짓으로 '증명'될 수 있다.

일상적으로 우리는 기하학을 그 개념들과 경험 사이에 아무런 관련이 없는 듯이 연구하는 데에 익숙하다. 기하학이 순수하게 논리적이며, 원리적으로, 불완전한 경험주의와 무관하다고 단절시키는 것이 유익할 수 있다. 이것이 순수 수학자에게 만족감을 줄 수 있다. 그 수학자는 자신이 공리(axioms)로부터 정리(theorems)를 논리적 오류 없이 연역할 수 있다는 것에 만족할 수 있다. 그 수학자는 유클리드 기하학이 참인지 아닌지에 관한 문제에 관심 두지 않는다. 그러나 논의 목적을 위해서 우리는 기하학의 기초 개념들과 자연의 사물들을 반드시 관련시켜야 한다. 그런 관련이 전혀 없다면, 물리학자에게 기하학은 가치 없는 학문이다. 물리학자는 기하학의 정리가 참인지 아닌지 의문에 관심을 가진다. 이러한 관점에서, 유클리드 기하학은 정의(definitions)로부터 논리적으로 유도된 단순 연역 추론 이상이어야 한다. (pp.7-8)

이렇게 아인슈타인은 전통적 가정인, 논리적(이성적) 앎과 감각적(경험적) 앎의 구분에 회의하였다. 전통적으로 학자들은 경험적 지식과 이성적 지식이 명확히 구분된다고 가정하였으며, 그 양자는 섞일 수 있는 것이 아니었다. 그런데 위의 인용문에서 "기하학의 기초 개념들과 자연의 사물들을 반드시 관련시켜야 한다."고 말했듯이, 아인슈타인은 기하학을 경험과 관련시켰다. 그것은 과학이 실제를 외면할 수 없기 때문이다. 그는 상대성이론이 연역적으로 추론되면서도 실증적으로 확인될 수 있어야 한다고 고려하였다. 이러한 측면에서 아인슈타인은 프래그머티즘의 관점을 지지한다. 아무튼 그의 그러한 고려를 우리는 어떻게 받아들여야 할까?

앞서 알아보았듯이, 수학자이며 기하학자인 가우스와 리만, 그리고 물리학자인 아인슈타인 등의 혁명적 연구 성과에 따라서, 일부 철학자들은 '과학 지식의 본성' 혹은 '과학의 본성'을 다시 생각하게 되었고, '과학 지식의 체계성'에 대해서도 다시 생각하게 되었다. 이렇게 '지식 체계'의 문제와 함께 '지식의 두 종류 구분법'의 문제를 명확히 인식하고, 전통 철학의 관점을 명확히 흔들었던 철학자는 콰인이다.

* * *

콰인의 논문 「자연화된 인식론」(1969)에 따르면, 철학의 인식론 연구는 과학의 기초에 관한 연구이다. 그리고 인식론은 수학의 기초에 관한 연구를 포함한다. 그는 특별히 철학자들이 탐구해왔던 수학의 기초에 관한 최근 연구 성과에 주목한다. 수학의 기초에 관한 연구는 개념적(conceptual) 연구와 교설적(doctrinal) 연구와 관련된다. 개념적 연구란 수학의 용어를 더욱 기초 개념들로 정의하는 연구이며, 교설적 연구는 수학 법칙들을 다른 법칙으로 증명하는 연구이다. 이것을 쉽게 이해할 수 있도록 다르게 말하자면, 그 두 연구는 지식의 기초와 지식의 체계에 관한 주제이다. 그런데 괴델의 연구는 그러한 전통 철학자들의 연구 목표가 실패될 수밖에 없음을 함의한다.

쾨인은, 이러한 인식론적 의미에서, 데카르트 이후 과학 및 철학에서 추진되었던 환원주의 또는 기계론을 포기해야 한다고 주장하였다. 그가 제안하는 새로운 세계관은 '전체론(holism)'이다. 쾨인의 전체론에 따르면, 과학 지식 체계는, 기계론이 주장하듯이 기초에서부터 확실하고 단단한 벽돌을 쌓아 올리는 구조로 형성되어 있지 않다. 그보다 그것은 여러 믿음이 서로 복잡하게 연결된 그물망 구조물에 비유된다. 이러한 새로운 인식론의 관점은 전통 인식론의 관점이 가졌던 두 가지 가정에 대한 반성에서 나왔다. 하나는 공리적 체계에 대한 반성이며, 다른 하나는 우리 지식의 경험적/이성적(논리적) 구분법에 대한 반성이다. 이러한 반성은 우리에게 전통 철학의 주제를 돌아보게 만들며, 새로운 의문을 고려하게 만든다.

첫째, 관찰은 이론 형성에 어떤 역할을 하며, 이론은 관찰에 어떻게 기능하는가? 논리실증주의 이후 명확히 제기되었던 이러한 문제는 아래와 같은 다양한 질문들과 관련된다. 경험으로부터 이론이 어떻게 나오는가? 그리고 이론은 관찰 경험으로부터 어떻게 정당화되는가? 나아가서 과학 지식은 어떻게 성장하는가? 그리고 이론이 자연 현상을 어떻게 예측하게 해주는가? 과학적 예측은 어떻게 우리에게 신뢰를 줄 수 있는가? 또한 이론은 어떻게 자연 현상을 설명하는 역할을 담당하는가? 과학적 설명의 논리적 구조가 무엇인가? 이러한 여러 질문은 위의 첫 물음에 대한 대답에 따라서 다르게 대답할 사안이다. 이제 과학 지식의 체계성 혹은 구조가 과거의 믿음과 달리 보이는 만큼, 새로운 세계관에서 우리는 이러한 의문들에 새롭게 대답해야 한다. (관찰과 이론의 관계에 대한 반성)

둘째, 과학은 어떻게 탐구되어야 하는가? 앞서 알아보았듯이, 철학자들은 전통적으로 이 의문에 대한 만족스러운 대답을 결국 하지 못했다. 종국에 파이어아벤트는 그것을 알 수 없으니, "아무렇게나 하자."라는 지침을 내놓았다. 그러나 그의 선언은 학자다운 적절한 태도는 아닌 것 같다. 여전히 과학은 발전 혹은 적어도 변화하고 있기 때문이다. 이제 과거와 다른 과학관에서, 우리는 학문의 연구 방법에 관해서 어떤 이야기를 할 수 있을까? (과학의 방법론에 대한 반성)

셋째, 철학은 어떻게 탐구되어야 하는가? 전통적으로 철학은 과학의 기초 원리를 다루는 분야이다. 그러나 이제 퍼스가 "제1철학은 없다."라고 선언한 시점에서 철학의 역할은 무엇이며, 철학과 과학의 관계를 우리는 어떻게 이해해야 할까? 나아가서 철학은 무엇을 연구 목표로 삼아야 하며, 그 목표를 어떤 방법으로 성취할 수 있을까? (철학의 방법에 대한 반성)

콰인의 관점에서 나오는 이러한 세 질문은 사실 프래그머티즘의 시작에서부터 있었다. 하지만 앞서 살펴보았듯이 선구자 프래그머티즘 철학자들은 그러한 질문들을 논증적으로 명확히 설득하지는 못하였다. 이제 프래그머티즘의 계승자로서 콰인은 그러한 질문들에 어떠한 대답을 할 수 있을까? 또는 적어도 콰인으로부터 우리는 어떤 대답을 추론해볼 수 있을까?

* * *

앞서 살펴보았듯이, 프래그머티즘 철학자들은 철학이 형이상학적 '진리'를 탐구할 수 있다는 기대에 회의하였다. 그들의 입장에 따르면, 철학이 '실질적 진리' 혹은 '유용한 믿음'을 얻으려면, 논리적 분석만으로 충분치 않으며, 경험적 확인과 다른 관련 학문과의 정합성에 따른 확인이 필요하다. 그런데 이런 주장이 설득력을 얻으려면, 전통적으로 가정되었던 지식의 이분법, 즉 선험적 혹은 논리적 참인 지식과 후험적 혹은 경험적 참인 지식의 구분법을 넘어서야 한다. 다시 말해서, 선험적 판단과 경험적 판단 사이의 구분, 즉 분석판단과 종합판단의 구분법이 부정되어야 한다. 나아가서 그러한 구분법이 극복되고 난 후, 과학과 철학 사이의 관계가 새롭게 정립될 수 있어야 한다. 왜냐하면 프래그머티즘은 철학이 과학을 끌어들여 경험적으로 연구하자고 주장하기 때문이다.

전통적 구분법이 현대에까지 지지를 받았던 것은 철학자들이 과학을 바라보는 관점과 무관하지 않다. 논리실증주의자와 같은 철학자들은 한편으로는 경험적 지식으로부터 이론적 지식을 어떻게 얻을 수 있는지, 그리고 다른 한편으로는 과학 지식의 엄밀한 논리적 체계 혹은 논리적 형식이 무엇인지에 관심을 가졌다. 그렇게 그들은 전통 철학자들과 마찬가지로 지식의 두 가지 구분법을 가정했다.

그런데 콰인은 논문 「경험주의의 두 도그마」(1951)[19]에서 그러한 구분법에 문제를 지적한다. 그는 그러한 문제를 당시 유행하던 분석철학 방법을 통해 파악하고 논박한다. 그가 지적하는 현대 경험주의가 가지는 두 가지 독단은 아래와 같다.

> 현대 경험주의는 상당 부분 두 가지 독단에 이끌려왔다. 그중 하나는 분석적 진리(analytic truth)와 종합적 진리(synthetic truth), 즉 사실의 문제와 상관없이 '의미에 근거하는 진리'와 '사실에 근거하는 진리' 사이에 근본적 차이가 있다는 믿음이다. 다른 독단은 환원주의(reductionism)인데, 그것은 '의미 있는 진술' 각각이 '직접 경험을 지칭하는 용어들의 논리적 구성물'이라는 믿음이다. 나는 이 두 독단에 타당한 근거가 없음을 주장할 것이다. 앞으로 보겠지만, 그 두 독단을 버림으로써, 결과적으로 우리가 사변적 형이상학과 자연과학 사이에 가정해왔던 경계가 흐려진다. 또한 결과적으로 프래그머티즘으로 전환하게 된다. (p.20)

이러한 콰인의 말을 조금 더 접근해서 살펴보자. 앞서 살펴보았듯이, 과학자들과 철학자들은 물론, 논리실증주의자들 역시 논리적으로 참인 선험적 진술이 있음을 확고하게 믿었다. 그들은 그것을 '분석적 진술'이라고 불렀다. 그리고 경험적으로 참인 후험적 진술을 '종합적 진술'이라고 불렀다. 콰인의 주요 의심 대상은 '분석적 진술'이다. 칸트에 따르면, '분석적 판단'이란 주어 개념이 술어 개념을 포함하여 그 어떤 외부의 정보에도 의존하지 않고 참으로 판단된다. 그렇게 판단될 수 있는 이유는 분석적 진술이 주어 의미가 술어 의미를 포괄하는지에 따라서, 즉 의미만으로 참이 가려질 수 있기 때문이다. 예를 들어 그것은 아래와 같다.

'총각'은 결혼하지 않은 남자이다. (1)

그런데 '총각'이란 용어는 '결혼하지 않은 남자'라는 의미이며, 따라서 그 말을 아래와 같이 바꿔 쓸 수 있다.

'결혼하지 않은 남자'는 결혼하지 않은 남자이다. (2)

진술 (1)을 진술 (2)처럼 변환시키면, 결국 분석적 진술이란 같은 말을 반복한 것에 불과하다. 따라서 그 참을 어떤 다른 정보에 의존해서 밝힐 필요가 없어 보였다. 그러므로 다음과 같이 말할 수도 있어 보였다. 분석적 진술이 참인 이유는 주어와 술어가 '동의어' 관계에 있기 때문이다.

그런데 콰인은 다음과 같이 질문하고 분석한다. '동의어'는 왜 동의어일 수 있는가? 다시 말해서, 사람들이 동의어를 무엇이라고 규정하겠는가? 아마도 사람들은 '동의어'란 '같은 의미를 갖는 언어' 정도로 규정할 것이다. 다시 말해서, 사실상 사람들이 동의어를 말할 때 그들은 '분석성'을 전제한다. 그러한 측면에서 분석성을 동의어에 의존해서 설명하려는 시도는 순환적이다. 다시 쉽게 말하자면, "분석적 진술이 참인 것은 주어와 술어가 동의어 관계이기 때문이다."라고 설명하는 것은 "동의어 관계로 만들어진 문장은 분석적 진술이다."라는 것을 전제한다. 그러므로 그런 주장은, 증명하려는 것을 오히려 전제하는 것으로, 증명이 아니다. 결국 앞의 설명은 분석적 진술이 왜 참인지를 만족스럽게 해명해주지 못한다.

물론 어떤 이는, 어떤 용어가 동의어로 대체 가능하다는 것은 그 용어의 '정의(definition)'에 의해서라고 대답할 수도 있다. 다시 말해서, '총각'이란 말은 정의에 따라서 '결혼하지 않은 남자'라는 의미가 있다고 대답할 수 있다. 그러나 사전적 정의란 많은 부차적 정보로부터 독립적이지 않다. 쉬운 예로, 어느 외국인이 처음 한국어를 배우는 상황을 가정해보자. (콰인이 이러한 예를 들지는 않았다.) 그는 단번에 '총각'이란 말이 무엇을 의미하는지 배울 수 있을까? 분명 그렇지 못하다. 그 용어의 의미를 배우려면, 그는 부차적 정보로 한국 문화를 알아야만 한다. 만약 그가 총각이 '결혼하지 않은 젊은 남자'를 의미한다고 배우더라도, 그가 결혼문화 자체를 이해하지 못한다면, 그 정의에 의한 배움은 그다지 도움이 되지 않을 수 있다. 그는 그 정의에 따라서, 어느 젊고 결혼하지 않은 남자에게 '총각'이라 말했더니, 주위 사람이 그에게 이렇게 말할 수 있다. "그는 사실 진짜 총각은 아니야." 아마도 그는 이 상황에 적지 않게 당황스러울 수 있다. 이러한 대화의 맥락에서 '총각'이란 '어떤 여자와도 잠자리 경험을 전혀 갖지 않은 남자'를 가리키기 때문이다.

이렇게 어떤 다른 정보 혹은 지식에 의존하지 않고 독립적으로 용어 자체의 개념만으로 참인 진술이 있다는 가정은 의심된다. 어떤 용어의 의미는 다만 그 용어만으로 규정되는 것이 아니라, 문화 전체 혹은 우리 사회가 제공하는 관련 지식 총체에 의해서 규정된다고 보아야 한다. 어떤 용어의 의미에는 그 관련 정보로, 분명 적지 않은 과학 지식 혹은 과학이론도 포함될 것이다. 우리는 그것을 '전체 개념 체계'라고 부르자. 그러므로 이렇게 말할 수 있다. 어떤 용어의 의미는 전체 개념 체계에 의해서 규정된다. 이러한 관점에서 콰인은 주장한다. 분석적 진술이 논리성만으로 혹은 언어적 의미에 의해서 참임을 보장받을 수 없다. 따라서 분석적 진술과 종합적 진술 사이의 구분 경계는 명확하지 않다. '이전의' 경험주의자는 그러한 경계가 확실하다고 믿었는데, 그것은 하나의 독단이며, 일종의 형이상학적 신념이었다. (이렇게 '이전의 경험주의자'라고 말하는 이유는 넓은 의미에서 콰인 자신도 경험주의자이기 때문이다. 이것은 뒤에서 설명된다.)

분석적 진술과 경험적 진술의 구분법에 대한 콰인의 부정은 다만 논리실증주의자들의 기초 가정을 흔든 것에 그치지 않는다. 그것은 선험적 진리를 가정했던 대부분 전통 철학자들의 믿음 또는 독단을 흔들었다. 데카르트, 칸트, 그리고 그들을 계승하는 철학자들 모두에 대한 부정이기도 하다. 전통적으로 철학자들이 선험적 혹은 분석적 진리에 관심을 기울였던 것은 그들이 환원주의 이상을 가지고 있었기 때문이다. 앞서 살펴보았듯이, 데카르트의 환원주의는 유클리드 기하학에서 나왔다. 과거 대부분의 학자는 유클리드 기하학의 공준처럼 자명해 보이는, 혹은 단순하여 더는 증명이 필요 없는 명제 혹은 진술을 찾고 싶어 했다. 그리고 그들은 그러한 진술이 선험적 진리라고 굳게 믿었다. 그들은 그것을 찾기만 하면, 그것으로부터 모든 다른 지식을 엄밀한 체계로 구성할 수 있다고 믿었다. 그런데 콰인은 엄밀한 선험적 진리의 명제 혹은 진술이 존재조차 하지 않는다고 주장한다.

■ 관찰의 이론 의존성

분석적 진술의 참/거짓이 배경 지식에 의존한다는 콰인의 지적은 경험적으로 참인 종합적 진술에도 적용된다. 아무리 단순한 경험을 기술하는 혹은 표현하는 단순한 관찰문장이나 심지어 단어라도 그것은 배경 지식으로부터 독립적이지 않다. '총각'이란 의미를 제대로 이해하기 위해 우리가 문화를 알아야 하듯이, 사실을 기술하는 단순한 과학적 진술의 의미를 이해하려면 과학이론을 알아야 한다. 그러므로 '사실'은 '이론'으로부터 독립적일 수 없다. 예를 들어, 다음과 같은 실험 관찰진술을 고려해보자. "푸른색 리트머스 시험지를 이 용액에 담갔더니 붉게 변했다." (역시 콰인이 이런 예를 들어 설명하지는 않았다.) 실험자가 이 문장을 이해하려면 색깔이 무엇인지 폭넓은 교육이 있어야 하며, 더구나 '리트머스 시험지'라는 용어를 이해하기 위해서 상당한 시간의 학교교육이 필요하다. 그리고 그 진술로부터 "이 용액은 산성이다."라는 의미를 알려면 적지 않은 화학 관련 지식을 알아야만 한다. 알칼리성이 있다는 것과 함께, 중성도 있으며, 그러한 성질들이 어떻게 발생하고 어떤 작용을 하는지도 모두 이해한 후, 우리는 그 진술의 의미를 이해할 수 있다. 어떤 단어의 의미가 그러하듯, 단순해 보이는 관찰 역시 배경 지식에 의존한다. 그렇듯이 관찰진술인 종합적 진술은 우리의 전체 지식 체계로부터 독립적이지 않다.

이러한 측면에서 누구라도 어느 과학 지식을 직접 경험한 진술로 환원시킬 수 있다고 기대하는 것은 옳지 않다. 이러한 지적 역시 단지 논리실증주의에만 적용되는 것은 아니며, 이성(합리)주의 전통을 따르는 사람들에게도 적용된다. 우리의 지식이 그러한 본성을 갖는다면, 다시 말해서 지식이 서로 그물망처럼 얽혀 있다면, 어떠한 전통적 환원주의 주장도 옳을 수 없다. 결론적으로 이렇게 말할 수 있다. 그러한 환원주의에 대한 이상, 즉 우리의 지식을 명확한 단순한 요소로부터 구성적으로 설명할 수 있다는 기대는 이제 콰인에 의해서 원리적으로 철저히 무너졌다.[20]

논리실증주의가 가졌던 환원주의 독단은, 관찰진술이 다른 어느 정보 또는 진술로부터 독립적으로도 확증될 수 있다는 가정에서 나온다. 그렇지만 콰인의 전체론의 입장에 따르면, 우리가 관찰하는 진술은 전체 지식 체계와 관련하여 그 의미가 있다. 이러한 측면에서 콰인의 의미론은 러셀과 다르다. 앞서 2권에서 언급했듯이, 러셀은 '이름'을 표현하는 단어의 의미는 '대상'을 가리킴에서 나온다고 주장했으며, 비트겐슈타인은 그 입장을 보완하여 '관찰문장'의 의미는 세계의 '사실'로부터 주어진다고 주장했다. 그러한 기대에 따라서 논리실증주의자 카르납은 우리의 모든 지식을 관찰진술로부터 환원적으로 구성하려 했다. 그러나 콰인의 주장에 따르면, 언어의 의미는 지칭만으로 혹은 관찰만으로 직접 주어지지 않으며, 그보다 우리가 갖는 총체적 지식 체계에 의해 주어진다. 이것이 콰인의 '그물망 의미론(network theory of meaning)'이다. 콰인은 「경험주의의 두 도그마」에서 한마디로 이렇게 말한다. "경험적 의미의 단위는 과학 전부이다."(p.42)

그런데 이렇게 의미의 단위가 과학 지식 총체에 의해 결정된다는 것은 다만 경험적 진술에 대해서만이 아니다. 순수 수학이나 논리학의 가장 단순해 보이는 진술 또한 그러하다. 이러한 그의 주장을 기하학의 기초 명제에 적용하여 이해해보자. 데카르트가 명증적이라고 가장 신뢰했던 유클리드 기하학의 진술이란 "두 점 사이의 최단 거리 직선은 오직 하나이다."와 같은 공준이었다. 이전까지 철학자들이 보기에 이 명제만큼은 그 어떤 것에 의존함이 없는 그 자체로 진리였으며, 경험과 무관하게 단지 우리 이성의 논리적 사고만으로도 충분히 참이었다. 그러나 이제 콰인의 관점에서 돌아보건대, 그 자체로 참인 것은 아무것도 없다. 비유클리드 기하학의 체계에서 살펴보자면, 구 표면의 양극단 두 지점 사이의 최단 거리는 오직 하나가 아니며, 무수히 많다. 다시 말해서, 어떤 지식 체계를 갖는지에 따라서 그 명제는 참일 수도 거짓일 수도 있다. 위의 유클리드 기하학 명제가 참이라고 믿어졌던 것은 오직 유클리드 기하학 지식 체계 전체 내에서일 뿐이다.

이 시점에서 누군가는 다음과 같은 질문을 할 것이다. 고전적으로 유클리드 기하학의 기계론적 체계를 부정한다면, 콰인이 말하는 지식 체계는 어떤 모습인가? 그것은 피라미드 구조물과 같은 모습이 아니라, 거미줄 구조와 같은 '믿음의 그물망(web of belief)'이다.21) 그에 앞선 프래그머티즘 철학자들이 그러했듯이, 프래그머티즘을 계승하는 콰인 역시 영원한 어떤 진리가 있다거나 획득될 수 있다고 가정하지 않는다. 전문 학자의 지식이든 일반인의 상식이든, 모두 일종의 '믿음'일 뿐이다. 그 믿음의 그물망은 어떤 모습일까? 그의 관점에서 추정해보자면, 수많은 믿음 요소들은 서로 평면 구조로 연결되었다기보다, 입체 구조로 연결된 그물망일 것 같다. 그러한 입체 그물망 지식 체계의 구성 정보 요소들은 상대적 위치에 놓인다. 그런 그물망의 외곽 부분은 비교적 경험으로부터 직접 획득되는 요소이며, 따라서 쉽게 수정 가능한 요소이다. 반면에 그 내부 중심 부분은 상대적으로 추상적이며, 따라서 쉽게 수정되기 어려운 요소로 구성된다. 이렇게 지식 체계를 믿음의 그물망 구조로 파악하는 관점에서, 그물망 내부의 이론적 믿음이 선험적이든 경험적이든, 어느 단순한 믿음 요소에 의해 데카르트식 환원은 이루어지지 않는다.

여러 믿음 요소들은 그물망 내에 상호 연결되어 있어서, 우리는 심지어 직접 관찰한 것조차 때로는 신뢰하지 않기도 한다. 예를 들어, 비록 눈앞에서 벌어진 마술사의 상자에서 일어나는 놀라운 관찰들은 관객인 우리를 유쾌하게 만들어주지만, 우리는 그것을 쉽게 믿지 않는다. 그것이 아무리 직접적으로 얻어진 경험일지라도, 이미 습득한 지식 체계 그물망 전체의 관점에서 그 관찰은 속임수라고 가정한다. 또한 단 하나의 정보에 의해서 내부의 지식 체계 전체를 교정하는 일은 쉽게 일어나기 어렵다. 그 체계 내부의 정보는 그 체계 내의 핵심 추상적 믿음들이다. 가장 대표적으로 수학의 논리 규칙 같은 것들이 그러하다. 그러나 그렇다고 해서 그것들이 어떤 경우에도 수정될 수 없는 것은 아니다. 그 추상적인 정보 요소들이 경험적(구체적) 정보 요소들을 지배한다는 점에서, 상대적으로 상위 요소로 분류될 수는 있다. 그렇지만 반대로 그 요소들은 상대적으로 하위의 경험적 정보 요소들에 의해 수정될 수도 있다.

예를 들어, 전통적으로 철학자들이 논리 규칙 중 가장 부정할 수 없다고 여겼던 것이 '배중률'이다. 이것은 무엇을 'A'라고 말하면서 동시에 'A가 아니다'라고 말할 수 없다는 원리이며, 이것을 위반하면 모순이라고 인식되었다. 양자역학의 '상보성의 원리'를 생각해보자. '빛이 입자인가, 파동인가'의 논란은 그것이 과거의 지식 체계 혹은 배경 지식에서 서로 모순이라는 인식에서 나왔다. 이전까지 과학자들의 배경 지식의 관점에서, 입자 속성을 가진 무엇이 파동 속성도 갖는 일은 원리적으로 가능하지 않은 모순적 현상이었다. 그러나 오늘날 공식적으로 인정되는 관점(코펜하겐 해석)에서 보면, 그 현상들은 더는 모순이 아니다. 이처럼 어떤 원리를 그것이 단지 추상적이며 논리적이라는 이유만으로 '교정될 수 없다'고 확신하는 것은 옳지 않다.

콰인이 전문 과학자의 지식 체계 그물망만을 공적으로 인정하자고 주장하는 것은 아니다. 우리는 삶의 경험을 통해서 저마다 나름의 인식적 믿음의 그물망을 형성할 것이며, 그 개별적 삶이 모여 문화적 삶으로 서로 공유되는 만큼, 그 믿음의 그물망 역시 공유되는 부분이 크다. 그러므로 일상적 삶의 영역도 그물망의 요소로 자리 잡을 것이며, 그러한 측면에서 콰인이 바라보는 과학이란 상식에서부터 전문 과학으로 연장된다. 우리는 개인적으로 그리고 공적 경험을 통해 그러한 믿음의 그물망 구조를 지속적으로 수정하며 살아간다. 새로운 경험으로 믿음의 그물망 구성요소가 새롭게 형성 혹은 수정될 것이며, 따라서 그러한 그물망에 의해 형성되는 믿음의 그물망 구조는 우리가 세계를 내다보는 이론적 창이며, 인식적 틀이다. 또한 그러한 믿음의 그물망 구조가 미래 사건에 적용될 경우, 그것은 우리가 예측 능력을 발휘하게 해주는 이론 체계이다. 그러한 고려에서 콰인은 이렇게 말한다. "경험주의자로서 나는 과학의 개념 도식(conceptual scheme)이, 궁극적으로, 과거 경험에 비추어서 미래의 경험을 예측하는 도구라고 계속 생각해왔다."(p.44)

학문이 발전한다는 관점에서, 그리고 그러한 발전이 진화적으로 생존의 유리함과 연관된다는 측면을 고려하면, 과거 상식의 인식적 도식(epistemological scheme)에 비해 현대 과학이 제공하는 인식적 도식이 더욱 효과적인 예측을 제공해준다. 다시 말해서, 현대 과학은 인류에게 더 우월한 인식론을 제공한다. 그리고 그러한 과학이 제공하는 그물망 중심부의 추상적 요소들은 우리에게 세계를 더욱 단순하게 이해시켜줄 인식적 도식이다. 그 중심 요소들이, 외부 경험적 요소들과 연결되어 추상적 속성을 갖는 만큼, 단순성을 갖기 때문이다. 더 단순한 원리들이 더욱 많은 다양한 경험적 요소들을 포괄할 경우, 더 효과적이며, 예외를 덜 허용하는 인식적 도식으로 기능한다. 그러한 측면에서 콰인은 자신이 '철저한 프래그머티즘' 철학자라고 밝힌다. 콰인은, 앞선 프래그머티즘 철학자들처럼, 절대 진리를 단정적으로 가정하지 않으며, 과학 지식이 발전하고 변화한다는 것을 가정한다. 그러므로 그는 단번에 진리를 찾는 노력을 어떻게 해야 하는지를 탐색하기보다, 점차 진리에 가깝게 다가서는 방법으로서 경험을 강조하며, 그런 측면에서 경험주의자 편에 선다.

* * *

지금까지 살펴본 콰인 인식론의 관점에서, 위의 첫째 질문 "관찰은 이론 형성에 어떤 역할을 하며, 이론은 관찰에 어떻게 기능하는가?"에 콰인은 어떻게 대답하는가? 다르게 말해서, 관찰과 이론 사이의 관계를 그는 어떻게 바라보는가? 그는 다른 논문 「자연화된 인식론」(1969)에서 그의 입장을 명확히 드러낸다. 과학자는 자신이 가정한 가설에 비추어 실험 가설을 기획하고, 그것을 실험한다. 그러한 탐구 과정에서 과학자는 실험 결과가 가신이 가정했던 가설을 지지하는지 혹은 그렇지 못한지를 살펴본다. 만약 철학적 훈련을 받지 않은 과학자라면, 실험 결과가 자신이 가정했던 가설을 결정적으로 확증하는지 아닌지를 결정한다고 쉽게 가정한다.

그러나 콰인의 입장에서, 위의 첫째 질문에 우리는 다음과 같이 대답할 수 있다. 관찰은 이론에 의해 이루어지며, 이론은 관찰을 가능하게 해주는 개념 체계이다. 우리가 감각 경험을 할 수 있으려면 개념이 우선해야 한다고, 즉 선험적으로 개념이 존재해야 한다고 플라톤이 말했듯이, 콰인 역시 관찰에 앞서 이론적 개념 체계가 우선해야 한다고 보았다. 아무리 단순해 보이는 관찰일지라도 그것에 개념 체계가 관여되어야 하기 때문이다.

쉬운 이해를 위해서 무지개 색깔의 이야기를 다시 할 수도 있지만, 다른 사례를 들어보자. (역시 콰인이 들었던 예는 아니다.) 동양의 전통적 지혜에 따르면, 하늘은 둥글고 대지는 평편하다. 그러한 지혜에 따라서, 동양 혹은 한국의 옛 조상들은 높은 산에 올라서 아래를 내려다보며 이렇게 말했을 것이다. "보라! 대지가 평편한 것을 직접 볼 수 있다." 그렇지만 요즘의 젊은이라면 결코 그렇게 말하지 않을 것이다. 현대 천문학을 공부했기 때문에 그들은 아래를 내려다보며 이렇게 말할 것이다. "역시 지구는 둥글어. 그런 것을 눈으로 직접 확인할 수 있어." 이러한 사례를 통해서도 우리는 콰인의 관점을 이해할 수 있다. 관찰은 배경 지식의 개념 체계에 의존한다.

콰인은 저서『말과 대상』(1960)에서, 아주 단순한 감각조차 그것이 객관 그대로 우리에게 직접 주어진다기보다 개념 체계에 의해서 왜곡된다는 것을 더욱 세밀히 이야기한다. 그의 이야기에 따르면, 우리는 원초적 번역의 상황에서 어떤 말이 어떤 대상을 가리키는지를 확증하기 매우 어렵다. 그것은 아주 단순한 관찰에서조차 우리가 어떤 '분석적 가설(analytical hypothesis)'을 끌어들이기 때문이다. 매우 난해한 그의 주장을 가상 사례를 통해 이해해보자.

콰인은 영어권의 한 언어학자가 최초로 어느 인디언 부족 언어를 조사하기 위해서 그 마을로 들어가는 상황을 가정해본다. 그 언어학자는 원주민 언어를 전혀 알지 못하므로, 그 언어를 조사하려면 우선 그들의 말을 듣고, 그 말이 어떤 의미로 사용하는지 현장을 살펴보아야 한다. 그런데 그가 처음 듣는 언어 대화에서 단어 혹은 언어의 의미 단위를 어떻게 구분할 수 있을까? 그는 원주민 언어를 전혀 알지 못하지만, 나름의 구분 기준을 일단 세워보아야만 한다.

번번이 틀리고 오류가 있겠지만, 나름의 분류 가설을 설정해보고, 오류에 따라서 그것을 수정해가며, 원주민 언어 체계에 다가서야 한다. 다시 말해서 우리는 처음 듣는 관찰 혹은 경험에서도 나름의 분석적 가설을 끌어들여야 한다.

만약 그 언어학자가 우연히 원주민이 '가바가이(Gavagai)'라고 말하는 것을 들었다고 가정해보자. 그 언어학자는 그 말이 무엇을 의미하는지, 혹은 무엇을 지칭하는지를 어떻게 알 수 있을까? 그는 원주민이 말하는 현장을 관찰하면서 나름의 가설을 끌어들여 추정해보아야 한다. 만약 원주민이 그 말을 토끼가 뛰어가는 것을 보고 발화한 것으로 보인다면, 그 언어학자는 그 말이 '토끼'를 가리킨다고 혹은 지칭한다고 추정해볼 수 있다. 그렇지만 그런 단순한 관찰은 '가바가이'가 사물 토끼를 가리킨다고 확증해주지는 않는다. 혹시 원주민은 '뛰어가다'를 의미했을 수도, '걸어가다'를 의미했을 수도, 혹은 '쫑긋한 귀'만을 의미했을 수도 있기 때문이다. 이렇게 단지 현장의 상황이나 행동의 관찰만으로 그 말이 어떤 의미인지, 혹은 영어의 어떤 말로 번역해야 할지를 그 언어학자는 '확정적으로' 알기 어렵다. 그것은 원초적 번역의 상황에서 아주 단순한 관찰조차 순수한 관찰 자체가 아니기 때문이다. 그 관찰에도 우리는 어떤 분석적 가설 혹은 분류 기준을 적용한다. 이러한 측면에서, 원초적 번역(primitive translation)의 상황에서 우리는 어떤 언어(말)의 지칭을 확증하기 어렵다. 이것이 '번역불확정성(번역미결정성, in-determination of translation)'이며, 또한 '지칭불확정성(지칭미결정성, indetermination of reference)'의 주장이다.

콰인에 따르면, 그러한 번역불확정성과 지칭불확정성은 단지 원초적 번역의 상황에서만이 아니라, 우리가 모국어를 처음 배우는 상황에서도 일어난다. 심지어 번역불확정성은 우리의 일상적 대화에서도 일어난다. 그것을 이따금 우리가 상대의 대화 내용을 잘못 이해하는 경우에서 알아볼 수 있다. 물론 잘못 이해할 경우, 우리는 부차적 설명을 통해서 화자의 이해에 더 가깝게 접근할 수는 있다.

번역불확정성 및 지칭불확정성은 과학자가 어떤 관찰 혹은 실험을 설명하려는 처음 가설을 제안할 때에도 일어난다. 다시 말해서, 과학자는 특정 관찰을 설명하기 위해서 어떤 가설을 끌어들이지만, 그것이 과연 관찰을 이해하기에 적절한지 확증하기 어렵다. 또한 동일 관찰에 대해서 과학자마다 서로 다른 가설을 끌어들일 수 있으며, 따라서 서로 다르게 이해하고 설명할 수도 있다. 그리고 서로 다른 가설 중 어느 것이 옳은지, 우리는 '확정적으로' 말하기 어렵다. 이것이 콰인이 관찰과 이론 사이의 관계에 대해 말하려는 주장이다.

이러한 콰인의 관점을 아인슈타인의 글에서도 찾아볼 수 있다. 아인슈타인은 관찰과 이론 사이의 관계에 관해 철학자 수준의 철학적 식견과 사유를 보여준다. 앞서 15장에서 이미 살펴보았지만, 콰인을 공부한 후 여기에서 다시 보면 그 의미가 더욱 새롭게 다가온다. 아인슈타인은 『상대성이론』에서 이렇게 말한다.

체계적 이론의 관점에서 추정컨대, 경험과학의 진화 과정은 지속적인 귀납의 과정처럼 보인다. 이론들이 진화하면서, 수많은 개별 관찰문장들은 압축된 경험 법칙이란 형식으로 간결하게 표현되고, 그 일반 법칙은 개별 관찰문장들에 비교되어 확인될 수 있다. 이런 방식에 비추어볼 때, 과학의 발달이란 분류 목록을 축적하는 것에 비유된다. 본질적으로, 그것이 순수한 경험적 기획이다.

그러나 이러한 관점은 결코 실제 과학의 발달과정 전체를 포괄적으로 설명하지 못한다. 왜냐하면 그 관점은 실제 과학의 발달에 직관과 연역적 사고가 기여하는 중요한 역할을 간과하기 때문이다. 과학이 초보 단계를 벗어나기만 하면, 곧바로 이론적 진보는 더는 단지 관찰문장의 나열 과정으로 성취되지 않는다. 그보다, 경험 데이터에 이끌리는 연구자는 하나의 사고 체계를 개발하며, 그 체계는 일반적으로 공리라 불리는 몇 개의 기초 가정들로부터 논리적으로 구성된다. 우리는 그러한 사고 체계를 '이론'이라 말한다. 이론은 '그 자체가 수많은 단일 관찰들과 관련된다'는 사실에서 그 자체 존재의 정당성을 찾으며, 바로 이것이 이론의 '진리'가 있는 곳이다.

일부 복잡한 경험 데이터에 대응하는 아주 다른 몇 가지 이론들이 있을 수 있다. 그러나 (실험 가능한) 그러한 이론들로부터 연역되는 결과에 비추어, 그 이론들 사이에 합의가 너무 완벽하므로, 두 이론 중 어느 것이 더 나은지를 발견하기란 거의 불가능하다. 예를 들어, 일반적으로 주목받는 경우가 생물학 분야에 있으며, 생존경쟁에서 선택됨으로써 종이 발달한다는 다윈 이론과, 획득 형질이 유전된다는 가설에 근거한 발달 이론[라마르크 이론]이 그러하다.

우리는 다른 두 이론으로부터 연역된 결과들이 서로 상당히 일치하는 다른 사례를 알고 있다. 그 하나는 뉴턴 역학이며 다른 하나는 일반상대성이론이다. 그러한 일치는 상당하여, 오늘날까지도 일반상대성이론이 탐구할 수 있었던 연역에서부터, 이전 시대 물리학이 이끌어내지 못했던 연역에까지 거의 찾아보기 힘들다. 그럼에도 불구하고, 그 두 이론 사이에 기초 가정들은 매우 다르다.22)

아인슈타인이 말하는 의미를 조금 더 쉽게 이해해보자. 우리가 앞서 살펴본 논리실증주의의 전제에 따르면, 어떤 이론 혹은 가설이 개입되지 않는 객관적 관찰, 즉 순수한 관찰이 가능하며, 그러한 관찰로부터 귀납적으로 이론이 확증될 수 있다. 그렇지만 실제 과학의 발달과정을 살펴보면, 과학이론이란 관찰을 넘어서 체계적 설명의 구조를 갖추어야 공적으로 인정받는다. 그리고 특정 관찰 혹은 현상을 설명해주는 가설은 오직 하나가 아니라 여럿 제안될 수 있다. 그러므로 그 여러 가설 중 어느 것이 옳은지 우리는 관찰만으로 확정하기 어렵다. (위의 인용문을 읽어보는 것만으로도 이론 물리학자 아인슈타인이 얼마나 깊은 철학적 내공을 쌓은 인물인지 알아볼 수 있다. 그는 '철학하는 과학자'가 맞다.)

그러한 아인슈타인의 생각, 관찰과 이론 사이의 관계를 조금 더 엄밀하게 콰인은 「자연화된 인식론」에서 아래와 같이 말한다.

이따금 이론에 의해 함축된 경험이 성공에 실패할 수 있으며, 그러면 이상적으로 우리는 그 이론이 거짓이라 천명한다. 그러나 그 실패는 단지 전체로서 한 덩어리의 이론, 즉 많은 진술문의 연언 (conjunction)만을 거짓 입증한다(falsify). 그 실패는 하나 또는 그 이상의 그런 진술문이 거짓임을 보여주지만, 그것이 어느 것인지 보여주지는 못한다. (참 그리고 거짓의) 예측된 실험은 그 이론의 요소 진술문 중 (다른 것보다) 어느 하나에 의해 함축되지 않는다. 그 요소 진술문은 … 충분히 포괄적 이론의 부분을 함축한다. 만약 우리가 일종의 '세계의 논리적 구성'을 기왕에 갈망할 수 있다면, 관찰과 논리-수학적 용어들로 번역해야 할 텍스트는, 단지 용어 또는 짧은 문장이라기보다, 전체로서 포착되는 가장 넓은 이론의 [논리적 구성] 이어야 한다.23)

이러한 콰인의 관점에 따르면, 관찰 증거란 사실상 이론들을 위한 것들이라 말할 수 있으며, 어쩌면 관찰 증거란 '이론들의 경험적 의미'라고 말할 수도 있겠다. 한마디로 말해서, 순수한 객관적 관찰이란 존재하지 않는다.

위와 같은 아인슈타인과 콰인의 생각에 대해 누군가는 혹시 아래와 같이 질문할 수 있다. "그렇지만 과학의 발달과정에서 우리는 결국 어느 이론이 옳은지를 결정할 수 있지 않는가? 우리가 그것을 어떻게 결정할 수 있었는가?" 누군가 이렇게 질문한다면, 아마도 콰인은 다음과 같이 대답할 것 같다. 언어의 의미는 지식 그물망으로 결정된다. 그러므로 우리가 특정 언어의 의미를 이해할 수 있으려면, 동일한 의미 그물망을 지녀야 한다. 물론 사람들마다 의미 그물망은 조금씩 차이가 있어서, 누군가는 더욱 깊이 이해할 수 있으며, 누구는 그렇지 못할 수 있다. 그러나 동일 문화권의 사람들은 공동의 의미 그물망을 가지고 있어서 서로 소통할 수 있다. 그러한 그물망의 배경 지식을 보완 및 수정함으로써, 우리는 한때 이해하기 어려운, 혹은 인정할 수 없었던 주장이나 이론을 훗날 이해하고 인정할 수 있기도 하다. 과학사는 그러한 많은 사례를 보여준다.

지금까지 콰인이 관찰과 이론 사이의 관계를 어떻게 보았는지를 살펴보았다. 이제 그러한 입장에서 둘째 질문으로 옮겨가 보자.

■ 철학의 과학적 연구

콰인의 관점에서 나오는 둘째 질문은 "과학은 어떻게 탐구되어야 하는가?"라는 연구 방법에 관한 것이다. 앞서 알아본 콰인의 전체론에 따르면, 어떤 단순한 직접 경험 혹은 관찰이라도 그것은 순수한 객관성을 갖지 못한다. 그것이 이론에 의존하기 때문이다. 그렇다면 우리는 객관적 관찰을 통한 과학 연구를 포기해야 하는가? 다시 말해서, 우리가 이제 실험적 연구를 중단해야 한다는 것인가? 전혀 그렇지 않다. 어차피 우리는 데카르트식 환원주의에 따라서 이론을 경험으로 정당화할 수 없다. 그렇다면 우리는 과거의 엄밀한 환원적 설명을 포기하고서 실험 연구를 '귀납적으로' 지속하면 된다. 어떻게 그러할 수 있는가?

콰인은 빈학단의 구성원 노이라트(Otto Neurath, 1882-1945)의 비유를 통해서 대답한다. "과학자는 배를 타고 운항하면서 그 배를 수선해야 하는 선원과 같다." 여기서 과학자를 선원에 비유한 것이라면, 선원이 탄 배는 과학자가 연구를 시작할 수 있는 배경 지식 혹은 이론을 비유적으로 의미하며, 배를 운항하면서 선원이 마주하는 파도는 경험 혹은 관찰을 의미한다. 배를 탄 선원은 파도를 경험하면서 필요에 따라 자신이 탄 배를 수리하거나 구조를 변경해야 한다. 그러하듯이, 과학자는 어느 이론에 의존해서 연구를 시작할 수밖에 없으며, 자신이 진행하는 실험에 따라서 자신의 이론을 수정하거나 변경해야 한다. 과학자는 아무런 이론도 없이 결코 연구를 수행할 수 없기 때문이다. 그렇게 과학자는 이론의 배에 탄 채로 그 이론을 수리하면서 항해를 지속하는 선원과도 같다.

그러한 과학자는 어쩔 수 없이 경험에 의존해서 기존 이론을 수정하거나 변경하여 새로운 이론을 제안해야 한다. 그러므로 콰인은 다른 프래그머티즘 철학자들처럼 철저히 경험주의적이다. 그에 앞선 프래그머티즘 철학자들은 자신들이 왜 경험적 연구에 기초해야 하는지를 명쾌히 설명하지 못했지만, 콰인은 그것을 해명한다. 콰인은 전통적 경험주의 관점을 비판함에도 불구하고, 경험주의 편에 서라고 주장한다. 그는 파이어아벤트처럼 특정한 과학 연구 절차를 방법론으로 제안하지는 않는다. 과학자들은 이미 가지고 있는 이론 및 가설에 따라서, 보이지 않는 자연의 테이블 밑에 손을 밀어 넣고 더듬어 무언가를 찾아보라는 정도이다. 반복되는 이야기지만, 우리는 자신이 가진 이론이 얼마나 확실한지를 판정할 객관적 기준을 갖지 못하기 때문이다.

여기까지 이야기를 들으면서, 누군가는 이어서 이러한 질문을 할 수 있다. 과거 유능했던 과학자들 혹은 새로운 발견을 했던 과학자들은 그럴 만한 특별한 비법을 가지지 않았을까? 그들이 다른 이들과 달리 자신의 연구에서 탁월함을 발휘할 수 있었던 것은 무엇 때문인가? 콰인은 이런 질문에 대답하기 어려웠을 듯하다. 그러한 질문에 우리는 현대 뇌과학을 이해하는 배경에서 구체적으로 대답할 수 있다. 이론이 뇌에 어떻게 형성되는지부터 이해해야 하기 때문이다.

* * *

이제 셋째 질문, "철학은 어떻게 탐구되어야 하는가?"에 대답해 보자. 이것에 대한 대답은 과학과 철학 사이의 관계에 관한 대답을 포함한다. 전통적으로 철학은 과학의 기초를 연구하는 학문으로서, 과학의 연구 방법과 달리 선험적으로 연구되어야 한다는 인식이 있었다. 그러나 앞서 알아보았듯이, 최근 과학의 발달과 그 철학적 의미를 이해하는 철학자라면 이제 더는 그렇게 주장하기 어렵게 되었다. 콰인은 「자연화된 인식론」에서 철학의 연구 방법에 관해 이렇게 말한다. 전통의 선험적 연구보다 "심리학에 만족하는 것이 훨씬 현명할 수 있다. 허구적 구조로 유사한 효과를 제조하기보다, 차라리 과학이 실제로 어떻게 발달하고 학습되는지 발견하는 것이 나을 것이다."(p.78) 마치 과학을 경험적이며 귀납적으로 탐구하라고 권유하듯이, 철학 역시 경험적이며 귀납적으로 탐구하라는 것이 그의 대답이다. 왜 그래야 하는가?

프래그머티즘의 관점에서 보면, '지식'이란 사실 누군가의 '믿음'일 뿐이다. 과학의 성장을 고려해볼 때, 지금 참이라 믿어진 것은 훗날 거짓이거나 오류로 판명될 수 있다. 왜냐하면 과거 혹은 지금 판단의 옳고 그름은, 여러 학문이 새로운 성과를 냄에 따라서, 다시 말해서 우리의 배경 지식 및 이론 체계가 변경됨에 따라서 바뀔 수 있기 때문이다. 그리고 이것은 우리의 어느 요소의 앎 혹은 믿음이 다른 믿음의 요소들과 그물망으로 연결되어 있기 때문이다. 한마디로 우리의 믿음은 전체론적(holistic)이다. 과학의 어느 명제도 자체로 명증적이지 않듯이, 철학의 어느 명제도 자체로 명증적이라는 믿음은 환상이다. 따라서 그의 관점에서 이렇게 말해볼 수 있다. 철학자는 최근 과학의 연구 성과들을 열심히 들여다보아야 한다. 마치 배를 탄 선원이 배를 수선해가면서 운항하듯이, 철학자 역시 새로운 과학적 성과에 따라서 자신이 가진 철학 원리를 수정해야 하기 때문이다.

그러므로 우리는 철학을 과학적으로 연구해야 한다. 이런 주장은 '철학의 자연주의(naturalism of philosophy)'라 불린다. 우리가 과학을 경험적이며 귀납적으로 연구해야 하듯이, 철학도 경험적이며 귀납적으로 탐색하자는 것이다. 콰인이 이렇게 제안할 수 있었던 것은 과학과 철학 사이의 관계를 전통 철학의 관점과 다르게 보기 때문이다. 전통적 관점에 따르면, 철학은 과학에 대한 반성적 탐구이며, 그런 측면에서 과학의 메타 수준의 연구라는 인식이 있었다. 그렇지만 퍼스가 "어떤 제1철학도 없다."라고 선언했듯이, 그는 과학과 철학을 엄밀히 구분하지 않는다.

그러면 우리가 구체적으로 철학의 어떤 주제를 과학적으로 연구할 수 있는 것일까? 그는 과학과 철학의 상호 영향을 전망하면서, "자연과학 내에 인식론, 인식론 내에 자연과학"을 탐구하자고 제안한다. 그의 제안에 따르면, 전통적으로 철학자들은 인식론에서 '지식의 본성'을 연구해왔지만, 이제 철학자는 그것을 과학적으로 연구해볼 수 있다. 이러한 제안은 전통 철학자들이 반대했던 탐구 방향이다. 심지어 최근 비트겐슈타인과 그 추종자들은 "철학이 인식론을 연구할 수 있다는 망상을 버려야 한다."고까지 주장했다. 그렇지만 콰인은 인식론의 연구야말로 인간이 인간 자신에 대한 학문으로서 과학적으로 접근해볼 수 있다고 주장한다. 그리고 그는 과학적 인식론의 탐구 주제를 아래와 같이 구체적으로 제안한다.

예를 들어, 우리 인간이 세계에 대한 입력 정보를 어떻게 받아들이고, 그것을 어떻게 처리하며, 출력 행동을 어떻게 수행하는지 등을 연구할 수 있다. 이것은 과거에 철학적 주제였지만, 지금 시대에 우리는 과학의 영역에서도 충분히 연구해볼 수 있다. 구체적으로, 우리 눈의 망막은 외부세계의 빛 신호를 평면적으로 수용한다. 그것은 망막이 2차원의 평면이기 때문이다. 그런데 우리 뇌는 세계를 3차원으로 인식할 수 있다. 이것은 감각기관 자체의 기능을 넘어선다. 그렇게 감각기관 자체를 넘어서는 인지적 능력은 우리의 철학적 호기심을 자극한다.

그리고 과학적 연구와 관련한 다른 흥미로운 철학적 탐구는 우리의 지각적 규범에 관한 연구이다. 우리는 수많은 다양한 발화 소리를 듣고서 그것들을 분별하는 규범을 형성한다. 그것이 어떻게 가능할 수 있을까? 이러한 주제 역시 철학의 규범적 인식론의 의문이지만, 실험과학으로 접근해볼 주제이기도 하다.

또한 우리는 경험을 통해서 무의식적으로 내면의 생각을 바꿀 수 있다. 학문을 공부하면 자신의 세계관이 바뀔 수도 있는데, 그것은 내면의 '사고 틀' 혹은 '도식(scheme)'이 바뀐다는 의미이다. 그렇다면 철학적 호기심이 자극되어, 전통적으로 철학자들이 물어온 질문을 다시 하게 된다. 우리가 세계를 바라보는 '범주 체계'란 무엇인가? 이것은 철학자들이 전통적으로 인식론의 영역에서 탐구했던 주제이다. 심지어 우리가 세계를 바라보는 색깔 지각의 구조적 기질이 무엇인지, 그리고 그러한 기질이 생존에 어떤 중요한 역할을 가지는지 등도 철학의 주제이면서 과학으로 탐구 가능한 영역이다.

끝으로, 진화가 인류에게 혜택을 제공한 것으로, 우리는 귀납추론 역량을 가진다. 앞서 귀납추론의 정당성 문제를 검토하였듯이, 그것이 우리 인간의 과학에 중요한 주제였던 것은, 우리가 귀납추론을 통해 일반화를 얻는다고 믿기 때문이다. 그것이 어떻게 가능한지를 아직 철학이 해명하지 못했지만, 오늘날 철학자는 그 문제를 과학적으로 해명할 수 있다고 기대해볼 수 있다. (이러한 여러 탐구 주제들, 즉 과학적으로 연구할 철학의 주제들을 잘 기억해두자. 4권에서 이러한 주제들을 뇌과학의 배경에서 논의한다.)

* * *

이러한 콰인의 '철학적 자연주의' 또는 '자연화된 인식론'의 제안은 지금까지 선험적 방법으로 철학을 연구해온 거의 모든 철학자에게 중요한 도전이며 논쟁거리가 되었다. 외국 학자들은 물론, 한국의 적지 않은 철학자들 역시 이 주제를 많은 저서와 논문에서 다루었고, 그들 대부분은 콰인의 입장에 우호적이지 않다. 콰인에 대한 여러 비판적 논의 중 가장 주목되는 두 논문의 입장을 살펴보자. 하나는 미국 철학자 퍼트남의 논문이고, 다른 하나는 한국계 미국 철학자 김재권의 논문이다. 그들은 콰인에 대해 어떻게 반론하였는가?

힐러리 퍼트남(Hilary Putnam, 1926-2016)은 논문 「이성은 왜 자연화될 수 없는가?(Why reason can't be naturalized?)」(1981)에서 아래와 같이 콰인을 분석한다. 콰인은 철학자들의 인식론 탐구가 지식의 정당화에서 실패했다는 점을 이야기하면서, 지금까지 개념적 환원에 실패해왔다는 것을 지적한다. 그러므로 그는 지금까지 해오던 전통 인식론의 탐구를 포기하자고 말한다. 다시 말해서, 그는 그러한 정당성의 논의를 하지 말자고, 즉 인식론의 규범적 논의를 하지 말자고 주장한다.

그러나 퍼트남이 보기에 철학은 본래 규범적 논의이다. 철학자가 정당성의 논의를 버릴 수는 없다. 그것은 합리성 논의를 포기하자는 것과 같기 때문이다. 합리성은 자연화될 수 없으며, 과학적 탐구로 설명될 것이 아니다. 만약 철학이 그것을 포기한다면, 인식론이 인식론이기를 포기하는 것과 다름없다. 그것은 철학이 철학적 논의를 포기하자는 것이다. 한마디로 철학은 본래 규범적 논의를 연구하는 분야이며, 콰인은 그것을 잊고 있다.

또한 김재권(1934-2019)은 논문 「'자연화된 인식론'이 무엇인가?(What is 'naturalized epistemology'?)」(1988)에서 자연주의 인식론에 아래와 같이 반대한다. 전통 인식론의 목표는 데카르트의 『성찰』에서 찾아볼 수 있는데, 하나는 우리가 믿음을 수락할 '기준'이 무엇인지 탐색하는 일이며, 다른 하나는 그 기준에 따라서 우리가 무엇을 안다고 말할 '근거'인지를 해명하는 일이다. 그리고 그것은 로크를 비롯한 경험주의 철학자들도 모두 탐구했던 목표이다. 그러한 탐구 목표는 정당화를 탐색하여 얻어지는 규범적 논의이다. 다시 말해서, 철학은 본래 규범적 논의를 다룬다.

이러한 김재권의 관점에 따르면, 콰인의 인식론은 그 탐구를 철학에 머물기를 포기한다. 콰인의 자연화된 인식론이란 정당화된 지식의 개념을 다루지 않기 때문이다. 콰인은 '이론', '표상' 등을 인과적 수준에서 다루자고 제안한다. 그러나 철학이 그렇게 지식의 정당화에 대한 논의를 포기한다면, 그것은 지식(knowledge)에 대한 논의를 하지 말자는 것이다. 그러나 자연화된 인식론의 논의에서 왜 규범적 논의 혹은 정당성 논의가 배제되어야만 하는가? 그런 연구에도 규범성과 정당성 연구는 필요하다. 그리고 만약 그러한 연구가 합리적 규범에 따라 평가되지 않는다면, 그 연구는 인식론으로서의 자격을 상실한다.

이상과 같이 콰인의 자연화된 인식론을 공격하는 대표적인 입장을 보면, 그 공격은 다음과 같은 전제에서 나온다.

(1) 규범적 탐구(normative investigation)와 기술적 탐구(descriptive investigation)가 엄격히 구별된다.24)
(2) 정당화(justification) 개념과 합리성(rationality) 개념이 긴밀히 연결되어 있다.

위와 같은 전제로부터 인식론의 자연화에 반대하는 그들의 주장이 아래와 같이 나온다. 첫째, 규범적 탐구와 기술적 탐구가 엄격히 구분되고, 철학은 본래 정당성을 찾으려는 규범적 논의이며, 과학은 자연에 대한 기술적 연구이다. 그러므로 인식론의 자연화 주장은 철학적 탐구 자체를 포기하자는 것이다. 둘째, 전통적으로 철학의 정당성 탐구는 합리적 설명을 얻기 위한 노력이었다. 만약 자연화된 인식론이 합리성을 배제하는 기술적 탐구라면, 그것은 철학적 탐구가 아니다. 이러한 배경에서 콰인의 자연화된 인식론 주장은 철학적 논의를 그만두는 것이다.

위와 같은 두 학자의 공격에 콰인 스스로는 아무런 대응도 하지 않았다. 아마도 그것은 이러한 공격의 논문이 나온 것이 자신의 논문이 나오고 10여 년 이상 세월이 흐른 뒤이기 때문일 수 있다. 어쩌면 그보다 콰인 자신이 그런 공격에 대응할 가치가 없다고 생각했을 수도 있다. 왜냐하면 그는 논문 「자연화된 인식론」에서 그들이 지적하는 부분을 이미 해명하였기 때문이다. 콰인이 그 논문에서 어떤 해명을 하였던가?

앞서 살펴보았듯이, 콰인은 전통 철학의 목표가 잘못 설정된 것임을 현대 과학의 성과에 비추어 주장하였다. 전통 철학자들, 데카르트를 비롯한 이성주의 철학자들과 로크를 비롯한 경험주의 철학자들 모두는 수학과 기하학이 엄밀한 합리적 정당성을 가진 지식 체계라고 가정하였다. 그러나 괴델에 의해서 그것이 부정되었다. 콰인의 제안은 우리 인류가 전통 철학자들이 꿈꿔왔던 종류의 지식을 가진 적이 없었으며, 가질 수도 없다는 인식에서 나왔다. 그것은 분석적 지식이 선험적 참이라고 인정될 수 없다는 콰인의 지적에서도 드러난다. (사실 콰인에 앞서 미국의 철학자 게티어(Edmund L. Gettier, 1927-)는 짧은 논문 「정당화된 참인 믿음이 지식인가?(Is Justified True Belief Knowledge?)」(1963)에서 '지식이 정당화된 참인 믿음일 수 없다'는 것을 논증적으로 보여주었다.)

그리고 콰인의 입장에서, 규범적 논의와 기술적 논의가 서로 독립적이라는 주장은 설득력이 없다. 우리의 앎은 '믿음의 그물망'으로 구성되어 있으며, 따라서 어느 규범적 논의도 과학자들이 탐구한 기술적 논의로부터 독립적일 수 없다. 과학자들에 의해서 새롭게 연구되는 기술적 탐구에 따라서 철학자들의 규범적 논의와 정당화 논의는 영향 받으며, 변경될 수 있기 때문이다. 철학자의 어떤 규범적 판단은, 그가 세계에 대해 새로운 사실적 인식을 가짐에 따라서 바뀔 수 있다.

심지어 철학의 합리적 정당성 논의 혹은 규범적 논의는 기술적 논의로 대체될 수도 있다. 예를 들어, 고대의 데모크리토스는 세계의 구성 원소로서 원자가 존재해야 하는 이유를 논리적 정당성으로 설득하려 하였다. 그리고 원자들 사이에는 진공이 존재해야 한다고 합리적 논증으로 주장하였다. 또한 아리스토텔레스는 나름의 논리적 근거에서 진공이 존재할 수 없으며 빈 공간처럼 보이는 곳에 에테르가 채워져 있다고 정당화하였다. 그러나 오늘날 우주의 구성 물질 혹은 원소에 대한 탐구는 정당성보다 사실을 들여다보려는 기술적 탐구로 진행된다. 콰인의 주장에 따르면, 이제 인식론의 탐구마저도 기술적 탐구에 의존할 수 있으며, 기술적 탐구로 대체되는 부분도 일부 있을 수 있다. 현대 인간은 이제 인식의 기원과 과정을, 명확하지 않은 형이상학적 탐구에서 벗어나, 실험심리학적으로 그리고 뇌신경학적으로 탐구할 수 있기 때문이다.

이러한 이야기는 우리의 궁금증을 더욱 촉발한다. 철학의 주제였던 지식의 본성 혹은 앎의 본성에 대해서, 그리고 지식의 기원과 한계 및 범위 등 전통적 인식론의 문제를 이제 어떻게 뇌신경학으로 탐구할 수 있을까? 그리고 그러한 탐구가 있기는 하였는가? 콰인이 기대하듯이 자연화된 인식론, 즉 과학에 근거한 인식론을 탐구하는 철학자가 있기는 하였는가? 혹시 철학자가 아닌 뇌과학자가 그러한 연구를 진행하는가? 그 대답은 "그렇다"이다. 다음 4권에서 그러한 탐구를 알아보자.

* * *

하지만 그렇게 넘어가기 전에 전통 철학의 중요 쟁점 하나를 더 다루어야 한다. 플라톤과 아리스토텔레스에게서 시작되었고, 로크와 흄에게서 쟁점이 되었던 철학의 문제, 즉 존재론의 문제이다. 그것은 '보편자 실재론'에 관한 문제였다. 우리는 보편적이며 추상적인 개념들을 알고 사용한다. 앞서 1권과 2권에서 알아보았듯이, 보편 개념의 철학적 의문은 이렇다. 보편 개념에 대응하는 실재가 세계의 존재를 가리키는가, 아닌가? 다시 말해서, 보편 개념이란 추상적 개념은 세계에 실재하는 무엇인가, 아닌가? 한 관점에서 보면, 그것은 실재를 가리킨다. 반면에 다른 관점에 따르면, 그것은 단지 이름이나 개념일 뿐이다. 고전 철학에서 전자의 대표적 입장을 플라톤과 아리스토텔레스에게서 찾아볼 수 있으며, 후자의 입장을 로크와 흄에게서 찾아볼 수 있다. 그리고 현대 과학철학의 중요한 쟁점으로 전자의 입장은 과학적 실재론(scientific realism)으로 불리며 대표적으로 콰인이 있고, 후자의 입장은 도구주의(instrumentalism)로 불리며 대표적으로 퍼트남이 있다. 앞의 입장에 따르면, 과학의 개념과 이론이 세계의 실재(reality)를 가리킨다. 반면에 뒤의 입장에 따르면, 과학이론이란 단지 가설로서, 새로운 과학이 발전하면 대체되고 만다. 그러므로 그것은 우리가 세계를 이해하는 도구일 뿐, 실재를 가리킨다고 인정되지 않는다. 여기서 그들의 입장을 상세히 논하지는 않겠다. 다만 전통적 쟁점으로서 보편 개념이 실재를 가리키는지 아닌지의 의문에 콰인이 어떤 해답을 내놓았는지만 알아보자.

콰인은 논문 「존재하는 것들에 관하여(On What There Is)」(1948)에서 자신의 입장을 이해하기 어려운 말로 이렇게 표현하였다. "존재하는 것은 속박 변항의 값이다." 그리고 "동일성이 없다면, 존재하는 것도 없다(No entity, without identity)." 이렇게 난해한 이야기를 쉽게 이해해보자. 무엇을 있다고 말하려면, 우리는 그것이 무엇인지 구체적으로 말할 수 있어야 한다. 다시 말해서, 존재한다고 주장하는 용어에 대응하는 것이 어떠어떠한 것인지를, 즉 동일성이 무엇인지를 구체적으로 말할 수 있어야 한다. 그리고 그것이 공적으로 인정받을 수 있는지를 검토해보아야 한다. 그러지 않은 채 어떤 보편 개념이 막연히 존재한다고 말할 수는 없다. 왜 그러한가?

콰인의 입장에서 어떤 언어의 의미는 전체 개념 체계와 관련하여 파악된다. 따라서 무엇이 존재하는지 역시 전체 개념 체계에 의존하여 결정되어야 할 문제이다. 이러한 기준에 따라서 현대 과학 개념 체계를 벗어나는 무엇이 존재한다고 인정되기 어렵다. 다시 말해서, 보편 개념이기만 하면 어느 것이나 존재한다고 인정하려는 입장이나, 반대로 어느 것이라도 추상적 개념이라면 실재를 가리키지 않는다는 입장 역시 옳지 않다. 한마디로, 어떤 보편 개념 혹은 추상적 개념이 공적인 전체 개념 체계 내에서 인정받을 수 있는지를 살펴보아야 한다.

그렇다면 콰인의 입장에 따라서 추상적 개념이 어떻게 존재한다고 주장될 수 있을지를 검토해보자. 쉬운 예로, 누군가 "신은 존재한다."라고 말한다면, 그리고 "신은 우리가 알 수 없는 존재로서 존재한다."라고 말한다면, 위의 콰인의 기준을 벗어난다. 그렇게 '알 수 없는 무엇이 있다'는 식의 주장으로는 우리를 설득하지 못한다. 그리고 우리는 그러한 존재를 가정할 필요가 없다. 또한 누군가가 "영혼이 존재한다."라고 말할 수 있으려면, '영혼'이 공적으로 인정되는 현대 과학의 관점에서 어떻게 설명될 수 있을지를 고려해보아야 한다. 영혼이 어떤 '원자'로 구성되었는지, 아니면 원자보다 작은 어떤 '미립자'로 구성되는지, 그리고 그것이 어떤 '에너지'로 작동하는지 등이 설명되어야 한다.

이러한 맥락에서 철학자 헤겔이 '시대정신'이 존재한다고 말했는데, 그리고 라이프니츠는 '모나드'가 존재한다고 말했는데, 그러한 주장이 인정되려면, 과연 그것이 현대 여러 분야의 맥락에서 인정될 수 있는지, 그것이 구체적으로 어떻게 작용하여 우리의 삶과 역사에 영향을 미친다는 것인지를 각각 설명할 수 있어야 한다. 다른 예로, 어느 철학자가 만약 "직관으로 본질을 본다."라고 말할 수 있으려면, '직관'과 '본질'이 무엇인지 구체적으로 설명하여 공적으로 인정받아야 한다. 그럴 수 있을 때, 비로소 '직관'이 존재하고 '본질'이 존재한다고 인정받을 수 있다.

이러한 입장에서 우리는 전통적 존재론의 문제가 어느 정도 해소되는 것을 본다. 아리스토텔레스가 논리학을 정립하면서, 문장의 문법적 구조에 따라서 주어의 단어는 그 무엇이든 실체를 가리킨다고 가정되었던 실재론의 입장이 있었다. 반면에 로크와 흄이 주장하듯이, 그것은 단지 언어일 뿐 무엇을 가리킨다고 가정할 필요가 없다는 입장도 있었다. 적어도 이제 그러한 고전적 문제는 콰인의 입장에서 어느 정도 해소된다.

콰인의 이야기를 마치며 이런 질문을 해볼 수 있다. 콰인의 철학이 현대 과학의 양자론과 부합하는가? 이런 질문이 나오는 이유는 이렇다. 앞에서 '관찰의 이론 의존성'을 설명하면서, 아인슈타인이 그러한 콰인의 입장을 적극적으로 주장하는 내용을 잠시 알아보았다. 그렇다면 아인슈타인의 상대성이론을 넘어 현대 양자론 역시 앞서 이야기했던 콰인의 관점을 지지하는지 궁금해진다.

■ 양자론의 철학(하이젠베르크)

20세기 현대 과학을 대표하는 기초 과학으로서 현대 물리학은 아인슈타인의 상대성이론과 양자론을 꼽는다. 아인슈타인의 상대성이론은 광속불변의 원리에 비추어 시간과 공간의 본성이 무엇인지를 연구하며, 중력과 시공간 사이의 관계를 다루는 거시 물리학이다. 반면, 현대 양자론은 원자보다 작은 미립자를 다루면서, 빛의 본성에 새롭게 접근하는 미시 물리학이다. 앞서 콰인을 다루면서 그를 지지하는 관점을 아인슈타인의 말에서 확인하였다. 그렇다면 현대 양자론의 입장에서도 콰인의 관점이 지지받을 수 있을까? 그 것을 하이젠베르크에서 살펴볼 수 있다.

하이젠베르크(Werner Heisenberg, 1901-1976)는 독일의 이론물리학자로 양자역학의 대표 개척자 중 한 사람이다. 그는 1925년 양자역학(quantom mechanics) 발전에 획기적인 논문을 발표하였고, 같은 해에 양자역학의 행렬 수학을 내놓았으며, 1927년 「불확정성원리(Uncertainty Principle)」를 발표하였다. 1932년 양자역학을 발전시킨 공로로 노벨 물리학상을 수상하였다. 1933년 독일에 나치 정권이 들어서고, 그곳에서 1939년 핵분열이 발견되는 계기로, 그는 독일 원자력 프로젝트에서 중심 역할을 담당해야 했다. 제2차 세계대전 후 다른 독일 핵물리학자들처럼 그도 연합군에 체포되었다가 풀려났다. 이후 그는 초전도체에 관한 논문을 발표하였다. 그리고 1957년 독일 원자력 발전 개발에 중심 역할을 담당했다. 그후로 그는 여러 학회의 회장직을 맡았고, 특히 알렉산더 폰 훔볼트 재단 이사장직을 역임했다. (알렉산더 폰 훔볼트는 19세기 자신의 개인 재산을 들여서 남아메리카를 탐험하고 기록으로 남긴 탐험가이다. 그의 탐험 여행기는 찰스 다윈이 탐험 중에 가지고 다니며 참고했을 정도로 다윈에게 큰 영향을 미쳤다. 훔볼트가 없었다면 다윈도 없었다고 한다.) 하이젠베르크는 1957년부터 플라스마 물리학에 관심을 가졌고, 핵융합 연구도 시작하였다. 이후 그는 국제핵 물리협회 회원과 위원장을 맡기도 했다.

여기서 관심은 하이젠베르크의 업적 중 특별히 양자역학의 철학적 의미이다. 그는 양자역학이란 미시 물리학을 연구하기 위해 자신의 연구를 철학적으로 사고한다. 한마디로 그는 '철학하는 과학자'였다. 그것을 보여주는 저서로 『부분과 전체』는 한국의 물리학과 학생들에게는 물론 자연과학을 배우는 다양한 분야 학생들에게 필독서로 꼽힌다. 그렇지만 그가 철학하는 과학자임을 더 잘 보여주는 저서는 『철학과 물리학의 만남(*Physics and Philosophy*)』(1958, 1959)[25]이다. 이 책에서 하이젠베르크는 양자역학의 역사적 발달과정과 그 철학적 의미를 아래와 같이 탐색한다.

양자역학 혹은 양자론의 주제는 우리의 일상생활 경험을 설명해주는 이론이다. 우리는 추운 날씨에 따뜻한 난로에 모여 몸을 녹인다. 바보 같지만, 누구나 아는, 정확히 말해서 동물들도 아는 질문을 해보자. 인간뿐만 아니라 많은 동물들도 양지바른 곳의 태양 빛을 즐기고, 그것이 자신의 체온을 올리는 쉬운 방법이라는 것을 안다. 그런데 그렇게 체온을 올리는 일이 어떻게 가능한가? 다시 말해서, 직접 난로를 만지거나 몸에 접촉하지 않고서도 우리가 따뜻한 느낌을 느낄 수 있고 실제로 차가운 체온을 올릴 수 있는 것은 무엇 때문인가? 20세기에 비로소 인간은 그것을 설명할 수 있게 되었으며, 이것을 설명해주는 현대 과학이론이 바로 양자론이다.

하이젠베르크에 따르면, 20세기 물리학 분야에서 양자론에 공헌한 여러 학자들은 자신들의 이론이 어떤 철학적 문제 혹은 인식론적 의미가 있을지 고심하였다. 닐스 보어, 막스 플랑크, 앨버트 아인슈타인, 막스 보른 등이 당시 물리학에 근거한 철학적 의미를 다루는 논문들을 발표했다. 하이젠베르크가 간략히 소개하는 그들의 양자론의 역사와 철학적 고민은 다음과 같다.

* * *

난로 혹은 태양에서 나오는 뜨거운 혹은 따뜻한 열을 우리는 '복사열'이라고 부른다. 모든 물체는 복사열을 받으면 그중 일부는 흡수하고 일부는 반사한다. 복사열이 한 물체에서 다른 물체로, 즉 난로에서 우리 몸으로 전달되는 것을 체계적으로 처음 설명했던 이론이 '흑체복사이론'이다. 그런데 1900년 막스 플랑크(Max Planck, 1858-1947, 1918년 노벨 물리학상 수상)는 열복사가 불연속적이라는 것, 즉 복사 에너지가 '불연속적 에너지 양자'의 형태로 방출되고 흡수된다는 것을 처음 발견하였다. 그는 그러한 발견을 하면서, 자신의 이론이 뉴턴 학설을 뒤흔드는 이론이 아니라면, 완전히 틀린 이론이라고 생각했다. 그렇지만 그는 그 현상을 설명하지는 못했다.

아인슈타인(1921년 노벨 물리학상 수상)은 플랑크의 생각에 근거하여 두 가지 발견을 이루었다. 첫째, 금속은 빛을 받으면 '전자'를 방출한다. 그때 방출되는 전자 에너지는 '빛의 진동수 혹은 파장'에 따라서 변화한다. 그리고 그 전자 에너지 변화는 '플랑크 상수'를 통해서 계산될 수 있다. 그에 따라서 물리학적으로 이제 빛은 '에너지 양자'로 이해되었다. 아인슈타인은 1905년 그것을 설명하는 논문으로 '광전효과'를 발표하였다. 그는 같은 해인 1905년 '특수상대성이론'도 발표하였지만, 훗날 그의 노벨상은 광전효과 발견에 대한 공로였다. 둘째, 아인슈타인은 플랑크의 양자론을 적용하여, 고체의 비열이 그 구성 원자의 탄성 진동이라고 이해하였다. 이 연구는 플랑크의 양자론이 다양한 실험에 접목될 수 있다는 것을 보여주었으며, 지금까지 빛을 전자기파의 파동으로 이해했던 것과 다르게, '에너지 양자'로 이해하는 계기가 되었다. 그럼으로써 빛이 파동인지 아니면 입자인지의 쟁점을 불러일으켰다. (그러한 모순적 이해는 훗날 학자들 사이에 합의적 해석이 내려졌고, 그것이 '코펜하겐 해석'이다. 이것은 뒤에서 다시 설명된다.)

1911년 러더퍼드(Ernest Rutherford, 1871-1937, 1908년 노벨 화학상 수상)는 실험을 통해서 원자 모델을 도출해내었다. 그 모델에 따르면, 마치 태양계처럼 원자는 양(+)전기를 가진 양성자와 전기적 성질이 없는 중성자로 구성된 원자핵 주위에 음(−)전기의 전자가 회전한다. 그리고 원자들 사이에 결합이나 화학적 작용은 그 원자의 전자가 외부 원자와 상호작용하여 일어난다고 이해되었다. 그런데 이러한 작용 중 원자핵은 어떠한 변화도 일어나지 않는다. 이것은 뉴턴식의 태양계 모델로 이해되기 어려웠다.

1913년 닐스 보어(Nils Bohr, 1885-1962, 1922년 노벨 물리학상 수상)는 플랑크의 양자 가설을 러더퍼드의 원자 모형에 적용하여, 원자의 안정성이 어떻게 가능할 수 있을지를 설명했다. 그 설명에 따르면, 원자는 자신의 에너지 총량을 불연속적으로 바꿀 수 있어서, 상호작용 후에도 원래의 안정 상태로 돌아갈 수 있다.

하이젠베르크에 따르면, 물리학자들은 이러한 경험적 연구를 진행하면서, 이제 자신들의 학문적 연구에 대해 근원적 질문, 즉 철학적 질문을 할 수 있게 되었다. 그것은 여러 실험적 연구들이 서로 모순적 함축을 보여주었기 때문이었다. 그 모순적 함축에서 이러한 질문들이 나온다.

복사현상이 간섭효과를 일으킨다는 사실로부터 파동임이 분명하고, 광전효과를 일으킨다는 점에서는 입자임이 분명하다. 그런데 이같은 복사현상의 이중성이 어떻게 가능한 것인가? 원자에서 전자의 궤도운동 진동수가 왜 방사된 복사선의 진동수로 나타나지 않는가? 그러면 전자의 궤도운동이란 아예 없는 것인가? 혹은 궤도운동의 표본이 부정확한 것이었다면, 원자 내부 전자에 어떤 변화가 있었는가? 누구나 안개상자를 통해서 전자의 움직임을 볼 수 있으며, 때로는 전자가 원자에서 분리되는 것도 관찰할 수 있다. 그렇다면 원자 내의 전자가 궤도운동을 하지 않는다는 이유는 무엇인가? 확실히 최저 에너지 상태인 원자의 정상 상태에서는 전자가 정지되어 있으리라는 것이 확실하다. 그러나 고에너지 상태에 있을 때 전자각은 어디에서 그 각운동량을 갖는 것인가? (『철학과 물리학의 만남』, 37쪽)

하이젠베르크의 이해에 따르면, 이러한 복사열, 전자, 원자, 빛

등등에 대해서 전통적인 고전 물리학의 관점에서 이해하고 묘사하려는 것은 많은 모순점을 드러낸다. 이에 당시 물리학자들은 당황하였다. 그렇지만 그들은 이러한 곤경에 익숙해졌고, 모순을 피해서 통합적으로 설명할 방법을 모색하였다.

1923년 콤프턴(Arthur Holly Compton, 1892-1962, 1927년 노벨 물리학상 수상)은 엑스선을 이용한 실험에서, 빛이 사물에 충돌하여 전자의 진동파를 만들면, 빛의 방향과 파장이 변화되는 것을 확인했다. 이런 현상은 '콤프턴 효과(Compton effect)'로 불린다. 이 실험은 빛이 간섭효과를 보여준다는 측면에서 파동임을 보여주면서도, 충돌로 전자가 튀어나오는 광전효과 측면에서 입자의 성질도 보여준다. 이것은 전통 물리학의 관점에서 명확히 모순적으로 보였다. 전통 물리학의 관점에서, 무엇이 입자이면 그것은 파동일 수 없으며, 무엇이 파동이라면 그것이 입자일 수 없다고 믿어졌기 때문이다(그림 3-11). 프랑스의 물리학자 드브로이(Louis Victor Pierre Raymond de Broglie, 1892-1982, 1929년 노벨 물리학상 수상)는 1924년 그러한 모순을 해결해줄 가설을 제안하였다. 그는 전자가 일종의 '물질파'라는 가정을 해보았다. 그 가정에서 원자핵 주위를 도는 전자는 일종의 정지한 파동이며, 그 전자궤도의 폭은 정수배로 양자 조건을 만족한다고 가정해보았다.

1925년 하이젠베르크에 의해서 빛의 양자 현상을 설명해줄 양자 역학, 즉 매트릭스 역학이란 수학적 도구가 만들어졌다. 그리고 1924년 양자론을 근본적으로 이해시켜줄 발전이 보어, 크래머, 슬래터에 의해 이루어졌다. 그들은 파동과 입자라는 모순을 '확률파' 개념으로 해결하려 하였다. 그들의 생각에 따르면, 전자기파는 순수

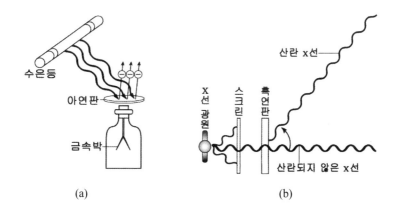

[그림 3-11] (a)는 광전효과를 보여주는 그림이다. 아연판에 빛을 쪼여주면 복사열이 방출된다. (b)는 콤프턴의 실험을 보여준다. 엑스선을 흑연판에 충돌시키면, 이전보다 긴 파장의 산란된 엑스선이 방출되면서, 동시에 흑연판의 원자에서 전자가 방출된다.

한 파동이 아니라 확률파이다. 그들의 생각에 따르면, 에너지보존 법칙과 운동량보존 법칙은 단일 대상에 대해서 그 참을 말해줄 수 없으며, 단지 통계적으로만 밝혀줄 수 있다.

1926년 코펜하겐에서 벌어진 물리학자들의 논쟁에서는 불합리해 보이는 자연을 설명하려고 노력했다. 그 노력은 두 가지 접근법으로 진행되었다. 하나는 질문의 방향을 바꿔보는 것이다. 지금까지 물리학자들이 양자론을 설명하려는 노력이 실험 상황을 기존 수학적 틀로 어떻게 설명할 수 있는지를 묻는 질문이었다면, 그 질문을 거꾸로 돌려보는 것이다. 즉, 기존의 수학적 형식 체계가 실험 상황을 설명해줄 수 있는지 되묻는 것이다. 물리학자들은 뉴턴 이래의 고전 물리학의 개념에 근거하여 양자론을 접근하려 하였지만, 이것은 별로 도움이 되지 않아 보였다. 그 이유는 실험 상황이 위치와 속도를 정확히 측정하게 해줄 수 없다는 '불확정성' 혹은 '비결정성' 때문이다. 양자론에서는 엄밀히 그 두 가지를 동시에 파악할 수 없다. 이것은 고전 역학의 개념 체계로 양자론을 설명할 수 없다는 의미이다.

다른 접근법은 보어가 제안했던 '상보성' 개념을 통한 이해였다. 보어는 입자모형과 파동모형 둘 모두를 고려하여, 원자를 원자핵과 '전자'로 구성되었다기보다 원자핵과 '물질파'로 구성되었다고 보았다. 그가 제안한 '물질파'란 개념은 서로 모순되어 보이는 두 가지 특성이 불가피하게 하나의 실재를 기술하는 보완적 관계라는 고려에서 나왔다. 입자라는 개념과 파동이라는 개념을 별개로 구분하려 하기보다 '불확정성'이란 개념에 근거하여 새롭게 해석함으로써 1927년 비로소 일관된 해석, 즉 '코펜하겐 해석(Copenhagen Interpretation)'이 이루어졌다. 그러한 일은 물리학자들이 새로운 상황을 이해하기 위해 기초 개념에서 발생하는 어려움부터 넘어서야 한다는 것을 보여주었다.

이제까지 정리에 따르면, 양자역학의 발달은 고전 물리학의 개념 체계에서, 즉 뉴턴 역학의 관점에서 물리학자들의 연구에 어려움을 주었다. 그들이 그 개념 체계를 벗어남으로써 비로소 양자론의 발달이 가능하였다. 하이젠베르크 역시 아인슈타인처럼 물리학자라기보다 철학자에 가까운 철학적 식견과 사고를 보여준다. 하이젠베르크는 아래와 같이 말한다.

자연과학의 개념들은 다른 주변 개념들과의 관계성을 갖고 나타날 때 잘 정의될 수 있다. … 이 가능성은 뉴턴의 『프린키피아』를

통해서 처음으로 인식되었다. … 뉴턴의 업적이 그 이후 몇 세기 동
안 전반적인 자연과학의 발전에 미친 영향력이 엄청나다고 말할 수
있는 것도 바로 이런 이유 때문이다. 뉴턴은 정의와 공리를 갖고서
그의 저서 『프린키피아』를 만들었다. … 이 체계의 수학적 구조 속
에서 모순성은 발견될 수 없었다. … 체계 안에서 나타나는 서로 다
른 개념들 사이에 매우 밀접한 연관성이 있어서, 여러 개념 중 하나
의 의미를 변경시키려 한다면 그것이 속한 전체 체계를 전부 붕괴시
켜야 한다. (『철학과 물리학의 만남』, 88쪽)

위와 같이 하이젠베르크가 전해주는 양자역학의 역사 이야기에
서 우리는 철학의 인식론 논의를 찾아볼 수 있다. 이미 위 인용문
의 끝 문장, "여러 개념 중 하나의 의미를 변경시키려 한다면 그것
이 속한 전체 체계를 전부 붕괴시켜야 한다."에서 우리는 하이젠베
르크가 콰인의 '전체론'의 관점에서 이야기하는 것을 알아볼 수 있
다. 그렇지만 여기에서 우리는 그의 양자론이 콰인 철학과 부합하
는지를 조금 더 살펴보자.

앞서 알아보았듯이, 콰인 철학의 주요 인식론의 쟁점은 이렇다.

첫째, 관찰은 순수하게 객관적 사실일 수 없으며, 주관적 배경 이
론에 의존한다.
둘째, 이성적 혹은 선험적 판단이 필연적 참을 제공하지 않는다.
그 판단 역시 배경 지식 혹은 배경 이론에 의존하기 때문
이다.
셋째, 과학 속에서 철학을 연구하고, 철학 속에서 과학을 연구해
야 한다. 관찰이 이론을 안내하듯이 경험과학은 철학을 안

내하며, 반대로 이론이 경험과학을 안내해주듯이 철학이
경험과학을 안내해주기 때문이다.

넷째, 어떤 용어의 존재 여부는 배경 지식의 승인으로 결정된다.

이러한 콰인 철학의 인식론적 관점이 양자론의 측면에서 어떻게
긍정되고 부합하는지를 살펴보자.

첫째, 관찰이 주관적 배경 이론에 의존하며, 완전한 객관적 관찰
이 불가능하다는 콰인의 인식론적 주장이 양자론에 부합하는가? 그
렇다. 고전 물리학, 즉 뉴턴 역학에 의하면 운동하는 혹성의 위치와
속도를 측정하면, 그 혹성의 운동량과 기준 좌표계의 수식을 유도
할 수 있다. 이러한 방식으로 천문학자들은 미래의 일식과 월식을
정확히 예측할 수 있었다. 그러나 안개상자에서 전자의 운동을 관
찰하는 경우 혹성의 경우와 같은 정확한 예측은 불가능하다. 전자
의 위치와 운동량(혹은 속도)을 원리적으로 정확히 알 수 없기 때
문이다. 다만 우리는 그것들을 확률적으로 파악할 수 있을 뿐이다.
전자를 측정(관찰)할 경우, 물리학자는 세계의 객관적 관찰을 할 수
있다고 기대할 수 없다. 전자의 측정에서, 관찰이란 원리적으로 확
률적이기 때문이다. 이것은 인식의 불완전성 혹은 인식의 주관성이
확률적임을 의미한다. 왜 그러한가?

원자는 핵 주위에 전자궤도를 가진다. 그 전자의 위치를 측정하
려면, 원자의 크기보다 짧은 파장의 감마선을 이용해야 한다. 그렇
지만 그런 방법으로도 전자의 정확한 위치를 파악하는 것은 불가능
하다. 더구나 감마선으로 전자를 관찰하기 위해서, 그것을 전자에
충돌시키는 경우. 전자는 원래의 위치에서 밀려난다. 다시 말해서,
측정하기 위한 행위가 곧 측정하려는 대상이 그 자리에 있지 못하

게 만든다. 결국 원자핵 주변의 전자궤도를 정확히 측정하는 것이 불가능하다.

또한 원자에서 방출되는 전자의 파동은 물질파라고 부르지만, 그것에 대한 실험은 파동의 성질이나 입자의 성질을 보여준다. 그 두 성질을 동시에 보여주지는 않으며, 그 두 성질은 고전 역학의 관점에서 볼 때 상호 대립하는 성질이면서도, 전자의 물질파를 상호 보완적으로 설명해준다. 그런 측면에서 보어는 '상보성 원리'를 주장하였다. 또한 한 입자의 위치와 속도를 동시에 알 수 없지만, 그 두 가지는 입자에 대해서 상보적으로 설명해준다. 결국 원자구조의 상태를 알려면, 그 두 가지를 동시에 알아야 한다.

또 다른 근거를 이야기하기 위해서, 다른 실험을 살펴보자. 한 개의 작은 광원이 두 개의 작은 구멍이 있는 검은 차단막에 빛을 쏜다고 가정해보자. 그 차단막의 두 개의 구멍은 서로 상당히 떨어져 있다. 그 경우에 광원은 두 작은 구멍을 통과한 후, 검은 스크린에 간섭무늬를 만든다. 이것은 빛이 파동이라는 가정에서 당연한 결과이다. 그렇지만 빛을 입자라는 가정에서 보면, 하나의 광자가 두 개의 구멍을 동시에 통과하지는 못하며, 둘 중의 하나의 구멍으로만 통과해야 한다. 그러므로 그 광원은 스크린에 간섭무늬를 만들지 못해야 한다(그림 3-12).

이러한 모순을 어떻게 생각해야 할까? 이러한 사고 실험이 모순으로 보이는 이유는, 그 현상을 시간-공간적으로 설명하려 하기 때문이다. 고전적 개념에 따라서 우리는 세계를 객관적으로 관찰하고 서술할 수 있다고 가정해왔다. 그러나 양자역학을 다룸에 있어 우리는 완전히 객관적 서술을 할 수 없다. 그것은 고전 역학이 세계를 대상으로 연구해왔다고 한다면, 양자역학은 관찰하는 우리 자신

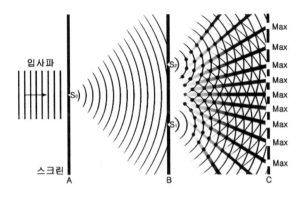

[그림 3-12] 1801년 토머스 영의 이중 슬릿 실험. 하나의 광원이 첫 슬릿 구멍을 통과하고, 다음 슬릿의 두 구멍을 통과한 후, 오른쪽 스크린에 간섭무늬가 만들어지는 것을 보여주는 도식적 그림.

조차 세계의 일부라는 인식에서 이해되어야 한다는 것을 말해준다. 한마디로 완전한 객관성은 환상이다. 그러므로 하이젠베르크는 이렇게 말한다. "우리가 관찰하는 것은 자연 자체가 아니라, 인간의 자연에 대한 질문방식 속에 나타난 자연이다. … 자연은 나와 관계될 때 진정한 모습이 드러난다."

쾨인의 다른 세 주장은 이렇다. 둘째, 이성적 혹은 선험적 판단이 필연적 참을 제공하지 않는다. 그리고 관찰에 관한 판단은 배경 지식에 의존한다. 셋째, 과학 속에 철학을 연구하고 철학 속에 과학을 연구해야 한다. 넷째, 어떤 용어의 존재 여부는 배경 지식의 지지 여부로 결정된다. 하이젠베르크는 쾨인의 둘째 주장과 같은 생각, 과학자는 관찰을 중요하게 여겨야 하겠지만, 관찰은 언제나 이론에 의존하는 한계가 있음을 아인슈타인과의 사적 대화에서 배웠다고 밝힌다(『부분과 전체』, 103-105쪽 참조). 또한 콰인의 셋째 주장과 같은 생각을, 하이젠베르크는 『철학과 물리학의 만남』 제5장 "양자론의 측면에서 본 철학적 사유의 변화"에서 보여준다. 여기에서 그는 철학을 공부한 물리학자이면서 물리학을 연구하는 철학자의 모습을 보여준다. 그가 고전 철학을 어떻게 성찰하는지를 알아보기 위해 그의 철학 이야기를 잠시 요약해보겠다. 그 이야기는, 이 책 앞 권에서 이미 다루었기에, 이 책을 읽어온 독자라면 아래 내용을 쉽게 이해할 수 있다. 나는 다만 그가 어느 정도 철학을 공부했는지를 확인해주고 싶을 뿐이다.

* * *

데카르트는 신, 인간, 자연 등의 구분을 전제한다. 그럼으로써 그는 인간과 자연, 즉 주관과 객관을 명확히 구분하여, 객관이 아닌 주관이 어떻게 세계를 인식하는 것이 가능한지 질문하였다. 그러한 구분하기는 이후의 유럽 인식론의 역사에서 전제 개념으로 굳어졌다. 그러나 인식의 주체인 인간을 자연과 명확히 구분되는 독립 개별자로 전제하는 개념에서 양자론은 이해하기 어렵다. 그러한 구분하기는 아인슈타인에게까지 영향을 미쳐서 코펜하겐 해석을 이해하기 어렵게 만들었다.

데카르트의 이원론에 따르면, 사물의 본성은 '연장'이었다. 공간에 위치를 점유하는 사물이 실재한다는 가정이었다. 이원론은 과학적 명제를 객관적으로 검증할 수 있다는 사상을 낳았다. 그러한 가정을 갖는 과거의 '독단적 실재론'은 과학의 발전에 중요하게 기여하기는 하였다. 독단적 실재론의 관점에서 물리학자들은 자연을 단순한 수학 법칙으로 설명할 수 있다고 생각하였고, 실제로 그 성과를 이루었다. 심지어 아인슈타인까지도 그러한 생각에서 벗어나지 못했다. 그러나 양자론은 그러한 독단적 실재론 없이도 단순화된 수학 법칙으로 자연을 설명한다.

또한 '형이상학적 실재론'의 입장으로 데카르트는 "나는 생각한다. 그러므로 나는 존재한다."라는 명제를 내놓았다. 그에게 '사유함'은 '존재함'의 의미이다. 그러나 그러한 개념들이 어떤 한계를 가지는지 그는 설명하지 못했다.

이후로 경험주의는 '감각주의' 혹은 '실증주의'로 기울었다. 로크와 버클리 그리고 흄은 모든 지식이 경험으로부터 얻어진다고 가정했다. 그리고 그러한 경험이 정신을 구성한다고 가정했다. 그러한 가정에서 실증주의는 자연 현상을 수학적으로 기호화하고, 그것들을 수학에서처럼 규칙화하였다. 그러면서 규칙화되지 않는 기호 조합은 무의미하다고 말한다. 하지만 그들은 무의미한 것의 기준을 명확히 제시하지는 못한다. 그리고 모든 지식이 경험으로부터 온다는 이야기는 자연을 설명하기에 그리고 양자역학을 설명하기에도 정당화되지 못한다.

이후 이성주의(합리주의)와 경험주의를 종합했던 칸트는 『순수이성비판』에서 '선험적 지식'과 '경험적 지식'을 구분하며, 분석명제와 종합명제를 구분한다. 그리고 선험적이면서 종합적인 명제가 있다고 주장했고, 공간과 시간을 순수직관의 '선험적 형식'이라고 했다. 그러나 그런 칸트의 주장은 현대 물리학을 고려할 때 터무니없다. 하이젠베르크는 이렇게 말한다.

칸트의 사상을 현대 물리학과 비교해볼 때, '선험적 종합판단'이라는 그의 중심 개념이 오늘날에 와서는 거의 그 의미를 찾을 수 없게 된 듯하다. … 실제로 시공간은 칸트의 순수직관의 선험 형식으로는 더는 생각될 수 없는 완전히 새로운 모습으로 드러나게 되었다. … 칸트가 명백한 진리라고 생각했던 선험성의 개념은 이제 현대 물리학의 체계 속에서는 찾아볼 수 없다. … 순수이성을 통해서 어떤 절대적 진리에 도달한다는 것은 결코 가능할 수가 없다. (『철학과 물리학의 만남』, 83-86쪽)

이렇게 하이젠베르크는 전통 철학을 양자역학을 연구한 배경에서 비판적으로 바라본다. 그의 철학함은 콰인이 말했던 세 주장을 함께 보여준다. 하이젠베르크는, 칸트의 선험적 사유함에서 벗어나 새로운 실험적 연구를 통해서, 과학을 연구하는 가운데 철학적으로 사유하고, 철학적 사유 속에서 실험과학을 끌어들여 연구하며, 현대 물리학의 이론적 배경에서 철학적 존재론을 주장한다. 그의 이러한 반성은, 물론 양자론을 연구했던 배경이 없이 나올 수 없다. 즉, '과학하는 철학자'가 아니라면 전통 철학에 어떤 빈곤함이 있는지를 알아보지 못한다.

미국의 철학자 노스롭(Filmer Stuart Cuckow Northrop, 1893-1992)은, 하이젠베르크의 『철학과 물리학의 만남』 서문에서 그 저술의 의미를 콰인의 관점에서 아래와 같이 이야기한다.

물리학의 모든 이론은 … 철학적 가정을 내포한 가설 이론의 바탕 위에서 만들어진다. 그런 이유로, 모든 이론은 새로운 사변적 증명 방식의 출현과 더불어 수정과 변화를 요구받는다. 더욱이 이 가정들은 그 성격상 철학적인 면을 지니고 있다. 관찰자와 독립적인 과학적 인식 대상이 있다는 점에서 존재론적이며, 관찰자 혹은 인식자가 항상 그의 인식 대상과 관련된다는 점에서 인식론적이다. …
하이젠베르크의 불확정성 원리는 과학적 인식의 대상과 관찰자 간
의 관계성을 쇄신함으로써 새로운 인식론의 터전을 마련하였다.
(11-12쪽)

이러한 평가에 따르면, 한 사람의 물리학자로서 하이젠베르크는
과학을 철학적으로 연구하였고, 철학을 과학적으로 연구하였다.

하이젠베르크는 이 저서에서 양자론의 철학적 의미를 고려하여
전통 철학의 문제를 지적하였다. 하지만 그가 전혀 콰인을 거론하
지 않은 것으로 볼 때, 그는 동시대의 인물인 콰인을 공부하지는
않은 것으로 보인다. 하이젠베르크는 전통 철학의 문제를 지적하기
는 하였으나, 그것을 극복할 인식론을 체계적으로 설명한 사람은
콰인이었다. 반면에 콰인은 인식론을 경험과학에 의해 연구할 수
있다고 제안하기는 하였지만, 그것을 실천적으로 보여주기에는 그
의 인생이 조금 짧았다. 그가 연구에서 손을 떼기 시작한 고령의
나이에 그가 고려해야 한다고 주장했던 뇌과학 연구가 비약적으로
발전하기 시작했기 때문이다.

이제 지금까지 미루어두었던 이야기를 풀어놓을 차례이다. 전통
철학의 인식론이 던지는 질문에 현대 과학을 이용해서 철학자는 구
체적으로 어떤 탐구를 할 수 있으며, 그 탐구를 통해서 어떤 대답
을 내놓을까? 콰인이 제안했듯이, 인간의 뇌 혹은 신경계에 대한
탐구를 통해서 대답하는 인식론은 어떤 모습일까? 그리고 그런 인
식론에 기초해서 혹시 인공지능이 인간처럼 추상적 개념과 이론을
가지고 세계를 인식하는 것도 가능할까?

[이 책을 읽은 독자에게]

※ 이 책을 잘 읽었다면 다음과 같은 질문에 대답할 수 있어야 한다.

1. 비트겐슈타인이 논리실증주의에 어떤 도움을 주었는가?
2. 논리실증주의에게 과학의 철학적 연구로서 언어는 왜 중요한 문제인가?
3. 카르납이 가정했던 귀납추론의 정당성에 무엇이 문제인가?
4. 포퍼는 귀납주의 문제를 극복하기 위해 어떤 해결을 내놓았는가?
5. 쿤은 과학의 점진적 진보 또는 발전을 왜 부정하는가?
6. 라카토슈가 제안하는 '연구 프로그램'이 무엇인가?
7. 프래그머티즘이 어떤 배경에서 나오는 주장이고, 그것이 어떤 주장을, 왜 내세우는가?

※ 함께 독서한 사람들과 토론해보자.

8. 과학의 발전과 과학의 방법론에 관해 서로 질문하고 토론해보자.
9. 괴델의 불완전성 정리가 철학에 왜 문제인지 토론해보자.
10. 그 외에 이 책을 읽고 나름의 의문이나 생각은 무엇인가?

[더 읽을거리]

김동식, 『프래그머티즘』, 아카넷, 2002.

찰스 길리스피, 『객관성의 칼날: 과학 사상의 역사에 관한 에세이』, 이필렬 옮김, 새물결, 1999. (Charles Coulston Gillispie, *The Edge of Objectivity*, Princeton University Press, 1988)

W. C. 새먼, 『과학적 추론의 기초』, 양승렬 옮김, 서광사, 1994. (Wesley C. Salmon, *The Foundations of Scientific Inference*, University of Pittsburgh Press, 1967)

앨버트 아인슈타인, 『상대성이론: 특수상대성이론과 일반상대성이론』, 장헌영 옮김, 지식을 만드는 지식, 2008. (Albert Einstein, *Relativity: the Special and the General Theory*, Three Rivers Press, 1961)

앨버트 아인슈타인, 『상대성이란 무엇인가』, 고종숙 옮김, 김영사, 2011. (Albert Einstein, *The Meaning of Relativity*, Princeton University Press, 1922, 1945, 1950, 1953)

임레 라카토슈 지음, 존 워럴·그레고리 커리 편저, 『과학적 연구 프로그램의 방법론』, 신중섭 옮김, 아카넷, 2002. (Imre Lakatos, *The Methodology of Scientific Research Programmes*, Cambridge University Press, 1970)

앨런 차머스, 『과학이란 무엇인가?』. 신중섭·이상원 옮김, 서광사, 2003. (Alan Chalmers, *What is This Thing Called Science?*, University of Queensland Press, 1999)

토머스 쿤, 『과학혁명의 구조』(출간 50주년 기념 제4판). 김명자·홍성욱 옮김, 까치, 1999, 2013, 2015. (Thomas S. Kuhn, *The*

Structure of Scientific Revolutions, 50th Anniversary Edition, The University of Chicago Press, 1962, 1970, 1996, 2012)

토머스 쿤, 『코페르니쿠스 혁명』, 정동욱 옮김, 지식을 만드는 지식. (Thomas S. Kuhn, *The Copernican Revolution*, 1992, Revised edition)

베르너 하이젠베르크, 『부분과 전체』, 김용준 옮김, 지식산업사, 1982, 1995, 2005, 2016. (Werner Heisenberg, *Der Teil und das Ganze: Gessprüche im Umkreis der Atomphysik*, 1969)

베르너 하이젠베르크, 『철학과 물리학의 만남』, 최종덕 옮김, 도서출판 한겨레, 1985. (Werner Heisenberg, *Physics and Philosophy*, 1958, 1959)

C. G. 헴펠, 『자연 과학 철학』, 곽강제 옮김, 서광사, 2010. (Carl G. Hempel, *Philosophy of Natural Science*, Princeton University Press, 1966)

주(註)

1) Donald Gillies, 《인공지능과 과학적 방법(*Artificial Intelligence and Scientific Method*)》(1996)에서 재인용.

2) W. 브로드・N. 웨이드, 『과학사에 오점을 남긴 맹신의 과학자들 (*Betrayers of the Truth*)』, 박익수 옮김, pp.146-149 참조.

3) 1846년에 발견되어 로마 신화에 나오는 바다의 신의 이름이 붙여졌다. 해왕성은 태양에서 평균 44억 9,400만 킬로미터 떨어진 곳에서 타원형 궤도를 따라 165년에 1회씩 태양 주위를 돈다. 해왕성은 지구보다 17배 무겁고 부피는 지구의 44배가 넘는다.

4) 1781년 영국의 천문학자인 윌리엄 허셜(William Herschel)이 망원경으로 하늘을 관측하다가 처음 발견했으며, 처음에는 혜성으로 여겨졌다. 이것이 1783년 공식적으로 천왕성으로 인정되었다. 천왕성은 지구보다 15배 정도 무거우며 부피는 지구의 50배 이상으로 알려졌다.

5) 애덤스(John Couch Adams)가 1845년 최초로 보이지 않는 중력이 있기 때문이라는 가정을 했다. 출처: http://en.wikipedia.org/wiki/Uranus

6) "The development of mathematics toward greater precision has led, as is well known, to the formalization of large tracts of it, so that one can prove any theorem using nothing but a few mechanical rules… One might therefore conjecture that these axioms and rules of inference are sufficient to decide any mathematical question that can at all be formally expressed in these systems. It will be shown below that this is not the case, that on the contrary there are in the two systems mentioned relatively simple problems in the theory of integers that cannot be decided on the basis of the axioms." *Stanford Encyclopedia of Philosophy.* https://plato.stanford.edu/entries/goedel-incompleteness/

7) "in any consistent formal system F within which a certain amount of arithmetic can be carried out, there are statements of the language of F which can neither be proved nor disproved in F."

8) "such a formal system cannot prove that the system itself is consistent (assuming it is indeed consistent)."

9) Martin Gardner ed., *Rudolf Carnap Philosophical Foundations of*

Physics: An Introduction to the Philosophy of Science, New York, London: Basic Books, Inc. Publishers, 1966, Part 3 참조.

10) Albert Einstein, "Fundamental ideas and problems of the theory of relativity", in *Lecture delivered to the Nordic Assembly of Naturalists at Gothenburg*, 1923, p.482.

11) 앞의 2권에서 지적했듯이, 유클리드 기하학에서 '공준'과 '공리'는 구분되지만, 적지 않은 학자들은 '공준'에 대해서도 그것이 기초 원리라는 점에서 흔히 '공리'라고 부른다. 따라서 글쓴이는 '공리'를 '공준'으로 교정하였다.

12) Albert Einstein, "Fundamental ideas and problems of the theory of relativity", p.488.

13) 대부분 이런 학술적 용어가 일본에서 먼저 '실용주의'로 번역되고, 그것을 한국 학자와 번역자들이 그대로 활용하면서 그 의미가 오해되기도 한다. (이 번역어 '실용주의'가 본래의 '프래그머티즘'의 의미를 정확히 전달하지 못하므로 다른 용어로 번역되어야 한다는 주장이 있다.) 한국에서 프래그머티즘을 선구적으로 연구했던 김동식 교수는 저서 『프래그머티즘』(2002)에서 그 용어의 어원이 "실천적 행위나 실제적인 것을 중시하는 경향"이라고 밝힌다. 그에 따르면, 처음 '프래그머티즘'이란 용어를 사용한 사람은 미국의 철학자 퍼스였으며, 그는 "실험주의 성격을 포함하여 인간적 목적과 연관성"을 담은 의미에서 그 이름을 붙였다. 또한 케임브리지 대학의 과학철학자 장하석 교수는 2018년 1월 18일 한양대 강의에서 그 용어를 '실질주의'로 번역하는 것이 더 적절하지 않겠냐고 말한다.

14) 퍼스는 자신을 계승하는 철학자 제임스와 듀이의 'pragmatism'과 자신의 사상을 구분하기 위하여, 훗날 자신의 것을 'pragmaticism'이라 불렀다.

15) William James, *Pragmatism*, 1907. 정해창 편역, 『실용주의』(대우고전총서 022), 아카넷, 2008, 2015.

16) 사실 이런 이야기는 스스로 모순적으로 보인다. 철학자가 보편성을 찾으려는 사람들이라고 비판적으로 바라보기 때문이다. 그렇지만 비합리적인 부분에서도 보편적으로 설명해줄 원리를 찾아야 한다는 식으로 제임스를 이해하면 모순적이지는 않다고 생각해볼 수 있다.

17) 이종훈, 『후설 현상학으로 돌아가기: 어둠을 밝힌 여명의 철학』, 한길사, 2017, 29-32쪽 참조.

18) Willard V. O. Quine, "Epistemology Naturalized", *Ontological Relativity*

and Other Essays, New York: Colombia University Press, 1969, pp.69-90.

19) Willard V. O. Quine, "Two Dogmas of Empiricism", *The Philosophical Review* 60, 1951, pp.20-43. Reprinted in W. V. O. Quine, *From a Logical Point of View*, Harvard University Press, 1953; second, revised edition 1961.

20) 혹시 누군가는 이런 이야기에 따라서 다음과 같이 질문할 수도 있다. "그러면 앞으로 환원주의를 주장하는 어떤 입장도 수용하면 안 되는가?" 이에 대해 답하자면, 그렇지는 않다. 콰인이 부정하는 환원주의와 다른 새로운 환원주의가 가능하기 때문이다. 콰인의 입장을 계승하는 처칠랜드 부부(The Churchlands)는 콰인의 입장에서 여전히 환원주의가 성립할 수 있다고 주장한다. 그런 이야기는 4권에서 다루기로 하자.

21) 콰인은 울리안(J. S. Ullian)과 공동으로 저서 『믿음의 그물망(*The Web of Belief*)』(1970, 1978)을 썼다.

22) Albert Einstein, "The Experimental Conformation of the General Theory of Relativity"(Appendix Three), in *Relativity: The Special and the General Theory*, 1961, pp.141-142.

23) Willard V. O. Quine, "Epistemology Naturalized", p.79. 앞서 살펴보았 듯이, 칼 포퍼의 반증주의 입장에 따르면, 특정 실험의 진술문이 거짓임을 우리는 결정적으로 지적할 수 있다. 즉, 완벽한 반박이 가능하다. 그러나 여기에서 살펴보는 콰인의 입장에서 본다면, 그러한 칼 포퍼의 입장은 논박된다. 틀린 것이 이론들이 함축하는 것들 중에 어느 것인지 결정하기 어렵기 때문이다.

24) '기술적 탐구(descriptive investigation)'란 과학자들이 자연을 탐구할 때 관찰하는 것을 묘사하는 방식으로 연구한다는 측면에서 철학자들이 붙이는 표현이다.

25) Werner Heisenberg, *Physics and Philosophy*, 1958, 1959. 최종덕 옮김, 『철학과 물리학의 만남』, 도서출판 한겨레, 1985.

추천사

　'철학하고 싶어 하는 과학자'에게 이 책『철학하는 과학, 과학하는 철학』은 가뭄에 단비 같은 소중한 길잡이다. 그 옛날 철학과 과학은 한 몸에서 태어났건만 어느덧 따로 떨어져 산 지 너무 오래돼 이젠 사뭇 서먹서먹하다. 에드워드 윌슨의『통섭(Consilience)』을 번역해 내놓은 지 얼마 안 돼 철학하는 분들 앞에서 강연할 기회를 얻자 통섭의 만용에 젖어 이렇게 도발했던 기억이 난다. "선생님들은 그동안 철학하신다며 인간이 어떻게 사고하는지에 대해 설명하시며 사셨습니다. 그런데 이제 생물학은 인간의 뇌를 직접 들여다보기 시작했습니다. 저희들이 만일 엉뚱한 사실을 발견하면 선생님들 평생 업적이 자칫 한순간에 날아가버릴지도 모릅니다. 이제는 모름지기 철학을 하시려면 적어도 뇌과학 정도는 공부하셔야 하지 않을까요?" 철학자 박제윤은 이 책에서 철학의 시작으로부터 과학의 발전과 더불어 철학이 어떻게 변해왔는지를 살펴보며, 결국 뇌와 인공지능 연구와 철학의 통합에 다다른다. 철학과 과학은 오랜 시간 돌고 돌아 결국 다시 한 몸이 되고 있다. 철학하고 싶어 하는 과학자와 과학하고 싶어 하는 철학자 모두에게 짜릿한 희열을 선사하리라 믿는다.

_ **최재천**(이화여대 에코과학부 석좌교수)

　고대 자연철학이라는 동일한 부모로부터 출발한 철학과 과학은 현대에 이르러 경쟁적 세계관을 제시하고 있는 것으로 보인다. 역사를 통해 많은 철학자가 과학자로 활동해왔고 마찬가지로 많은 과학자도 철학자로 활동하면서, 양 분야는 경쟁적이지만 상호 의존적인 미묘한 관계를 형성해왔다. 과학에 대한 철학적 성찰은 크게 과학의 한계에 주목하면서 과학과 철학을 구분하려는 접근과 과학과 철학의 경계를 넘어서려는 자연화된 접근으로 구분된다. 이 책은 후자에 속하는데 네 권에 걸쳐서 고대, 근대, 현대의 대표적인 과학사상 및 과학사상가를 중심으로 과학적 철학과 과학에 대한 철학적 성찰이 수행되어온 방대한 역사를 다루고 있다. 특히 4권은 신경과학을 인지와 마음을 설명하는 데 적용하는 신경망 이론과 신경철학의 대가인 처칠랜드 교수의 이론을 집중적으로 다루고 있어서, 이 책을 과학철학의 역사에 관심이 있는 분들에게 좋은 안내서로 추천해 드린다.

_ 이영의(고려대 철학과 객원교수, 전임 한국과학철학회 학회장)

과학기술 발전을 위한 창의성 기반이 바로 '생각하는 방법'으로서 철학이다. 과학과 철학은 본래 같은 뿌리에서 나왔지만, 각 분야의 지식을 빨리 따라잡기 위한 학습 방법으로 추진되어온 것이 바로 분야의 세분화였다. 그런데 이러한 세분화는 분야 간 장벽을 만들고, '장님 코끼리 만지기' 식의 불통을 낳았다. 근년에 들어서는, 융합, 통섭 등을 지향하는 본래의 포괄적 이해 방향은 다시금 근본을 생각하게 만들고 있다. 이에 저자는 두 문화(인문학과 과학) 간 불통을 안타까워하다가 이번에 좋은 책으로 융합과 통섭을 향한 나침반 역할을 하고자 이 책을 집필한 것으로 생각한다. 이 책의 일독을 강력하게 추천한다.

_ 김영보(가천대 길병원 신경외과, 뇌과학연구원 교수)

이 네 권의 책은 과학의 영역과 철학의 영역을 오랫동안 넘나들며 사유해온 저자의 경험에서 생성된 공부와 사유의 기록이다. 또 대학이라는 울타리 안과 밖에서 오랫동안 강의해온 저자의 경륜을 반영하듯 서술의 눈높이는 친절하다. 독자는 역사의 흐름 속에서 철학과 과학이 서로 어떻게 영향을 미치며 발달해왔는지, 그리고 서로에게 어떤 흥미로운 물음과 도전을 던지는지 자연스럽게 깨닫게 될 것이다.

— 고인석(인하대 철학과 교수, 전임 한국과학철학회 학회장)

예비 과학교사들이 처음으로 접하는 과학교과교육 이론서인 과학교육론 교재에는 과학철학 분야가 가장 먼저 포함되어 있다. 그 이유는 예비 과학교사들이 과학철학을 배움으로써 과학의 본성적인 측면을 이해할 수 있고, 그에 따른 과학의 다양한 방법론을 이해하여 실제 학교 현장에서 과학을 가르칠 때 과학교과의 특성에 맞는 교수학습 전략을 창의적으로 개발하기를 기대하기 때문이다. 십여 년간 사범대학 과학교육과에서 과학교육론을 가르치면서, 가장 첫 장에 제시되는 과학철학을 어떻게 가르칠지에 대한 고민으로 늘 마음이 편치 않았다. 과학철학이 과학교육의 목표를 설정하고 내용을 조직하고 교수학습 전략을 모색하는 데 가장 중요한 방향을 제시해준다는 것은 분명하게 알고 있으나, 그동안 이를 어떻게 예비 과학교사들과 그들의 눈높이에 맞게 수업을 통해 공유할 수 있을지에 대한 좋은 해결책을 찾지 못했기 때문이다. 이러한 현실에서 이 책은 교육대학이나 사범대학 과학교육과에서 가르치는 교수님들이나 과학교육론을 배우는 예비 과학교사들이 과학교육에서 과학철학을 배워야 하는 이유와 그 의미를 명확하게 알려주는 반가운 책이라고 할 수 있다. 더 나아가 초중등학교 현장에서 과학을 가르치는 선생님들에게도 과학철학 분야에 쉽게 다가갈 수 있는 용기를 불러일으켜줄 수 있는 책이라고 생각한다.

_ 손연아(단국대 과학교육과 교수, 단국대부설통합과학교육연구소 소장)

수많은 사람들이 '과학은 비인간적이다'라는 잘못된 개념을 가지고 있는데, 여기에는 과학을 비난하는 것으로 연명한 일부 인문학 종사자에게도 책임이 있다. 과학이 결코 만능은 아니지만 진리에 다가가는 강력한 방법이고, 과학을 긍정하는 철학은 인간의 제한적 인식에 풍성함을 더해주며 삶의 길잡이가 되어준다. 박제윤 교수는 이 멋진 책에서 건전한 과학과 건강한 철학이 소통하였던 역사를 보여주고, 현재의 뇌과학과 신경철학을 소개하여, 미래를 전망하도록 도와준다. 두려움과 후회에서 한 걸음 나와서 희망과 기대로 미래를 바라보는 모든 이들에게 이 책을 추천한다. 특히 꿈을 지닌 과학도에게는 더욱 강력하게 추천한다.

_ 김원(인제대 상계백병원 정신건강의학과 교수)

박제윤

철학박사. 현재 인천대학교 기초교육원에서 가르치고 있다. 과학철학과 처칠
랜드 부부의 신경철학을 주로 연구하고 있다.

주요 번역서로『뇌과학과 철학』(2006, 학술진흥재단 2007년 우수도서),『신
경 건드려보기: 자아는 뇌라고』(2014),『뇌처럼 현명하게: 신경철학 연구』
(2015, 문화체육관광부 2015년 우수도서),『플라톤의 카메라: 뇌 중심 인식
론』(2016),『생물학이 철학을 어떻게 말하는가』(공역, 2020, 대한민국학술원
2020년 우수도서) 등이 있다

철학하는 과학, 과학하는 철학

현대 과학과 철학

1판 1쇄 인쇄	2021년 5월 15일
1판 1쇄 발행	2021년 5월 20일
지은이	박 제 윤
발행인	전 춘 호
발행처	철학과현실사
출판등록	1987년 12월 15일 제300-1987-36호

서울특별시 종로구 대학로 12길 31
전화번호 579-5908
팩시밀리 572-2830

ISBN 978-89-7775-848-3   93400
값 15,000원